21 世纪环境科学前沿问题探索丛书·产业生态学

产业生态学

袁增伟 毕 军 编著

国家自然科学基金(40971302、40501027)
国家科技支撑计划课题(2006BAC02A15) 资助

科学出版社

北 京

内 容 简 介

作为一本产业生态学基础教材，本书系统阐述了产业生态学领域的基本理论和方法，重点突出了产业共生系统分析、模拟与评估方法体系。全书共 11 章。第一章为绪言，通过回顾人类环境保护战略的演变过程来理解产业生态学的诞生背景；第二章为产业生态学概述；第三章介绍产业生态学基本理论——产业共生；第四至六章为产业生态学的三种基本分析方法——基于通量的物质流分析、基于单一物质的物质流分析和生命周期评价；第七章介绍产业共生系统评估方法——生态效率的内涵与方法体系；第八至十章分别介绍产业生态学理论和方法在工业过程、企业和生态工业园三个层面的应用；第十一章介绍产业生态学领域的一个重要工具——GaBi 4数据库平台。

本书既是环境科学与工程专业本科生基础教材，也可作为普通高等院校本科生和研究生的学习用书，还可供从事人文地理、区域经济、可持续发展、经济管理、社会学等研究的学者参考。

图书在版编目（CIP）数据

产业生态学 / 袁增伟，毕军编著. —北京：科学出版社，2010.6
（21 世纪环境科学前沿问题探索丛书·产业生态学）
ISBN 978-7-03-027916-3

I. 产… II. ① 袁… ② 毕… III. 产业 – 生态学 – 研究 IV. ① Q149 ②
F062.9

中国版本图书馆 CIP 数据核字（2010）第 109949 号

责任编辑：李晓华 卜 新 / 责任校对：钟 洋
责任印制：李 彤 / 封面设计：无极书装

科 学 出 版 社 出版
北京东黄城根北街 16 号
邮政编码：100717
http://www.sciencep.com

北京虎彩文化传播有限公司 印刷
科学出版社编务公司排版制作
科学出版社发行 各地新华书店经销

*

2010 年 7 月第 一 版 开本：B5（720×1000）
2024 年 1 月第五次印刷 印张：20
字数：377 000

定价：98.00 元
（如有印装质量问题，我社负责调换）

总序

改革开放 30 年是中国社会经济高速发展的时期,是社会经济-环境矛盾加剧、资源生态系统遭受严重破坏的过程,是充满了机遇与挑战的转型期。其间,环境科学作为一门新兴学科,在我国起步较晚,但却是综合性、交叉性、实用性极强的一门应用基础学科,为我国环境管理与科学发展提供了必要的科学指导。然而,在当前的环境科学研究中,基础理论体系相对薄弱,对传统自然科学、社会科学的依赖性很强,影响了学科的全面发展和实践应用。环境科学在 21 世纪所面临的重要任务是:完善研究领域、研究框架、基础理论及工具,为有中国特色的可持续发展提供科学指导,从而应对区域、国家、全球层面的各类环境问题。这是每一位环境科学工作者肩头的重担。

在长期的研究中,我们认识到:任何一个环境问题都不能仅靠单一的科学知识或实践方法来解决,尤其是一些在实验室里、在技术上看似能够解决的问题,往往因存在经济学、社会学、政治学范畴的障碍而无法实施。很多看似可以量化的研究在实践中往往面临数据或手段上的困难等。在 21 世纪日益严重的社会经济-环境矛盾中,环境科学亟待构建一个系统性、整合性、开放性的理论框架,充分考虑环境科学前沿问题,解决不断出现的环境挑战。本丛书的出版正是对这一理论框架的尝试性构建和先行探索。

环境科学长期被追问:是否存在一个体系(paradigm),这个体系应包括广为认可的基本理论和研究方法。我们的回答是模棱两可的。目前,这个体系还没有系统建立,也没有完全得到其他学科的认同。正因为如此,更有探索各学科(interdisciplinary)交叉的环境科学规律和方法学的必要。在长期的环境研究中,我们始终关注空间变异(spatial)、时间序列(temporal)、个性特点(unique)、现实有效(practical)、整体集成(integrated)、动态变化(dynamic)的视角。我们认为,把握好这六个方面,研究和实践就会成功一半。本丛书试图从不同角度来体现这样的研究思路。

中国环境科学研究的重要现实基础是:中国地区间发展很不平衡,一些发达地区社会经济发展水平较高,已基本形成包括循环经济规划、生态工业园建设、生态市建设、排污权交易等一系列较为成熟的"环境管理范式",而大多数地区还处于经济腾飞的发展中阶段,一些未开发地区还在能否温饱的困境中挣扎。这个前置条件要求我们在环境科学研究和环境保护实践中既要积极吸收环境保护先进国家的成熟理论和成功经验,也要紧密结合中国经济发展和环境保护的实际,注重本土化研究,形成有中国特色的环境保护理论和实践体系。因此,本丛书致力于自下而上与自上而下相结合的研究思路,但更多是自下而上的,多从我国环境管理的第一线工作出发,结合地方案例,探索解决环境问题的新方式,提炼环境科学的新思想。

本丛书分为总论和三个系列。在总论中,我们重点探讨"经济增长"与"经济发展"的区别,并结合各地不同的发展方式与实践经验,试图厘清发展与环境之间的协同与矛盾,重新描绘发展与环境质量的内涵。接下来,我们在环境风险管理、环境政策分析与设计、产业生态学这三个综合性、交叉性极为显著的环境科学领域进行基于多角度、多主体的探讨与分析,这也是我们长期倾力研究的领域。

(1) 环境风险管理。这一研究方向从环境风险生命周期过程的视角解析环境风险源属性、环境风险场时空特征、环境风险受体抗风险能力与环境风险强度、危害程度之间的关系,并从环境风险全过程调控的角度探讨环境风险源识别与分级管理、环境风险场模拟、环境风险预警、环境风险应急管理等新理论、新技术和新方法。主要内容包括:环境风险发生机制、环境风险全过程评估、环境风险感知、环境风险预警及应急系统、环境风险源管理、区域环境风险管理等。

(2) 环境政策分析与设计。这一研究方向致力于研究已有环境法规和政策的实施绩效,解析政府、企业、公众环境行为模式,挖掘转型期我国社会环境价值观内涵,创新规制,引导不同主体环保行为模式的政策体系,探索环境经济和社会政策的新机制、新策略。主要内容包括:排污许可证、排污权交易、公众参与、流域环境管理、环境治理与政策绩效评估、绿色贸易与环境保险、全球气候变化及低碳经济、生态文明与生态现代化等。

(3) 产业生态学。这一研究方向从宏观层面评估、分析和预测我国资源环境形势,挖掘循环经济的战略内涵,创新其实施策略与方法;从中观层面解析产业共生体系的演化规律;从微观层面剖析典型工业行业的物质代谢过程,开发基于物质效率的工业过程优化模型,为重点工业行业节能减排提供技术支撑。主要内容包括:循环经济、产业共生、产业转型与升级、物质流分析与管理、生命周期评价、清洁生产与工业过程优化、生态工业园区/生态城市规划与建设等。

南京大学环境学院环境系统分析研究组的主要成员是本丛书的主要作者。该研究组是一个由教授、副教授、讲师、博士后、访问学者、研究生和本科生等组成的知识结构合理、学科背景交叉、人员梯队完整、处于快速成长中的科研团队。该研究组以系统论为基本思维方式，以环境科学、环境工程、地理学、经济学、管理学、社会学等多学科的理论和方法为依据，以计算机模拟仿真技术为支撑，探索如何转变人们的价值观和行为方式，提高生产和消费系统资源生产力和生态效率，创造环境管理模式和有效实施环境管理手段的新机制、新技术和新方法。本丛书的出版，是该研究组近年来研究成果的积淀，是集体智慧的结晶，是团队不倦探索所得到的果实。我们真诚希望，通过本丛书，与国内同行、环境管理官员、企业家以及环保 NGO 交流看法和经验，获得更多的宝贵意见。

　　本丛书的出版得到国内外同人的大力指点和支持，也得到中国高技术研究发展计划（863 计划）、国家科技支撑计划、国家自然科学基金、国家社会科学基金重大项目等经费支撑，在此表示衷心感谢。

毕　军

2009 年 6 月

前言

　　产业生态学是站在资源短缺和环境约束的角度审视人类生产活动与其依存的资源、环境之间关系的一门新兴交叉学科，研究对象主要集中于企业行为、企业之间关联、产业与其依存环境的关系，目的在于认识和优化产业共生体系，实现人类生产活动的高效性（主要体现在资源生产力和生态效率方面）、稳定性和持续性。从这一点来说，产业生态学以系统论为基础，从物质代谢的视角测度和评估产业系统，旨在从物质生命周期管理的角度探求改善、优化产业系统的途径和策略。

　　作为一门新兴交叉学科，产业生态学的内容非常广。本书汇集了产业共生理论、物质代谢分析方法、生命周期评价、生态效率、工业过程优化、企业环境行为、生态工业园等产业生态学领域热点问题，共十一章。第一章为绪言，主要回顾人类环境保护战略的演变过程，阐释产业生态学的诞生背景。第二章介绍产业生态学学科体系。第三章介绍产业生态学基本理论——产业共生。第四至六章介绍产业生态学的三种基本分析方法：基于通量的物质流分析（MFA）、基于单一物质的物质流分析（SFA）、生命周期评价。第七章介绍产业共生系统评估方法——生态效率的内涵与方法体系；第八至十章分别从工业过程、企业、生态工业园层面介绍了产业生态学的应用。第十一章介绍 GaBi 4 数据库框架及其应用。产业生态学需要多学科的知识支持，相关学科基础主要包括环境科学、人文地理、产业经济学、系统科学、管理学等。

　　本书内容丰富，是环境科学与工程专业本科生基础教材，还可供人文地理、区域经济、可持续发展、经济管理、社会学等研究的学者参考。

　　产业生态学涉及知识面广，处在不断发展之中，对其内容的选编、组织和写作难免有不妥之处，恳请读者批评指正。

袁增伟　毕　军

2009 年 5 月 1 日

目　录

第一章 绪 言

第一节 经济社会发展与环境变迁

经济增长和技术进步在极大提高人们生活水平、改善人民生活质量的同时，也给人类带来了前所未有的挑战：资源短缺和环境污染。虽然技术进步使人类不断发现新的资源(包括种类和数量)并持续提高资源的利用效率，但仍无法抵消由于人均消费资源量增加而带来的资源消费总量的快速增长，资源总量枯竭和短期开采能力不足尤其是区域性资源分布/开采能力不均所带来的资源供需矛盾日趋加剧；与此同时，资源开发利用所带来的生态破坏和环境污染日益严重，如生物多样性锐减、酸雨、土壤沙化、臭氧层破坏、气候变暖等。资源短缺和环境污染已经成为制约人类可持续发展的瓶颈要素。

如何转变人类现有的发展模式，开发新的资源利用途径，在确保人类资源可持续利用的同时，最大限度减少资源开发及利用过程的环境影响已经成为全球尺度的严峻挑战。正是基于对这一严峻形势的深刻反思，逐渐形成了产业生态学理论和方法体系，本书试图系统梳理国内外产业生态学最新研究成果，勾勒产业生态学理论和方法体系框架，并通过典型案例分析其在解决具体问题时的作用和效应。在此之前，笔者希望与读者一起，从环境变迁的视角客观回顾人类经济社会发展过程和经济-社会-环境困境与矛盾诞生过程(图 1-1)，从而追溯前人面对这一困境的反思与努力，正视我们背负的历史。

一、缓慢的积累

人类在 200 万年演化历程中，除了最近几千年外，一直都是通过采集食物和猎取动物相结合的方式来获取他们的生存资料。几乎毫无例外，人们结成移动的小群体来生活，采取的是最为温和、最具灵活性，也是对自然生态系统损害最小的生存方式。随着农业的出现和发展，人口的密集带来了文明的兴盛：目前所知的古代文明，几乎都发源于大规模江河流域附近的富足土地上。

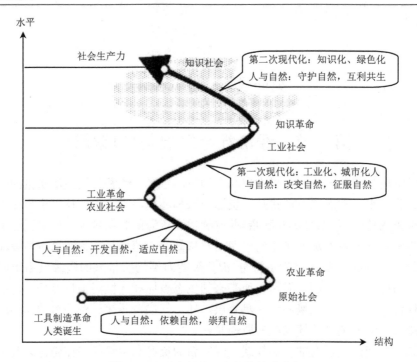

图 1-1　人类发展及与自然的关系演变

资料来源：中国现代化战略研究课题组，中国科学院中国现代化研究中心编. 中国现代化报告 2007
——生态现代化研究. 北京：北京大学出版社，2007

　　距今约 7000 年的新石器时代，世界人口增长第一次出现飞跃。这是原始农业（生产型经济）取代采集渔猎经济（依赖型经济）的结果。农业发展与人口增长之间存在微妙的关系：一方面，农业能够保证对密集人口的食物供给和生活需求，开垦森林在提供耕地的同时也满足了木材需求，此时，人类的生活资料来源较以前更为稳定和可靠；另一方面，农业的高强度劳作也将大量人口束缚在了土地上，并不断要求更多的劳动力（人口）投入农田，因此定居的生活方式逐渐取代了四处迁徙的游牧生活，从而促进了人口进一步增长。这一正反馈作用，使得人类社会沿着农业发展的轨迹持续前进，无法回头，也促进了人口规模的快速膨胀，据粗略估计，在过去的 500 余年里，世界人口数量从约 4 亿猛增到 60 多亿。截至 2008 年底，农业支持着超过 66 亿的世界人口（图 1-2）。借用政治经济学中资本主义发展的"原始积累"这一概念，如果说自然进化是人类在生态位上完成的原始积累，那么农业社会则是人类社会在自然界中完成的原始积累。

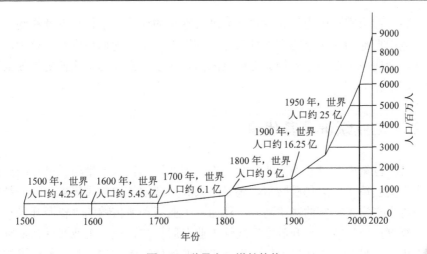

图 1-2 世界人口增长趋势

资料来源：世界银行. 超越经济增长：迎接全球发展的挑战. 2003

在这一积累过程中，人类对环境和资源的消耗是巨大的，虽然就世界范围来说，此时人类对自然资源的消耗尚在自然资源承载能力范围之内，人类对环境的影响也还没有超出生态环境容量，但集约农业、森林砍伐与焚烧等行为已经在局部引起了一些环境问题，并最终影响当地社会的发展(表 1-1)。

表 1-1 农业文明衰落与环境变化

农业时代文明衰落	苏美尔文明的衰落 (公元前 7000~前 1800)	美索不达米亚(今伊拉克的两河流域)不合理的灌溉农业造成土地盐碱化和水涝，进而导致苏美尔农业文明的瓦解
	玛雅文明的衰落 (公元前 2500~公元 900)	中美洲(今墨西哥等)玛雅人采用集约农业，索取过多，水土流失，粮食减少，资源竞争，是文明消亡的原因
	古罗马文明的衰落 (公元前 50~公元 450)	利用北非生产粮食，集约耕作导致荒漠化和沙漠化。国内砍伐森林，环境退化，粮食不足，加速帝国崩溃

资料来源：克莱夫·庞廷. 绿色世界史——环境与伟大文明的衰落. 王毅，张学广译. 上海：上海人民出版社，2002

为了让世人充分了解自然界对人类活动的反馈作用，恩格斯曾在《自然辩证法》中指出："我们不要过分陶醉于我们对自然界的胜利。对于每一次这样的胜利，自然界都报复了我们。每一次胜利，在第一步都确实取得了我们预期的结果。但在第二步和第三步，却有了完全不同的、出乎预料的影响，常常把第一个结果又取消了。美索不达米亚、小亚细亚以及其他各地的居民，为了想得到耕地，把森林都砍完了，但是他们梦想不到，这些地方今天竟因此成为荒芜的不毛之地，因为他们使这些地方失去了森林，也失去了积聚和贮存水分的中心。阿尔卑斯山的意大利人，在山南坡砍光了原本被十分细心保护的松林，他们没有预料到，这样一来，他们把他们区域里的高山牲畜业基础给摧毁了；他们更没有预料到，他们这样做，竟使山泉在一年中的大部分时间内枯竭了，而在雨季又使更加凶猛的洪水倾泻到平原上。"

二、工业跃进及其代价

自 18 世纪中叶第一次工业革命以来，工业活动极大地推动了世界经济的发展，为人类创造了巨大物质财富，满足了人类不断增长的物质需求，为人类发展和社会进步奠定了坚实的物质基础。然而，工业活动所依赖的"资源开采—工业生产—废物排放"的"全开放型"线性工业发展模式，是在工业发展初期资源和能源都相对充足、人类环境保护意识近乎零的条件下形成的，其发展跃进的规模之大、速度之快史无前例，快得使人类社会没有来得及考虑发展的代价，工业经济就已经席卷全球，并且其所造成的环境污染问题就已经遮天蔽日。以工业经济为例，我们一度在技术经济的大道上健步如飞，未曾感受到身后背负着的资源环境包袱日益沉重，直到自然被这一重负压垮。

近代工业活动的资源能源消耗巨大且利用效率不高。世界煤炭产出从 19 世纪初期的 1500 万 t 增加到末期的 7 亿 t，虽然近代煤炭产量增长幅度有所放慢，但 1990 年仍达 52 亿 t，21 世纪初仍以 2.5%的年增长率增加[①]；世界石油消费从 1890 年的约 1000 万 t/a 增加到 20 世纪 70 年代的 25 亿 t/a。投入工业生产的金属、非金属矿物更难以计数。另一方面，作为一个自然生态系统的地球，其自净能力是有限的，随着人类废弃物排放量的不断增加，线性经济发展模式的弊端很快就显现出来：世界范围内环境污染事故层出不穷，地表垃圾堆积如山，水、土壤、大气环境遭到严重破坏，加上噪声、城市光污染、放射性污染等严重威胁着人类生存；大量的污染物排放和环境破坏给人类造成了巨大的经济损失。

毋庸置疑，由于技术低下、管理不善、设备落后等原因造成的资源能源浪费也是造成资源短缺形势的重要原因，以能源为例，在过去的两个世纪，人们在使用能源时毫无节制，仿佛地球上的能源是取之不尽、用之不竭的。工业化世界鼓励消费而不是限制消费，廉价的能源意味着，消费的大量能源通过各种低效形式连同失效的措施而浪费掉。在 19 世纪以前，燃料的利用率很低。大多数煤在露天火炉里燃烧，超过 90%的热量通过烟筒排放到大气中被浪费掉；用炉子烧木头时能源利用效率高一些，只浪费掉约 2/3 的热量；早期蒸汽机的能源利用效益也很

---

① The future of coal. MIT Study. http://web.mit.edu/coal/the_future_of_coal.pdf.2007

低——大约 98%的能量被浪费掉。到 1910 年，涡轮机的采用持续提高了能源使用效率，以致能源利用率达到大约 20%，到 20 世纪 50 年代又在此基础上增长了 1 倍。20 世纪能量的最大浪费之一发生于原油输送中天然气的损失。几十年来，大量的天然气被浪费掉。天然气被用做将石油驱到地表的手段，然后被白白烧掉。据估计，1913 年时一个俄克拉何马油田所浪费的天然气比所开采的石油还多。20 世纪 20 年代后期至 30 年代前期，美国矿产局估计，美国每年约浪费掉 12.5 亿 ft³① 天然气——在整个 10 年中，相当于 2.5 亿 t 煤（约占世界年消耗的 1/4）；50 年代，世界油田生产的天然气大约一半被井口的燃烧浪费掉。

三、全球平衡的丧失

当我们意识到必须开始放慢工业节奏的时候，当环境保护的思想开始成长壮大的时候，当末端治理拆东补西、疲于奔命的时候，越来越多的环境影响、资源约束和生态破坏问题才真正被注意到，尤其是全球范围内的一系列环境问题为人类敲响了警钟。

世界大系统的平衡丧失首先体现在人类社会内部。首先，发达国家在发展历程中，以战争、经济贸易等多种手段，从发展中国家掠夺了木材、矿产、能源等大量资源；其次，许多全球性环境污染和环境问题的主要成因是发达国家生产、消费行为对环境系统的影响，但发展中国家同样承受了这一影响；最后，当今世界普遍存在高污染、高能耗产业从发达国家向发展中国家转移的现象，导致全球价值链的失衡，环境影响高的产业、技术难以被淘汰出全球市场。

人类目前的主宰地位导致了其他生物种群的不平等，盲目开发利用自然资源以及随之而来的自然生态系统的改变和破坏，是生物多样性锐减的罪魁祸首。近 2000 年来，地球上已有 106 种哺乳动物和 127 种鸟类灭绝；濒临灭绝的哺乳动物有 406 种，鸟类有 593 种，爬行动物有 209 种，鱼类有 242 种，其他低等动物更不计其数。中国的大熊猫和西伯利亚虎、亚洲黑熊、印度尼西亚马鲁克白鹦、亚洲猩猩、非洲黑犀牛、北美石龟、北美玳瑁等均濒临灭绝。1950~1992 年，非洲的象牙海岸大象从 10 万头锐减到 1500 头。全球的热带雨林，正以 20hm²/min 的速率减少，照此下去，不出 100 年，全球的热带雨林将荡然无存，大量珍稀生物也将随热带雨林的消失而灭绝。据统计，目前全世界平均每小时有两个物种灭绝。

在这样一个失衡的世界系统中，人类行为所直接、间接导致的各类环境问题层出不穷：酸雨、臭氧层破坏、温室效应……我们可以苦涩地预见到，由于自然

① 1ft³ = 2.831685×10⁻²m³

系统的复杂性，只要人类对自然界持续施加各种影响，那么其后果是无法被精确估计、测算的，更可能是灾难性的。

第二节　人类环境保护历程演变

回顾人类环境保护历程，按其环保手段的差异，可以大致将其分为以下几个阶段：①环保思想萌芽阶段，该阶段主要是一系列环境污染事件催生了人类保护环境的意识，该阶段主要以呼吁公众意识为主要手段；②末端治理阶段，该阶段主要是针对工业企业的污染排放问题，针对性地开发一些处理技术和设备；③清洁生产阶段，主要以具体工艺过程减污为主，即通过工艺技术改造，减少污染排放；④循环经济阶段，该阶段以生产系统整体优化和"3R 原则"为典型特征。

一、环保思想萌芽阶段

工业革命所带来的环境问题在 20 世纪 30 年代开始逐步凸显，到 50、60 年代日趋严峻，并迫使人类开始关注环境保护，进而形成人类环境保护思想的萌芽。30 年代，比利时马斯河谷地带分布着三个钢铁厂、四个玻璃厂、三个炼锌厂和炼焦、硫酸、化肥等工厂，1930 年 12 月初，在两岸耸立 90m 高山的河谷地区，出现了大气逆温层，浓雾覆盖河谷，工厂排到大气中的污染物被封闭在逆温层下，不易扩散，浓度急剧增加，造成世界著名的八大环境污染公害事件之一——马斯河谷烟雾事件。事故发生后一周内造成 60 人死亡，几千人受害发病，心脏病、肺病患者的死亡率增高，大量家畜死亡，推断当时大气二氧化硫质量浓度为 $25\sim100\text{mg/m}^3$（$(9.6\sim38.4)\times10^{-6}$）。该事件第一次对人类敲响环境保护的警钟。

之后的 1948 年，美国又发生了多诺拉烟雾事件。多诺拉是美国宾夕法尼亚州匹兹堡市南边的一个工业小镇，在一个两边分布着高约 120m 山丘的马蹄形河湾内侧，形成一个河谷工业带，有大型炼钢厂、硫酸厂和炼锌厂等企业。1948 年 10 月 27 日，工厂排放的烟雾蓄积深谷，扩散不开，地面处于空气滞留状态，烟雾越来越稠厚，几乎凝结成一块，可视度极低。烟雾持续达 4 天之久。在小镇 14000 多人中，近 6000 人因空气污染而患病，其中 20 人死亡，患者人数约占 43%。

进入 20 世纪 50 年代以后，环境污染事件日益增多，典型的有 1952 年英国伦敦烟雾事件、1953 年日本水俣事件、1955 年美国洛杉矶光化学烟雾事件和日本富山事件、四日事件等，20 世纪 50 年代世界典型环境污染事件见表 1-2。

表 1-2　20 世纪 50 年代世界典型环境污染事件

事件	地点	年份	原因	后果
伦敦烟雾事件	英国伦敦	1952	一个大型移动性高气压脊逼近伦敦，致使伦敦出现无风状态和 60~150m 低空逆温层，燃煤烟尘被封闭滞留在低空逆温层下。几天过后，全城沉浸在浓雾中，大气中的烟尘含量超过卫生标准的 10 倍，二氧化硫的平均浓度则超过 20 多倍	几千市民感到胸口憋闷，并有咳嗽、喉痛、呕吐等症状。12 月 5~8 日四天中，伦敦死亡人数达 4000 人，患呼吸道疾病和心脏疾病的人也是平时的 3~4 倍。1956 年、1957 年又连续发生两起类似中毒事件
洛杉矶光化学烟雾事件	美国洛杉矶	1955	洛杉矶 350 多万辆汽车每天将超过 1000t 烃类、30t 氮氧化合物和 4200t 一氧化碳排入大气，加之市区空气水平流动缓慢，在紫外线照射下，发生光化学反应，生成一种浅蓝色光化学烟雾	人体健康严重受损，当地近 400 名 65 岁以上老人死亡。橡胶制品老化，汽车和飞机不能正常运行。郊区的玉米、蜜柑、烟草、葡萄等作物与林木受到不同程度的危害
日本水俣病事件	日本熊本县	1955	该地区某化肥厂在氮肥生产中，采用氯化汞和硫酸汞作催化剂，含甲基汞的毒水排入水体，在食物链中富集，最终致使人类中毒或死亡	日本熊本县水俣湾地区多人出现表情呆痴、全身麻木、口齿不清、步态不稳，进而耳聋失明，最后精神失常、全身弯曲、高叫而死。还出现"自杀猫"、"自杀狗"等怪现象。截至 1979 年 1 月受害人数达 1004 人，死亡 206 人
日本富山"骨痛病"事件	日本富山	1955	该事件原因直到 1961 年才查明。在神通川上游，日本三井金属矿业公司建造了一座炼锌厂。建厂后，大量工业废水不断排入神通川，这里的居民食用了被废水中的镉污染的稻米(镉米)，久而久之体内积累了大量的镉，引起镉中毒而患"骨痛病"	当地居民陆续感染神秘疾病，一开始是腰、手、脚等关节痛，持续几年后，身体各部位神经痛和全身骨痛，行动不便，呼吸困难，最后骨骼软化萎缩，骨折病人饮食不进，在衰弱疼痛中死去或自杀。当地医院解剖的一具尸体竟有 73 处骨折，即在人体总数 206 块骨骼中平均不到 3 块就发生一处骨折
日本四日事件	日本四日	1955	该市是一个以"石油联合企业"为主的城市，石油冶炼和工业燃油产生的废气每年将总量达 13 万 t 的粉尘和二氧化硫排到大气中，使这个城市终年烟雾弥漫	该市居民呼吸道疾病骤增，尤其是哮喘病的发病率大大提高，居民患支气管炎、支气管哮喘、肺气肿及肺癌等呼吸道疾病

　　20 世纪 50 年代的一系列环境污染事件迫使人类开始思考工业发展的环境代价。1962 年，《寂静的春天》悄然出版，随后带来的重大影响使其被称为"现代环境运动的肇始"。作者蕾切尔·卡逊是一位研究鱼类和野生资源的海洋生物学家，她的敏锐视角着重于杀虫剂、化学品以及废物排放等近代工业文明产物的环境影响，并提供了大量研究证据。"化学品和所有未经深思就大量排放入自然界的人造物质，将对人和自然带来不可估量的损害。"这一前瞻性的思考在当时受到了高增长、高消费主流社会的强烈抨击，同样遭到相信"当代化学家、生物学家等科学家坚信人类正稳稳地控制着大自然"的科学界的否定。然而，《寂静的春天》的影响漫长而深远，让美国乃至世界开始正视那些人们从前未曾注意或刻意忽视

的严酷事实。美国前副总统戈尔将这本书称为"旷野中的一声呐喊",认为:"它用深切的感受、全面的研究和雄辩的论点改变了历史的进程。如果没有这本书,环境运动也许会被延误很长时间,或者现在还没有开始。"1970 年,美国成立环境保护署,很大程度上是由于卡逊所唤起的意识和关怀。

就在全球环境保护呼声日高的 1968 年,日本爱知县等 23 个府县发现一种怪病,病人一开始是眼皮肿、手掌出汗、全身起红疙瘩,严重时恶心呕吐、肝功能降低,渐渐地全身肌肉疼痛、咳嗽不止,有的引起急性肝炎,因医治无效而死。该年 7~8 月患者达 5000 多人,死亡 16 人,实际受害者超过 10 000 人,同时造成数十万只鸡死亡。后来查明,这是由于一家工厂在生产米糠油的工艺过程中,使载热剂多氯联苯混入油中,造成食油者中毒或死亡。该事件极大地推动了全球环保运动。

1968 年 4 月,来自 10 个国家的科学家、教育家、经济学家、人类学家、实业家和文职人员约 30 人聚集在罗马山猫科学院,讨论现在的和未来的人类困境,并形成了著名的"罗马俱乐部"。1972 年,他们联合波托马克协会、麻省理工学院,共同出版了《增长的极限》一书。与大众环保著作《寂静的春天》不同,这本书是用模型方法看待全球环境资源问题的第一个重要尝试,因此在学术界影响深远。《增长的极限》通过系统动力学模型分析指出,工业革命以来的世界经济增长所倡导的是"人类征服自然"模式,其后果是使人与自然处于尖锐的矛盾之中,并不断地受到自然的报复,这条传统工业化的道路已经导致全球性的人口激增、资源短缺、环境污染和生态破坏,使人类社会面临严重困境,实际上引导人类走上了一条不能持续发展的道路。按照当时的发展模式,100 年内世界就会到达增长的极限,必须设计全球均衡与平等的状态来实现稳定的生态和经济。

二、末端治理阶段

第二次世界大战以后,尤其是 20 世纪 60~70 年代,世界经济迅猛发展,由于人类对工业化大生产的负面作用(环境污染)缺乏足够认识,许多工业污染物任其自流,让自然界去稀释和降解这些污染物。工业界长期滥用污染物稀释排放政策,造成污染物排放量远远超过了自然界的环境容量和自净能力,从而导致地区性污染公害乃至全球性环境污染问题,生态环境亦遭到严重破坏。在环境保护思想先驱们的影响下,人类开始了有意识的环境保护行为。但当时的人们普遍认为,环境保护中亟待解决的问题是"污染物产生之后如何消除以减少其危害",即所谓环境保护的末端治理方式。于是,在舆论和法规的压力下,工业界不得不从"稀释排放"转向"治理污染",即针对生产末端产生的污染物开发行之有效的治理技术,并通过一系列治理工程达到控制污染排放水平的目标，这种做法被称为"末端治理"。在这种模式下，企业事先并未采取任何污染预防措施，当其所造成的污染排放严重危害到员工、社区居民、城市以及更大范围的安全、健康时，迫于法律、法规的压力，企业采用化学的、物理的、生物的技术和方法对污染物进行稀释、转化、迁移等处理，使得企业造成的环境污染危害较小。

末端治理在人类环境保护历程中发挥了不可忽视的作用，是人类环境保护战略演变历程中的重要阶段，也是环境管理发展过程中的一个重要时期，与污染物直接排放或稀释排放相比，末端治理是一大进步，它有利于消除污染事件，也在一定程度上减缓了生产活动对环境污染和破坏的趋势。但随着时间的推移、工业化进程的加速，末端治理的局限性也日益显露，实践发现：这种仅着眼于控制排污口的末端治理手段，使排放的污染物通过治理实现了达标排放的目的，虽在一定时期内或在局部地区起到一定的作用，但并未从根本解决工业污染问题。

然而，20 世纪 60、70 年代的末端治理历程告诉我们，末端治理的环境保护模式存在着如下弊端：①市场经济规律决定了企业的主要目标是追求经济效益，而在纯粹的末端污染治理过程中，企业没有任何经济利益可以获得，污染治理过程大大增加了企业经济负担，这种矛盾导致了作为污染控制主体的企业没有主动性，企业往往是在外界的压力(公众、政府以及环保社团等)下才被迫进行污染治理的，从而使末端治理成效甚微，我国不计其数的"偷排"现象也从一个侧面反映着这一现实。②末端治理技术治标不治本，且容易造成二次污染。末端治理技术在很大程度上是分散、稀释或转移了污染物，并不是从根本上利用或消除了污染物，因此，某一介质或区域环境污染消除的同时必然导致另外一种介质或者区域污染的产生，如烟气脱硫、除尘形成大量废渣，废水集中处理产生大量污泥等，所以不能根除污染。③末端治理技术成本昂贵。随着生产的发展，工业生产所排污染物的种类越来越多，规定控制的污染物(特别是有毒有害污染物)的排放标准也越来越严格，从而对污染治理与控制的要求也越来越高。为达到更加严格的排放标准，企业不得不大大提高治理费用，即使如此，一些要求还难以达到。据美国 EPA 统计，美国用于空气、水和土壤等环境介质污染控制总费用(包括投资和运行费)1972 年为 260 亿美元(占 GNP 的 1%)，1987 年猛增至 850 亿美元，80 年代末达到 1200 亿美元(占 GNP 的 2.8%)，而杜邦公司每磅废物的处理费用以每年 20%~30% 的速率增加，焚烧一桶危险废物可能要花费 300~1500 美元。2000 年经合组织成员国因治理污染和处理垃圾而形成的市场每年达到 6000 亿美元左右，即使付出如此之高的经济代价仍未能达到预期的污染控制目标，末端治理在经济上已不堪重负。

造成这一结果的根本原因在于末端治理技术的基本出发点是污染产生之后再

进行消除，这种出发点忽视了污染的产生过程，在该过程中，浪费了大量的额外资源及人力。一些可以回收的资源(包含未反应的原料)得不到有效的回收利用而流失，致使企业原材料消耗增高，产品成本增加，经济效益下降，从而影响企业治理污染的积极性和主动性。同时，污染控制与生产过程控制往往没有密切结合起来，资源和能源不能在生产过程中得到充分利用。任一生产过程中排出的污染物实际上都是物料，如农药、染料生产效率都比较低，这不仅对环境产生极大的威胁，同时也严重浪费了资源。从某种程度上来说，污染物也相当于是人类通过辛勤劳动生产出来的一种"产品"，是凝聚了人类劳动的特殊"商品"，然而，这种商品不仅不能在市场上换取收益，还要花费巨额资金把它消除掉，这本身就是一种严重的浪费。

三、清洁生产阶段

对于"末端治理"模式的深刻反思和批判导致了解决环境污染问题新策略的诞生。"废物最小化"、"零排放技术"、"源削减"、"减废技术"和"环境友好技术"等概念相继问世，这些思想都可以认为是清洁生产的前身。1972 年 6 月 5 日~16日，联合国在瑞典首都斯德哥尔摩召开了人类环境会议。这是人类历史上第一次在全世界范围内研究保护人类环境的会议。出席会议的国家有 113 个，共 1300 多名代表，包括政府官员、科学家和民间学者。会议讨论了当代世界的环境问题，制定了对策和措施。会前，联合国人类环境会议秘书长莫里斯·夫·斯特朗委托58 个国家的 152 位科学界和知识界的知名人士组成了一个大型委员会，由雷内·杜博斯博士任专家顾问小组的组长，为大会起草了一份非正式报告——《只有一个地球》。会议经过 12 天的讨论交流后，形成并公布了著名的《联合国人类环境会议宣言》(*Declaration of United Nations Conference on Human Environment*，简称《人类环境宣言》)和具有 109 条建议的保护全球环境的"行动计划"，呼吁各国政府和人民为维护和改善人类环境、造福全体人民、造福子孙后代而共同努力。《人类环境宣言》提出 7 个共同观点和 26 项共同原则，引导和鼓励全世界人民保护和改善人类环境。《人类环境宣言》规定了人类对环境的权利和义务；为了这一代和将来的世世代代而保护和改善环境，已经成为人类一个紧迫的目标；这个目标将同争取和平和全世界的经济与社会发展这两个既定的基本目标共同和协调地实现；各国政府和人民为维护和改善人类环境、造福全体人民和后代而努力。

举步维艰的末端治理历程使人类醒悟到，与其被动地等待污染物产生后进行末端治理，不如主动行动，在工业生产中进行控制，力求把污染物消灭在产生之前。通过采用各种预防技术，把生产过程中的不同废物削减下来是可能的，在多数情况下，企业常常无需任何费用调整就能得到实施，同时还能取得可观的效益。根据日本环境厅 1991 年的报告，"从经济计算，在污染前采取防治对策比在污染后采取措施治理更为节省"。例如，就整个日本的硫氧化物造成的大气污染而言，排放后不采取对策所产生的损害金额是现在预防这种危害所需费用的 10 倍。以水俣病而言，其推算结果则为 100 倍。可见两者之差悬殊。近年来，荷兰在防止污染和回收废物方面也取得了明显的进展。例如，95%的煤灰料已被利用作为原料，85%的废油回收作为燃料，65%的污泥用作肥料，家庭的废纸和废玻璃已有一半以上被收集分类和再生利用。

于是，"预防优于治理"的观念逐步深入人心。例如，欧共体委员会 1977 年 4 月制定了关于"清洁工艺"的政策，1984 年、1987 年又制定了欧共体促进开发"清洁生产"的两个法规。联合国环境规划署极为重视发达国家这一工业污染防治战略的转移，决定在世界范围内推行清洁生产。美国国会 1990 年 10 月通过了"污染预防法"，把污染预防作为美国的国家政策，取代了长期采用的末端处理的污染控制政策，要求工业企业通过源头削减，包括：设备与技术改造、工艺流程改进、产品重新设计、原材料替代以及促进生产各环节的内部管理，减少污染物的排放，并在组织、技术、宏观政策和资金方面做了具体的安排。

1989 年，联合国环境规划署工业和环境规划活动中心(UNEP/Industry and Environment/Programme Activity Centre, UNEP/IE/PAC)正式推出了清洁生产战略，并将其定义为："清洁生产是一种新的创造性的思想，该思想将整体预防的环境战略持续应用于生产过程、产品和服务中，以增加生态效率和减少对人类及环境的风险。"由清洁生产的含义可以知道，清洁生产是关于产品和产品生产过程的一种新的、持续的、创造性的思维，它是指对产品和生产过程持续运用整体预防的环境保护战略。清洁生产是要引起研究开发者、生产者、消费者等对工业产品生产及使用全过程中的环境影响的关注，使污染物产生量、流失量和治理量达到最小，资源充分利用，这种模式体现了一种积极、主动的态度。而末端治理把环境责任只放在环保研究、管理等人员身上，仅仅把注意力集中在对生产过程中已经产生的污染物的处理上。具体对企业来说，只有环保部门来处理这一问题，所以总是处于一种被动的、消极的地位。

清洁生产战略集中体现了人类对传统线性经济发展模式和末端污染控制方式的反思和改进。这个时期的人们开始考虑产品整个生命周期的环境影响，并将"减污"思想贯穿到生产全过程中去，同时注意到要采用资源化的方式处理废弃物。于是诞生了"绿色供应链管理"、"生态设计"、"绿色制造"等概念。从"排放废物"到"净化废物"再到"利用废物"的转变标志着人类环境保护思想的升华，但对于污染物的产生是否合理这个根本性问题，是否应该从生产和消费源头上防止污染产生，大多数国家仍然缺少思想上的洞见和政策上的举措。

然而，清洁生产本身并不是一个具体的解决问题的技术手段，它是一种改善现有生产工艺和产品的战略。目前清洁生产的大部分实践主要集中在对生产工艺过程的控制，即局限于某一生产过程，而不考虑不同生产系统之间的连接，也就是说它只能解决局部问题，并且没有充分体现废物综合利用的思想，从而在其面对日益紧迫的全球性、地区性重大环境影响的环境问题时则显得力不从心。

四、循环经济阶段

为纪念斯德哥尔摩第一次人类环境会议召开 20 周年，1992 年 6 月 3 日，联合国在巴西的"里约中心"组织召开联合国环境与发展大会，180 多个国家和地区的代表、60 多个国际组织的代表及 100 多位国家元首或政府首脑在大会上发言，时任国务院总理的李鹏出席大会并讲话。这次大会是继 1972 年瑞典斯德哥尔摩举行的联合国人类环境大会之后，规模最大、级别最高的一次国际会议。大会的会徽是一只巨手托着插着一支鲜嫩树枝的地球，它向人们昭示"地球在我们手中"。这次会议的宗旨是回顾第一次人类环境大会召开后 20 年来全球环境保护的历程，敦促各国政府和公众采取积极措施协调合作，防止环境污染和生态恶化，为保护人类生存环境而共同做出努力，会议通过了关于环境与发展的《里约环境与发展宣言》（简称《里约宣言》）和《21 世纪行动议程》，154 个国家签署了《气候变化框架公约》，148 个国家签署了《保护生物多样性公约》。大会还通过了有关森林保护的非法律性文件《关于森林问题的政府声明》。《里约宣言》指出，和平、发展和保护环境是互相依存、不可分割的，世界各国应在环境与发展领域加强国际合作，为建立一种新的、公平的全球伙伴关系而努力。

到 20 世纪 90 年代，特别是可持续发展战略成为世界潮流的近几年，源头预防和全过程污染控制思想真正替代末端治理成为国家环境与发展政策的主流。人们在不断探索、反思和总结的基础上，提出以资源、能源利用效率最大化和环境污染排放最小化为主线，逐渐将生态设计、绿色制造、绿色供应链管理、清洁生产、资源综合利用、全过程预防和可持续消费等技术融为一体的生态产业战略。生态产业是相对于现有的产业发展模式而言的，是对基于经济、社会和环境三种综合效益最大化的一种产业形态的中文表达，主要是为了体现其与传统基于单一经济效益的产业模式的区别。生态产业战略的提出完成了人类生产活动环境保护思维的彻底转变。

随着人类经济社会的发展，社会消费造成的环境问题日趋凸显，在这种情况下，基于人类生产活动的生态产业和基于人类消费活动的生态消费逐渐融为一体，形成了集生产和消费为一体的循环经济发展思想。具体而言，循环经济倡导一种人类活动与地球环境和谐的经济发展模式。它要求把经济活动组织成一个"资源—产品—再生资源"的反馈式流程，所有的物质和能源要能在这个不断进行的经济循环中得到合理和持久的利用，从而把经济活动对自然环境的影响降低到尽可能小的程度。它本质上是一种生态经济，它要求系统内部要以互联的方式进行物质交换，以最大限度利用进入系统的物质和能量，从而能够形成"低开采、高利用、低排放"的结果，这为优化人类经济系统各个组成部分之间的关系提供整体性思路，为传统经济转向可持续发展经济提供战略性的理论范式，从而能够从根本上消解长期以来环境与发展之间的尖锐冲突。

循环经济的基本原则是"减量化（reduce）、再使用（reuse）和再循环（recycling）"（简称"3R"）。其中，减量化或减物质化原则属于输入端方法，旨在减少进入生产和消费流程的物质量；再利用或反复利用原则属于过程性方法，目的是延长产品和服务的时间强度；资源化或再生利用原则是输出端方法，通过把废弃物再次变成资源以减少最终处理量。然而，"3R"原则在循环经济中的重要性并不是并列的，而是有着严格的先后顺序，因为循环经济的根本目标是要求在经济流程中系统地避免和减少废物，而废物再生利用只是减少废物最终处理量的方式之一。例如，1996年生效的德国《循环经济与废物管理法》，规定了对待废物问题的优先顺序为避免产生、循环利用、最终处置。该法规的思想要义是：首先，要减少经济源头的污染产生量；其次，要对源头不能削减的污染物和经过消费者使用的包装废物、旧货等加以回收利用，使它们回到经济循环中；最后，只有当避免产生和回收利用都不能实现时，才允许将最终废物进行环境无害化的处置。

第三节 技 术 困 境

回顾人类经济社会的发展与环境变迁，科学技术起着至关重要的作用：先进科技的应用不断地解决资源环境约束，带来先进的生产力，并为环境治理和保护工作提供支持；同时技术的进步又带来了更多的资源环境问题。在本节，我们希望与读者共同探讨科学技术的矛盾角色。"用科技发展解决环境问题"到底是个怎样的命题？为什么在日新月异的当今世界，我们应用新技术时应持绝对谨慎的态度？

一、技术中性论及其批判

自第一次工业革命以来，"技术中性论"一直占技术哲学的主导地位。技术中性论认为，技术只是人们达到目的的手段和工具体系，与政治、经济、伦理、文化因素等无关。技术的本质是中性的，无所谓好坏。技术手段和技术效率的高低与技术应用的善恶没有必然的联系。"技术产生什么影响，服务于什么目的，这些都不是技术本身所固有的，而取决于人用技术来做什么。"①然而，环境问题的出现是技术中性论无法阐释的，因为人们并非主动将技术应用到"破坏环境"的工作中去，而是技术本身对自然的作用方式不恰当。

20 世纪，西方著名哲学家海德格尔提出，技术并非单纯的工具和手段，而是人对自然的解释、限定和压迫方式。这样的解释、限定和压迫未必是绝对负面的，但至少不可能是完全中立的。限定煤炭以生产能源，限定土地以生产矿石，限定矿石以生产材料等，这样就使天地万物在技术世界中只显现为技术生产的原材料。"把某物限定为某种效用，把存在者的存在还原为它的功能，失去了自然的整体性和丰富性。"②自然完全成了一个满足人们物质需要的功能性的存在，成了一个满足人类物质欲望的工具。为了达到人类对自然的限定目的，向自然提出蛮横的要求，从技术生产需求本身去看待事物，将自然状态纳入人的技术生产系统，迫使自然符合技术框架。技术总是挑战自然，从人类的需要去看待自然，把自然界限定在某种技术上，增强了自然的单一功能性，从而成为一种非自然状态，蕴藏着毁掉自然的危险。

二、技术救世的乐观

技术乐观主义，产生于人类对技术的社会功能有所了解但又缺乏理性认识的特定历史条件下，其实质是"技术崇拜"或"技术救世主义"，其基本特征是把技术理想化、绝对化或神圣化，视技术进步为社会发展的决定因素和根本动力，或用新技术成就展望未来，或以技术形态代替社会形态，把新技术革命视为灵丹妙药。18 世纪末 19 世纪初，由于受技术乐观主义的激励，也由于启蒙运动对宗教力量的消解，在工业革命发展带来经济腾飞的同时，英国本土涌现出一大批乐观论者，他们盛赞技术革新所释放出来的惊人生产力。著名思想家培根在《新大西岛》中勾画出一个技术活动兴旺发达、由技术专家负责行政管理的理想国，并盛赞中国发明的火药、印刷术和指南针，将这三大技术发明凌驾于亚历山大的武功与罗马帝国的建立之上，认为它们比政治上的征服及哲学上的争论更有益于人类。戈德温和孔多塞都是英国典型的乐观论者，认为"人间乐园就在眼前"；在展望人

---

① Emmanul G. Mesthene. Technological Change: Its Impact on Man and Society. New York : New American Library, 1970. 60

② 肖显静. 论技术的本质与环境保护. 中国人民大学学报，2003，(4)：39~45

口发展前景时，戈德温还曾乐观地估计：地球的 3/4 仍未被技术革命"开垦"，因而在无数个世纪后，仍足以供养它的居民。这一阶段出现马尔萨斯著名的《人口论》，全名为《人口原理及其对社会未来发展的影响，兼评戈德温先生、孔多塞先生和其他作者的观点》，然而在当时无法引起足够的重视。

以能源约束为例，从钻木取火到风车、水车，能源不仅仅是稀缺的动力，更是一种与自然紧密结合的具体形象；在利用的同时，人类往往带有尊敬甚至崇拜的态度(如灶王爷、龙王爷)。随着技术进步，当人类社会规模扩大，而能源开始成为持续、稳定的供给工具时，它在人们心目中的形象终于不再是取之不尽，用之不竭的。与此同时，大规模的强制劳动(征用和奴役)以及利用牲畜都无法实现稳定性。技术的力量，使木材、水流被煤炭、蒸汽取代，既而是电力、石油、天然气，再到现代的太阳能、核能、生物质能，甚至再到最近人们开始探讨的反物质。每一步发展都包含了这样的思路：

> 是的，它或许是有限的，但我们的技术在进步，而且发展越来越快，还不到它用尽的一天，我们就能开发出新的能源来为我所用；历史发展的经验无一不验证了这一过程，所以我们无须担心；就算太阳湮灭，我们还有能力移居太空，继续开发新的能源。

最近 1 万年的人类历史经历了能源消费模式的巨大变化，从采集和狩猎群体的极少需求到现代美国的消费水平。为了获得这些能源，有过一系列技术上日趋精细复杂的方法。从收集薪柴和使用人力、牲畜，到简单的水动风动机器，到深井煤矿、深油井(尤其那些大陆架油井)、发电站和核电力。在这一时期，在对待消费能源的态度上有显著的连续性：只做短期考虑，将所有能源都看做似乎是不会枯竭的；因为难于估计未探明的矿藏规模和未来的消费速度，人们难以估计世界矿物燃料储量被耗竭的时间。但是，大多数估计都认为，有足够的煤可供消费几百年(甚至以更高的速度消费)。然而，石油和天然气的储量只能使用不到 100 年；在这些储量被耗竭之前，随着供应变得困难，要从更遥远的矿井开采，由此导致价格上升，会遇到严重的问题。到 20 世纪后期，关切未来能源供应已反映在：人们更多地对可再生能源的供应感兴趣。于是，发展一些利用太阳能、风力、水力(包括海浪和潮汐)和动植物废料的方法，热电联产。然而，尽管做了一些有趣实验，这些"替代能源"对世界能源消费来说仍只是个零头，工业化世界仍依赖于不可再生的资源，这显然是固守着几千年来对待木柴的习惯和期待。

三、挥之不去的污染

如果说对能源利用的历史可以作为技术乐观论的逻辑例证，那么对污染问题的探讨则是一个反例。环境污染并非由近代工业革命所带来；相反，污染是一个比定居社会更早出现的问题，其面临的主要挑战是获得干净的水，将不需要的废物分离出自己的生活环境。"低卫生条件"及"瘟疫"是它的近义词。《圣经·新约·启示录》中对末日之战的描述，就借"天启四骑士"提出了导致人类(种群)灭亡的最主要力量：饥荒、战争、瘟疫和死亡。

水资源供给同时要求数量和质量，因此，定居社会的最基本问题之一是：既要清除生活垃圾，又要保证水源不被废弃物弄脏。在大多数发源于河流、溪谷的文明中，由于无法完美实现这一目标，水污染成为限制人类寿命的重要瓶颈。为改善这一情况所付出的技术努力包括修建蓄水系统、排水沟、厕所来进行清污分离，但这一努力在人口规模扩大后失效，不得不利用引水渠从距离城市相当远的外地取得清水，而将城市附近视为等待其自净的场地，将城市附近的河流视做排污渠(图 1-3)。技术又一次发挥其作用：1855 年，第一个城市污水管道收集系统在德国汉堡完工[1]；人工水库提供了更多水源。随着水供应系统、水处理方法等一系列技术的出现和应用，污染问题并没有如想象中一样被彻底解决，因为技术应用存在成本障碍，而当这个成本障碍被克服后，所带来的人口增长更甚于技术。这一交错过程持续到今天，不断增加的用水量直逼世界淡水资源的总量。

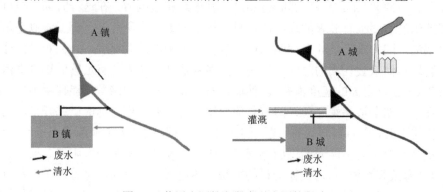

图 1-3　临近水源的定居点对水源的影响

水的利用只是技术无力处理污染的大量例子之一。随着技术的进步和人类活动范围的扩大，污染问题层出不穷。首先，生活质量的提高带来了固体垃圾清运

---

① Syed R.Qasim. Wastewater Treatment Plants: Planning, Design and Operation. CRC Press, 1998

的大量负担，同时消耗动力；其次，采用更多牲畜提供动力时又带来牲畜粪便的额外负担；再次，当燃煤得以应用后，煤渣随之出现，固体垃圾并未实质减少，烟尘污染却"粉末"登场；最后，煤中的硫产生的酸雨和石油制品燃烧造成的废气排放等问题从未被真正解决，只是从一个地方转移到另一个地方，更多新问题随之而来。

诚然，如果将人类的一切成就都归功于科学技术，那么必然的逻辑后果是由科学技术来承担人类失误的全部责任，从而导致由一个极端(技术乐观主义)走向另一个极端(技术悲观主义)。技术乐观论与悲观论一样，都以对现代科技革命及其功用的错误判断为基础，都把技术发展与社会进步之间的复杂关系简单化，都把技术游离于社会总体之外孤立地加以考察，都视技术为推动社会发展的唯一决定性力量。如果说乐观论的局限主要表现于忽略伦理价值和道德观念等领域的变革，片面夸大科学技术的发展潜力，那么悲观论的偏颇在于否定技术的社会价值以及低估人类发展的潜力，淡化其他社会因素对技术发展的影响，尤其是淡化社会改革和革命的意义。

20世纪后期，无论对技术持乐观还是悲观态度，人类都深刻地意识到：技术不是万能的。汤因比和池田大作在《展望二十一世纪》一书中，多处涉及科学技术对现代文明产生的双面影响问题，并达成共识：科学技术既制造了各种交通工具，又制造了废气和噪声；既导致了农药和化肥的出现，又减少农产品的营养；既推动了现代工业的迅速发展，又过分消耗了有限的资源；既完善了现代组织机构，又压制和扭曲了人性；既扩大了信息传递的速度和范围，又造成人们生活方式的被动与惰性；既创造了医学奇迹，又不断造成了生命的尊严丧失；既发现了原子能，又孕育着毁灭人类的危险。

四、技术的局限性和误区

在谈到技术发展与环境困境的关系时，技术中性论的另一缺陷常被指出：它假定技术的设计者和使用者能够完全理解技术的目的并预见、控制技术的后果。但事实上，技术的大部分后果是难以预见的，往往因为有了技术，所以就连续地产生了技术的新的应用与使用；不仅如此，技术的一些次级、间接影响，将对自然乃至社会文化产生深远的作用，但是，这些作用由于其长期性和范围的广泛性而难以预测。本部分将技术的局限性和误区形象地归纳为"回不去"、"动不得"和"来不及"。

（一）棘轮（ratchet）

棘轮效应诞生于钟表机械术语，原指机械棘齿咬紧后不会滑动倒退，只会按部就班发生运动（图 1-4）。1973 年，Bleakney 在一篇名为"公务员退休体系问题刍议"的论文中，首次提到"棘轮效应"。他指出，在一个享受退休福利年龄普遍低于 60 岁的社会状态中，想通过提高退休年龄来削减福利成本是几乎不可能的，因为人们无法接受这样的倒退。《公地悲剧》一文的作者 Garrett Hardin 曾在饥荒救助研究中指出，原本会死于饥饿但因接受粮食援助而存活的人群，因为将继续生活和繁衍后代，从而会带来一场更大的饥荒，因为粮食救助的量并没有增长。类似研究还涉及经历特殊时期后的政府机构和军队削减的阻力、文化观念的传播，"得到"与"失去"的公众管理效用研究以及人体对脂肪的积累作用等。总之，其"不会倒退"（"回不去"）的寓意被广泛应用于科学研究与讨论中。

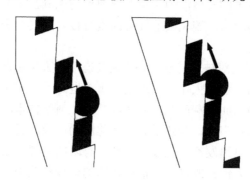

图 1-4　棘轮效应图示

资料来源：http://www.cut-the-knot.org/Curriculum/Probability/Ratchet.shtml

白色棘齿静止，黑色棘齿并排平行于白色棘齿，做简单往复的上推-下移运动。黑色棘齿的齿缘略高于白色棘齿，所以会将黑色球体一阶阶向上推。这一过程是不可逆的

在技术与环境的关系方面，同样存在很多"棘轮效应"。在本章所提到的农业的出现就是典型的例子，一旦踏上刀耕火种之路，人口和土地的束缚就让社会形态无法回到游牧采集的行为中。工业革命前后，当燃煤带来的煤烟造成极恶劣的影响时，伦敦曾颁布法令禁止燃煤，但公众无视法令，因为公众已无法回到不用煤的生活中。可见，任何一项技术，一旦拥有了一定的社会应用基础，就很难通过管制、舆论等方式撤销和还原。清洁生产工艺、环境影响评价等工作的开展，都是为了防止或减缓棘轮效应出现无法撤销的恶果。

当然，棘轮效应并非颠簸不破的。在技术这一命题中，棘轮的"松动"有三类可能：一是替代技术的出现，可以表示为图 1-4 中两色棘齿相对位置的变更所带来的黑色球体位置变化。实质上，这是以新一轮效应取代原先的流程，即前文

提出的"问题并未消失"。二是整个系统的激烈动荡和重组，可以表示为机械装置的毁坏和修复。例如，18、19世纪欧洲旧城市设施与结构通过两次世界大战中的毁坏与重建，拥有了新的卫生系统。三是整个系统可能面临短期而严重的危机，不得不自我调整，即系统自适应、自组织的过程。例如，在枪支、原子弹等战争武器被发明和应用以后，人类社会认识到其威力足以毁灭自己，于是制定了约束力极强的公约和法律来进行约束。

(二)锁定(locked-in)

1969年，Brown和Nicolas在文章《投资流动性的威胁：锁定问题的解决建议》中首次提出"锁定"这一名词，指出资本持有期、投资回报率、投资者寿命等因素将阻碍投资的流动性，从而使局部投资即使未达收益最优，在短期也无法转移。之后在金融研究、品牌经济学等领域也开始出现这一概念。

锁定之"动不得"，并非绝对无法变更，而是说变更的过程将不得不支付难以承担的成本，或者需要更大的投入。好像拧紧的螺钉，虽然可以取下，但取下的过程消耗能量，还将留下钉过的痕迹。

庄贵阳在谈到低碳经济的发展时就指出了锁定效应的技术-环境困境："在经济全球化的格局下，发达国家的高耗能、高排放部门如电力、钢铁、建材和化工等行业向海外开拓市场，通过对外直接投资增加企业利润；中国等发展中国家正在成为世界的工业基地。中国成为世界工厂，虽然得到了我们急需的资金和技术，取得了经济增长，但代价也不可忽视。我国正处于经济高速发展阶段，经济的物理扩张，多数是对常规技术的简单复制，而且一经投入，便有一个投资回报期技术和资金的'锁定效应'。基础设施、机器设备、个人大宗耐用消费品一旦投入，其使用期限均在15年乃至50年以上。这样投入的资金便被"锁定"，立即更换意味着巨大的经济损失。而当未来中国需要承诺温室气体减排或限排义务时，却可能被这些投资'锁住'。"[①]

可见，技术的另一局限性在于，其推广和应用的全周期都包含着经济要素，尤其是在近现代。当技术成功进入市场并稳定发展，在一定时期内就无法承受变革的代价。而无法变革的后果，将是负面影响的长期作用难以得到消除。

(三)滞后(hysteresis)

自然和人造系统的滞后效应长期以来都受到人们的关注。物理学对滞后系统的解释是：无法从一个时刻的瞬间输入值计算其状态(输出值)，而必须关注该时

---

① 庄贵阳. 中国：以低碳经济应对气候挑战变化. 环境经济, 2007, 1: 69~71

刻之前的历史路径。换言之，系统处于路径依赖状态。一个只有开、关两种状态的热炉，如果我们希望维持恒定温度 T，那么最简便的方法是在测量温度高于 T 时关闭开关，在测量温度低于 T 时打开开关。而测量、反应、开启和关闭的过程，就存在滞后性，导致热炉无法维持恒温。经济学研究中，对出口业绩、失业率、公众事业效用等方面的探讨都涉及滞后效应。

对技术的全面认识同样存在滞后性。一方面，技术在得到应用之前，是难以对其深远影响（对近代来说，特别是其环境影响，如塑料袋、DDT、氟利昂、温室气体排放等不胜枚举的例子）做出完整估量的，因此滞后效应是在技术推广应用的全周期中必须考虑的要素。另一方面，政府、公众等社会动力的反映时间同样存在滞后，尤其是在当今的高速社会节奏中，往往当我们认识到负面后果时，滞后效应让我们"来不及"去弥补和修正，从而陷入被动局面。

综上所述，单纯用科学技术解决发展与环境问题，存在棘轮、锁定、滞后等诸多局限性。正如《制造业战略》一文在开头发问的那样，技术之于人类，究竟是潘多拉魔盒、普罗米修斯盗取之火，还是飞向太阳的那对蜂蜡之翼？产业生态系统，作为新时代的环保科技思考的视角之一，能否突破这一困境？

第四节　人类生产新模式——产业生态学视角

早在生态科学发展的初期，研究者就认识到，人类活动的生物物理基质同样服从于自然生态系统规律，因此，产业体系可以被视为生物圈的一个子系统。20 世纪 40 年代，在生态学家伊夫林·哈钦森（Evelyn Hutchinson）等的论述中已经提出了产业生态系统的概念，但并没有明确地加以命名。60 年代以来，生态学快速发展起来，自然生态系统的高效物质循环和能量流动以及各物种之间废物-食物的完美组合所形成的复杂食物网使人们产生了模仿自然生态系统的愿望：按照自然生态系统物质循环和能量流动规律重构经济系统，使得经济系统和谐地纳入自然生态系统的物质循环过程，建立一种新的经济形态。这就是产业生态学产业共生理论的雏形。

进入 20 世纪 70 年代，随着仿生学和生态学的不断发展以及对一些清洁生产不能解决的问题的思考，大大刺激了产业生态学思想的发展。1977 年在德国地球学年会的一篇学术报告中，一位美国地球化学家普雷斯顿·克罗德（Preston Cloud）在他的一篇论文中按照目前的定义首先使用了"产业生态学"一词。

20 世纪 80 年代初期，产业生态学思想的代表是"比利时生态系统"研究。然而，真正形成"产业生态学"的核心思想是在 80 年代末。这个时期，R.Frosch 等开展了"产业代谢"研究，旨在模拟生物新陈代谢过程和生态系统的循环再生过程。1989 年，美国通用汽车公司两位研究人员在《科学美国人》发表文章《制造业战略》，首次正式提出"产业生态学"的概念，标志着产业生态学思想的确立。人类环境保护思维开始彻底转变。

正如本章第三节所论述的一样，科学技术具有局限性，而环境问题的解决不可能仅靠一两类技术和研究领域实现。因此，与其说产业生态学将成为黑色污染中拯救世界的绿色天使，我们更认同的是：相对于其他知识或技术而言，产业生态学是人类探索环境问题时迈出的谨慎而充满希望的一小步；我们更愿意与读者分享的是这一学科的发展历程、理论基础，相关领域近年来层出不穷的学术、社会思潮以及目前正在蓬勃发展的、不断吸收包容其他学科手段的各类研究方法。产业生态学的研究领域能否真正丰富、完善成一门成熟的学科，能否应对和解决日益严重的以及可能将会出现的环境问题，需要我们共同的努力。

第五节 人类消费新模式——社会生态学视角

随着人类对生态环境问题的现象及其根源越来越深刻的了解，Murray Bookchin 等先驱逐渐意识到了一个经常被人们忽略的问题，即人类现在所面临的几乎所有的生态问题都源于人类自身那些根深蒂固的社会问题。具体而言，可以肯定地说，除了由自然灾害所造成的生态破坏以外，人类今天所面临的严重的生态破坏问题的根源在于人类社会的经济、伦理、文化和性别歧视等种种社会问题，如果不彻底解决这些社会问题，人类就不可能清楚地理解，更别说去解决现在的生态问题。基于这种背景，社会生态学应运而生。社会生态学是 20 世纪 60 年代在西方形成和发展起来的一门探讨社会系统与其依赖的自然环境之间相互关系的新兴交叉学科。它涉及哲学、社会学、生态学、经济学、政治学、法学等广泛领域。

尽管国际上对社会生态学的意义、研究对象和内容无法达成一致看法，但视角基本上都定位在"人-社会-自然"之间的关系层面上。根据研究视角的差异，社会生态学研究可以划分为三类：①关注人与自然、社会的关系，是重新认识"人-自然-社会"关系的一门哲学，强调是哲学的一个分支；②研究社会主体——人的行为与其社会基础之间作用关系，关注社会均衡、协调发展，强调其是社会学的一个分支；③强调社会生态系统与自然生态系统的相似性，旨在探讨社会和自然的本质关系，研究人类经济、政治和文化机制如何与自然生态环境相协调的科学，强调其是生态学的一个分支。

国际上与社会生态学相关的概念还有人类生态学和全球生态学。其中人类生态学概念于 1921 年由美国社会学家 R.帕克和 E.伯吉斯提出，最初表达为 human ecology，作为生态学的分支，主要强调人与自然的关系应该由"人定胜天"向"和谐共处"转变，尤其是如何确定人的生存和发展的最佳条件、如何确定人与生物圈中其他成员的相互关系等问题。但它忽视了社会系统自身规律和经济社会要素的主导作用。全球生态学研究的则是社会与自然的相互作用及其规律，研究如何控制这种作用以及如何改造自然、改进生产，以便建立既有利于社会又有利于自然的发展生产的最佳条件。

全球生态学可划分为社会生态学、生物圈生态学和人类生态学。社会生态学研究整个人类发展的全球性问题，如能源问题、环保问题、消灭大规模饥饿和危险疾病问题等；生物圈生态学研究地球层内所发生的全球性过程及其控制条件，地球上的水及控制水循环条件，气候变化及其控制问题；人类生态学则包含社会卫生和遗传医学等问题。

目前，在人类生态学与全球生态学的研究方面存在着学科分歧。有人认为，全球生态学或人类生态学是研究综合性全球问题的科学，主要是针对人与自然相互作用的全球性综合生态问题开展研究的一门学科。还有人将人类生态学或全球生态学看成是刚刚诞生的一种研究人与自然界相互作用的自然科学理论，而且把传统的生态学，即动物生态学、植物生态学等看成是全球生态学的一部分。H.M.马梅多夫认为，全球生态学的研究对象是生物圈与外部环境的相互作用机制，这里的外部环境既包括社会过程，也包括地质地理和宇宙过程；而社会生态学则研究社会与自然界的相互作用。也就是说，全球生态学与社会生态学仅仅在研究社会与生物圈的相互作用方面是一致的；社会生态学与全球生态学的区别在于社会生态学不研究生物圈与其他无机界之间的相互作用，而全球生态学不研究社会与无机界之间的相互作用。

本书认为：社会生态学是研究作为社会主体的人(主要表现为公众、政府、社团、企业等)的行为模式，人与人之间、人与其依存环境之间相互关系和作用机制的新兴交叉学科。其目的在于通过对人类行为模式的调整来实现人类社会与环境复杂巨系统的协调、持续和稳定发展。

一般认为，社会生态学的认识主体是从事生态实践的人，他们同生态系统共存，具有生态文化素质(包括生态意识、环境责任和环境伦理)，包括公众、政府、社团、企业等，其行为模式和共生关系是在生态伦理价值观所引导的生态心理作用下发生的，因此在研究社会主体行为模式及其共生机制时，对社会生态伦理和生态心理的研究是其必不可少的一个方面。在生态价值观的引导下，对主体行为模式的研究则细分为公众行为学、政府行为学、社团行为学、企业行为学。对主体共生机制的研究需要孕育社会共生关系的有关社会学方面的研究理论，即制度学、组织学、政治学和管理学。此外，在研究主体与其依存的环境之间的关系时，也必须考虑到不同的社会共生关系，如体制、制度、政策等对环境的影响，并通过对资源承载力和环境容量的研究，来制定主体可持续消费的模式。

社会生态学的认识客体即研究对象是"社会-经济-生态复合系统"。社会生态学将人类社会系统、社会经济系统和自然生态系统结合起来，并进行整体性和交叉性的综合研究；社会生态实践是社会生态学认识论的物质基础，也是其唯物主义认识路线的核心和根本。

哲学方法是社会生态学研究中最高层次的方法论原则，它对于社会生态学研究及其各层次的科学方法具有指导作用。系统科学方法中的系统论方法、信息论方法、控制论方法、协同论方法等是社会生态学研究中广泛运用和行之有效的科学方法。各门学科共性的实验模拟、系统仿真、动态规划、灰色预测、类比、调查等方法是社会生态学的一般方法。虽然有学者谈及计算机仿真技术在社会生态学研究中的应用，但是没有明确指出它是社会生态学的专属研究方法。

参 考 文 献

丹尼斯·H. 梅多斯等. 1984. 增长的极限. 于树生译. 北京：商务印书馆

克莱夫·庞廷. 2002. 绿色世界史——环境与伟大文明的衰落. 王毅，张学广译. 上海：上海人民出版社

蕾切尔·卡逊. 2009. 寂静的春天. 邓延陆编选，丰小玲绘图. 长沙：湖南教育出版社

马尔萨斯. 1992. 人口原理. 朱泱等译. 北京：商务印书馆

唐奈勒·H. 梅多斯等. 2001. 超越极限：正视全球性崩溃，展望可持续的未来. 赵旭等译. 上海：上海译文出版社

[德] Emmerich 导演；[美] Quaid，Gyllenhaal 主演. 2004. The Day after Tomorrow（末日浩劫）. Twentieth Century Fox.

第二章 产业生态学概述

现代经济学揭示了市场经济运行的基本规律，它通过几个简单原理，为人们提供了开启现实世界之门的钥匙。然而，现代经济学是建立在线形经济发展模式基础上的，现在，这种经济发展模式遇到了前所未有的挑战：资源耗竭、环境污染、生态恶化、生物多样性消失等。世界观察研究所名誉所长 Lester R. Brown 近期的研究表明：在过去 50 年中，全球经济总量递增了七倍，这使得地区的生态环境承载能力超出了可持续发展的极限；全球捕鱼业增长了五倍，这促使大部分的海洋渔场超越了其可持续渔业生产能力；全球纸业需求扩张了六倍，这导致世界森林资源严重萎缩；全球畜牧业增长了两倍，这加速了牧场资源的环境恶化，并增强了其荒漠化的趋势。如果世界经济继续以每年 3% 的速度增长，按照现有的经济模式和产业结构，全球的产品与服务将在未来 50 年中激增四倍，达到 172 万亿美元，而同期产生的全球生态环境破坏将不可估量，这就要求改变现有的经济发展模式。

第一节 产业生态学发展历程

20 世纪后半期，末端治理的弊端如成本高、效果不明显、治标不治本且容易造成二次污染等日益凸现；同时，清洁生产的局限性(偏重于局部工艺和技术而不是整个系统)也愈益明显；加上现实中环境保护活动的边际效益日益萎缩，并且其边际成本业已逐渐增加到人们无法承受的地步。种种现象和问题使人们认识到以分散式污染防治为特征的末端治理和清洁生产已经不能适应日益多样化、复杂化和区域化(全球化)的环境问题。在这种情况下，人们开始将视角转向经济发展活动本身，希望能从经济发展的自身规律中找到解决环境污染问题的根源解。同期，生态学尤其是仿生学的突飞猛进，激发了人们模仿自然生态系统物质循环原理来改造人类生产系统，从而将其构筑成一个物质闭路循环系统的想法，于是，80 年代末 90 年代初，产业生态学作为这一思维变迁的集中体现应运而生，从某种程度上可以说，产业生态学的发展史其实也就是人类环境保护思维的演变史。这里将其演变过程划分为 4 个阶段：孕育阶段、萌芽阶段、诞生阶段和蓬勃发展阶段。

一、孕育阶段（20 世纪 50 年代至 70 年代初期）

早在生态学发展的初期，Howard Odum 和 Ramon Margalef 等先驱们就已经意识到"人类活动的生物物理基质同样服从于自然生态系统的规律"。但在当时，生态学家们更多地将精力集中在与自然生态系统相似的农业生态系统研究方面。一直到 20 世纪五六十年代，生态学蓬勃发展，尤其是仿生学的快速发展，才使人们产生了能否模仿自然生态系统，按照其物质循环和能量流动的规律重构产业系统的想法。

20 世纪 60 年代末，日本通产省注意到工业化的环境代价相当高，于是指定其隶属机构——产业机构咨询委员会开展一次前瞻性研究，并成立了一个由 50 位专家组成的技术组，这些专家分别来自实业界、政府高级官员、消费者协会等不同领域。该课题主要研究发展那些对原料消耗依赖程度小而更多地依靠信息与知识的经济部门，以便提升日本经济发展质量的可能性。1971 年 5 月，该委员会公开发表了题为"70 年代前瞻"的报告，根据报告建议，通产省成立了 15 个工作小组进行前瞻课题研究，产业-生态工作小组是其中之一，该小组确切地接受了深入研究的任务：用生态学的观点重新审视现有产业体系。1972 年 5 月，该小组发表了题为"产业生态学：生态学引入产业政策的引论"的研究报告，该报告在通产省内部广为散发。1973 年，第二份报告问世，虽然该小组最终没有能够持续下来，但毫无疑问，他们的工作为日后的很多研究奠定了基础。由于这一阶段的很多提法都已经带有明显的产业生态学思想，并已经开始进行有意识的研究行为，但又没有明确表达，因此，该阶段被认为是产业生态学的孕育阶段。

二、萌芽阶段（20 世纪 70 年代中期至 80 年代中期）

20 世纪 70 年代以后，产业生态学思想粗具雏形。50 年代以来在美国工业废料处理方面相当活跃的尼尔森·内梅罗（Nelson Nemerow）肯定地认为，"与环境平衡的产业联合"和"零污染"观点最早是联合国工业发展组织在 70 年代提出来的。Ted Taylor 于 1972 年提出一些与目前的产业生态学思想十分接近的观念。1976 年，在联合国欧洲经济委员会组织的"技术与无废料生产"报告会上，与会者提出了很多类似于目前清洁生产和产业生态学概念的观点；之后，在 1977 年的德国地球学年会上，美国地球化学家 Cloud 在其论文中首先使用了"产业生态学"一词。紧接着，1978 年第二次石油危机前，日本通产省发起了提高能源使用效率的"月光计划"，主要内容是开发提高能源使用效率的新技术；1980 年又创立了"新能源发展组织",不久后又发起了"全面环境技术项目",这一系列活动大大推动了产业生态学思想的形成。

20 世纪 80 年代初期,产业生态学的典型代表是"比利时生态系统"研究。1983 年,比利时政治研究与信息中心出版了《比利时生态系统:产业生态学研究》,该书反映了生物、化学、经济学等领域 6 位学者对产业系统存在问题的思考。其基本出发点是"深信生态学的观念和方法是可以运用到现代产业社会的运行机制研究中去,并以此指导新时代某些方面的发展"。该书清楚地表述了产业生态学的基本原则:"用生态学观点分析产业活动,就是要对企业与其供应商、产品流通销售网络以及与使用其产品的消费者们之间的关系进行研究……应该大致地把产业社会定义为这样一个生态系统:由其生产能力、流通与消费渠道、所运用的原料和能源的储备、产生的废弃物所构成的总和……用物质与能量的流动来表述,事实上为我们提供了经济活动物质形态的事实,并表明社会是如何来管理其物质资源的。"

三、诞生阶段(20 世纪 80 年代末 90 年代初)

然而,真正形成"产业生态学"的核心思想是在 20 世纪 80 年代末 90 年代初。这个时期以 R. Frosch 等开展的"产业代谢"研究为代表,该研究旨在模拟生物新陈代谢和生态系统的循环再生过程。1989 年 9 月,Frosch 和 Gallopoulos 在《科学美国人》发表题为"制造业的战略"一文,正式提出产业生态学概念,认为产业系统应向自然生态系统学习,并可以建立类似于自然生态系统的产业生态系统。在这样的系统中,产业企业之间相互依存、互相联系,构成一个复合的大系统。[①]实际上,80 年代末期,美国工程科学院在华盛顿发起"科技与环境"计划,并于 1989 年出版了第一个报告文集《科技与环境》,包含了许多向产业生态学演变的观点,但由于会议人数很少(不超过 20 人),并没有引起很大的关注。

1990 年,美国国家科学院与贝尔实验室共同组织了全球首次"产业生态学"论

---

①"... the traditional model of industrial activity in which individual manufacturing processes take in raw materials and generate products to be sold plus waste to be disposed of should be transformed into a more integrated model: an industrial ecosystem ... The industrial ecosystem would function as an analogue of biological ecosystems. (Plants synthesize nutrients that feed herbivores, which in turn feed a chain of carnivores whose wastes and bodies eventually feed further generations of plants.) An ideal industrial ecosystem may never be attained in practice, but both manufacturers and consumers must change their habits to approach it more closely if the industrialised world is to maintain its standard of living..."—R. A. Frosch, N. Gallopoulos. Strategies for manufacturing. Scientific American, 1989, 261 (3): 144~152

坛，对产业生态学的概念、内容和方法及应用前景进行了全面系统的总结，基本上形成了产业生态学的概念框架。1991年5月，美国科学院在华盛顿组织召开了产业生态学研讨会，罗伯特出任首任助理主任，他在会议上发言时指出，产业生态学思想在空中已经飘忽了几十年，特别是联合国环境规划署成立以来。[①]

四、蓬勃发展阶段（20 世纪 90 年代~   ）

20 世纪 90 年代以后，产业生态学研究进入蓬勃发展时期。其间，国际上产业生态学发展历程中的一系列重大事件见表 2-1。

表 2-1　国际产业生态学领域重大事件

年份	事件及内容
1993	《清洁生产杂志》(Journal of Cleaner Production) 出版，该杂志经常刊发有关产业生态学研究的文章；美国成立了可持续发展总统委员会 (President's Council on Sustainable Development, PCSD)
1996	美国可持续发展总统委员会召开生态产业园 (Eco-Industrial Parks) 研讨会，对生态产业园区的定义、建设原则及美国生态产业园区建设实践情况做了研讨；产业生态学研究刊物之一的《生命周期评价杂志》(Journal of Life Cycle Assessment) 发行
1997	美国耶鲁大学和麻省理工学院合办了全球第一个产业生态学杂志 Journal of Industrial Ecology；《环境科学与技术杂志》(Journal of Environmental Science and Technology) 发表了 "21 世纪研究的优先领域" 专题报告，介绍了今后 20 年需要加强关注的六个优先领域：经济与风险评估，环境监测与生态学，环境中的化学品，能源系统，产业生态学和人口等
1998	耶鲁大学成立产业生态学研究中心，美国白宫环境质量委员会召开生态产业研讨会 美国国家科学基金会资助 18 项有关生态产业的基础研究课题；美国地质调查局 (USGS) 在弗吉尼亚举行了 "关于科学、可持续能力和天然资源管理：USGS 物质与能量流动研究" 专题工作会，与会者就产业生态学、物质与能量流动进行了研讨，认为物质与能量流动研究对于正在形成的产业生态学研究具有重要的意义
2000	国际产业生态学学会 (International Society of Industrial Ecology) 成立，美国跨部门工作小组发表题为 "产业生态学——美国的物质与能量的流动" 的报告

---

① "The idea of industrial ecology has been evolving for several decades. For me the ides in Nairobi with discussions at the United Nations Environment Programme (UNEP), Where we were concerned with problems of waste, with the value of materials, and with the control of pollution. At the same time, we were discussing the natural ferment of thinking about the human world, its industries, and its waste products and problems and about the coupling of the human world with the rest of the natural world … With this background, when writing an article for Science American, Nicholas Gallopoulos and I found ourselves falling naturally into use of the term 'industrial ecosystem', thinking of industrial as heavily analogous to the behavior of the natural world with regards to the use of materials and energy. We later found ourselves automatically entitling a talk before the United Kingdom Fellowship of Engineering: 'Towards An Industrial Ecology', because the ideas had continued to ferment and the ecological analogy seemed natural"—R. Frosch. Industrial ecology: a philosophical introduction. Proceedings of the National Academy of Science of the U.S.A., 1992. 89: 800~803

年份	事件及内容
2001	美国国家生态产业发展中心(National Center for Eco-industrial Development)在科内尔大学成立,中国国家环境保护总局批准广西贵港和广东南海为国家生态工业建设示范园区
2004	产业生态学分支领域——产业共生学术研讨会在耶鲁大学召开,来自世界各国的专家和学者就产业共生的内涵、理论和方法做了界定
2005	第三届国际产业生态学大会在瑞典召开,包括经济学、社会学等传统学科在内的 500 余名专家出席大会
2006~	越来越多国家的学者参与该领域研究,来自农、理、工、医、文、哲等不同学科的研究人员涉足该领域,大大促进了学科的交叉与融合

目前,产业生态学和生态产业研究已经在全球范围内广泛开展起来,美国已有 30 多所大学开设了此课程,中国已有清华大学、南京大学、武汉大学等十余所高校开设了该课程。产业生态学思想受到了中国、美国、日本、德国、比利时、丹麦、荷兰、瑞士、瑞典等国政府、企业和国际组织的高度重视。

第二节　产业生态学内涵与范畴

产业生态学是一门研究社会生产活动中自然资源从源、流到汇的全代谢过程及其与生命支持系统相互关系的学科。它要求综合运用生态经济学、管理学、系统工程学和环境科学等学科的理论和方法,将资源、能源高效利用和全过程污染预防的观念贯穿到生产全过程中,从而在宏观上协调整个产业生态系统的结构和功能,促进系统物质流、信息流、能量流和价值流的合理运转,确保系统稳定、有序、协调发展;同时,在微观上通过综合运用清洁生产、环境设计、绿色制造、绿色供应链管理等各种手段,大幅度提高产业资源能源利用效率,尽可能降低产业污染排放水平和生产全过程的环境影响,促进经济、环境和社会的协调持续发展。

产业生态学把产业系统视为一种类似于自然生态系统的封闭体系,区域内彼此靠近的企业就可以形成一个相互依存、类似于生态食物链网的"产业生态系统"。在产业生态学中,通常用"产业共生"、"产业链"和"产业代谢"等生物生态系统类比的概念来表征产业生态系统的关系。有关产业生态学的定义多达 20 几种,但迄今为止尚无被普遍接受的定义。总体来看,目前有关产业生态学的定义多从以下几方面表述:

1)模仿生态学的定义,从其学科产生和发展的角度提出产业生态学是一门集多学科的理论和方法来研究经济系统和环境系统协调发展的综合性交叉学科;

2)从系统思想在产业生态学研究中的重要性出发提出系统思想是产业生态学

的核心,即产业生态学打破了原来单一过程审视资源开采、生产加工、产品使用、污染治理等人类活动的视角,从生命周期的角度将资源开采、资源加工、产品生产、产品使用、废物管理等过程联为一体,探讨实现资源高效利用和解决环境污染问题的根源性、系统性、全局性、有效性策略、方法和措施;

3) 从产业生态学存在的意义及其与可持续发展的关系角度提出产业生态学是实现可持续发展的重要手段;

4) 从产业生态学的研究对象和研究目标出发,提出产业生态学是研究实现产业生态化技术和方法的一门学科。

本研究认为,产业生态学是站在资源瓶颈和环境约束的角度审视人类生产活动与其依存的资源和环境之间关系的一门新兴交叉学科,产业生态学从产品生命周期角度出发,主要是研究企业行为、企业之间关联、产业与其依存环境的关系,目的在于认识和优化这种关系,从而实现人类生产活动的高效性(主要体现在资源生产力和生态效率方面)、稳定性和持续性。

值得一提的是,产业生态学(industrial ecology, IE)在国内也有人译为"工业生态学"。因为"industrial"既可以指"产业",也可以指"工业"。在人类长期的环境保护历程中,工业污染源一直是人们关注的重点,因此,国内早期的专家将"industrial ecology"译成"工业生态学"。这是因为,早期从事工业生态学研究的主要是自 20 世纪 90 年代开始从事中国产业清洁生产的工程技术人员,我国前期的污染防治工作尤其是清洁生产工作主要集中在工业企业,因此,前期从事工业清洁生产的经历使他们惯性地使用了工业生态学的说法。然而,随着社会的发展和环境保护思路的拓宽,生活污染、农业面源污染、第三产业污染等问题日趋凸显,并已经在污染防治工作中占据重要位置,这个时候的环境保护已经突破了"工业"概念而渗透到人类生产、消费等各个领域。因此,除了工程技术专家和学者,更多的涉足该领域的生态学、管理学、环境科学等领域的专家和学者则立足于产业生态学的系统视角,认为将工业活动与其他人类活动割裂开来,孤立地看待工业生产系统的观点偏离了产业生态学的本意,只有将人类活动的整体视为一个系统,将资源开采/加工、产品制造、产品使用、废物管理等人类活动融为一体,才能充分体现产业生态学的核心思想——系统论,也能更好地反映生命周期资源管理的概念。

第三节　产业生态学理论体系

根据国际产业生态学学会的界定,产业生态学可细分为以下 12 个领域:环境设计(design for environment),低物质化和低碳化(dematerialization and decarbonization），生命周期设计、规划和评价(life cycle design, planning, and assessment)，物质和能源流研究(materials and energy flow studies)，延伸生产者责任(extended producer responsibility)，产业生态系统和生态工业园(industrial ecosystems and eco-industrial parks)，产品导向的环境政策(product oriented environmental policy)，法规和政策(regulation and policy)，生态效率(eco-efficiency)，产业发展、技术进步与环境(industry, technology change and the environment)，企业环境管理(corporate environmental management)，其他(other)。事实上，这些分支领域很多在产业生态学诞生之前就存在，并且分属于不同的学科，毋庸置疑，产业生态学推动了这些分支领域的发展。

从定义可以知道，产业生态学是以系统论为基本依据，根据其研究尺度的不同，可以将其分为宏观层面的产业共生系统、中观层面的产业共生网络和微观层面的产业共生关系；从其研究对象来看，可以分为产业系统、企业、产业过程。国际上，一些学者研究：①宏观尺度——全球、地区或国际层面资源代谢过程；②中观尺度——产业共生体系或生态产业园区；③微观尺度——企业或人。不管从哪个尺度看，产业生态学的研究视角都是系统。据此，产业生态学的理论、方法和工具体系可用图 2-1 示意。

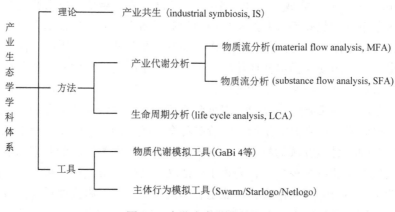

图 2-1 产业生态学学科体系

在宏观层面上，产业生态学强调生产系统物质的代谢过程，即运用物质流分析方法(基于物质通量的 MFA 和基于单一物质的 SFA)定量刻画生产系统的物质代谢过程，并据此科学评估产业生态系统内资源开发和利用过程的资源效率，分析存在的问题并探寻优化的途径和策略，同时，客观预测系统资源供需形势，为确保系统资源持续稳定供给提供基础支撑。

在中观层面上，产业生态学则研究产业共生现象的发生和演化规律。产业共生作为产业生态学的一个分支领域，主要指在一定区域范围内，根据区域经济系统中的资源流(物质流、能量流和信息流)在传统的孤立产业间建立一系列联系并发现和探讨这些形成积聚效应的产业之间的协作规律及其优化机制的理论和方法。具体而言，产业共生是指把不同经济部门的企业积聚在一起，使各企业之间通过物质、能量、水、副产品的交换以及土地、物流、知识信息等的共享来提高各产业资源效率，增强产业竞争优势，实现区域企业积聚体整体综合效益(经济效益、社会效益、环境效益)的最大化。从产业共生的概念来看，企业之间的关系不仅包括废物资源的交换利用，而且包括产品等其他实物资源和服务的供需合作，甚至包括信息等非实物资源的共享。由以上可以看出，产业共生实际上是人们在可持续发展理念和环境价值理论的指导下，对传统的产业组织理论进行系统改造和拓展的结果，同时还融合了诸如产业布局等理论的精髓，这种改造主要体现在价值基础和研究目的两个方面。在价值基础方面，现有产业组织理论将环境视为一种外部资源不予考虑，而与传统产业经济学内容相比，产业共生则强调环境成本的内部化，废物交换利用关系作为环境成本内部化的一种体现(因为废物再利用最直接的后果就是污染排放的减少)是其价值体系之间差异的最直接的内容，故现实中的产业共生体系基本上都是围绕废物交换利用和基础设施共享尤其是污染控制设施来进行设计的。在研究目的方面，产业共生强调经济、社会和环境综合效益的最大化，而产业组织论则仅仅考虑经济效益的最大化，这种价值观的差异和研究目的的不同是导致目前环境恶化和生态破坏的根源。

在微观层面上，产业生态学主要研究的是产品的生态设计。生态设计的研究内容包括绿色产品设计、绿色工艺开发、绿色装备制造和企业环境管理。其中，前三项属于生态工业工程和生态工程学的研究范畴；而企业环境管理在微观层面上则着眼于产业共生体各企业内部的环境管理，包括对企业员工的环境安全与健康知识培训、对基于产品生命周期所进行的管理等。

第四节 产业生态学发展趋势

作为一门新兴学科，产业生态学的内涵仍在不断深化，研究范畴也还在不断拓展，研究方法更是日新月异，总体上呈现出理论系统化、方法集成化、研究具体化的趋势。具体而言，未来产业生态学领域呈现以下几个方面的趋势。

一、学科交叉更加强烈

源于仿生学、生态学、经济学、环境学等多学科理论和方法的产业生态学从一开始就注定了其多学科交叉性，随着其内涵的不断深化和研究范畴逐步由生产领域向消费领域拓展，必然会有更多领域的人进入该领域，因为系统的复杂性和问题的多重性必然迫使其采用相关学科的理论和方法，至少在目前尚没有完善体系的情况下是这样。而多学科的介入必然会推动产业生态学与相关学科的交叉和融合。

同样地，产业生态学在这种多学科相互吸纳和矛盾冲突的过程中日趋成熟，并最终形成一个相对独立的理论和方法体系。最明显的例证就是越来越多学科背景的学者涉足产业生态学研究，其中来自环境科学、化学化工、生态学、经济学、社会学、心理学等领域的学者居多。毋庸置疑，大家都认为产业生态学是一门非常有前途的新兴交叉学科，并且会有越来越多的学科介入这一领域。

二、对相关学科的冲击力不可低估

任何事物之间的作用都是相互的，产业生态学的多学科交叉性决定了相关学科的发展对其会产生巨大的影响，尤其是相关领域技术上的重大突破，有可能对产业生态学相关领域的研究产生根本性的变革；同样，随着产业生态学研究的不断深入以及对其他学科的广泛渗透，可能推动相关学科的大发展，甚至促成某些学科的内源性转变。

就目前的发展态势而言，产业生态学对相关学科的渗透已经并且正在诞生新的研究分支：渗透到工业工程领域推动了生态设计和绿色制造的广泛应用；渗透到管理学领域促成了绿色供应链管理、生态化管理、延伸生产者责任等新方向的发展；渗透到经济学领域大大刺激了生态经济学、环境经济学、资源经济学等分支学科的突飞猛进；渗透到城市学领域，诞生了绿色人居、绿色建筑、绿色交通等分支学科。据此判断，未来产业生态学将渗透到更多的传统学科领域，并且会推动这些领域诞生新的研究分支，进而逐步从根本上影响这些学科的思维方式和研究方法。

三、基本理论研究将引起普遍关注

目前，产业生态学还没有形成自己完整的理论体系，而作为一门学科，建立一套具有专属性质的理论体系是必然趋势和基本要求。在作者看来，产业生态学的最终理论体系应该是生态学、社会学和经济学的融合，是运用生态学原理和社会学规则来改造或重塑现有经济理论体系的结果。其中的核心内容之一就是在传统经济学理论中增加生态约束要素，具体表现为资源和环境约束，即经济发展必须考虑资源的稀缺性，经济增长可能面临资源短缺瓶颈；经济发展是有副作用的（主要是污染排放以及由此带来的生态破坏），这种副作用必须控制在一定的范围之内，即环境承载能力之内，否则将给社会带来极其严重乃至毁灭性的危害。

在这种大范畴下，产业生态学的发展会引起现有的经济学和社会学理论乃至更大范围的领域都发生一些根本性的变革，主要体现在经济学的内生要素的根基性变化，社会行为规则必须进行意识形态上的调整……最终，产业生态学将不仅仅是一种全新的根源性环境污染防治模式，而且会是一种崭新的经济发展理论和全新的社会消费行为规范。也就是说，产业生态学理论体系的形成过程，就是用其全新的思维模式去改造现有学科理论体系、塑造全新社会行为规范和培养新的社会意识形态的过程。从这一点上说，产业生态学基础理论体系的构建和完善是必然和必需的。

四、方法和工具开发成为重要内容

一个学科走向成熟的通用标志是看它是否具有自己专有的研究方法，并且逐步将数学也就是定量化研究引入该领域。这两种现象都已经开始在产业生态学领域中出现，但迄今为止，产业生态学研究方法还基本上都是相关学科的直接"舶来品"，如经济学中的投入-产出分析、生态学中的物质流分析、环境领域的生命周期分析等；研究工具也还都是借用相关学科的现成工具或者稍做修改，如计量社会学模拟平台 Starlogo/Netlogo、社会学模拟平台 Swarm 系统，环境领域的生命周期评价软件等。

从战略层面来看，产业生态学研究方法会向专属性方法上发展，就是在借助现有学科方法的基础上，依据产业生态学研究视角和研究系统的特殊性，建立自己独特的方法体系，这不仅是学科成熟的标志，也是现实研究的必需；从微观上来看，产业生态学研究方法会向相关的具体学科领域倾斜，即来源于某一特定学科，但又不同于该学科的原有方法，或者说具有某些特质性的变革。

五、应用领域不断扩大

未来的产业生态学研究将不仅仅停留在指导生态产业园区建设方面，而会向宏观决策和微观设计两个方面拓展。例如，大区域层面的物质流分析和基于产品的生命周期分析可以为政府制定区域乃至国家产业、行业政策等提供依据，而生态设计等则为微观层面企业的产品设计和制造提供了技术支撑。

另外，未来的产业生态学研究会更加关注生产系统和消费系统的融合地带，会努力探索实现二者无缝连接的关键技术和方法，而其对社会消费系统的渗透也必然会刺激社会生态学的蓬勃发展，届时，产业生态学和社会生态学将分别成为研究人类生产行为和消费行为的重要支撑。

参 考 文 献

Graedel T E, Allenby B R. 1995. Industrial Ecology. New Jersey: Prentice Hall

第三章　产业共生理论

第一节　产业共生的起源

产业共生源起于人们对自然界生物共生概念的思考。"共生"概念最早是由德国生物学家德贝里（Anion Debary）于 1879 年提出的，生态学中的"共生"指的是由于生存的需要，两种或多种生物之间必然按照某种模式互相依存和相互作用生活在一起，形成共同生存、协调进化的共生关系。自然界的生物共生通常是在"互利"的前提下，通过物质、能量或者其他信息的交换，建立起物质共享以及空间的"共栖"。这种共生理论是生态系统组成、发展、演化的重要理论。

事实上，在存在生命体活动的现实生活中，共生现象从来都不是生态学的专有名词。早在 200 多年以前，经济学家就试图从生物现象中探索经济规律。不可否认，产业共生现象最初是在经济领域中发展起来的。但是由于产业开发系统中的物质和能量的输入依赖于自然生态系统的供给，随着产业开发活动规模的扩大，产业系统不断排出废弃物，给自然生态系统造成了巨大的环境压力。产业活动给自然生态系统造成的冲击已经成为经济活动不可忽视的一部分。产业系统的输入与输出过程类似于生命有机体的新陈代谢过程，因此，通过模拟自然生态系统中生物共生的关系，从中寻求产业活动的组织规律，是生态学理论在产业发展领域的一个重要应用。

Desrochers 曾专门追溯产业共生概念的源起，在 19 世纪的文献中发现了有关废物利用及诸如烟囱废热等特定副产品再利用的记载，尤其是以农业废物资源再利用的记载为多，而如果考虑畜禽粪便的再利用，则可以追溯到几千年前的中国古代。20 世纪，Henry Ford 曾在其公司内部推行一项"杜绝废物"政策，取得了很好的经济成效。这些案例都主要是考虑节约经济成本或者基于一种俭朴的价值观，很少或基本没有考虑环境因素。

产业共生（industrial symbiosis）最早出现在 1947 年的国际杂志《经济地理》（*Journal of Economic Geography*）上，作者 George T. Renner 在描述不同产业之间的有机关系时首先使用了产业共生，并且明确指出这种有机关系包括一个产业的废物如何作为另一个产业的原料进行再利用等。在后续的几十年内，产业共生一词并没有引起大家的广泛重视。1989 年产业生态学诞生以后，有关产业生态学和产业共生的文献层出不穷，耶鲁大学产业生态学研究中心的 Marian Chertow 曾对其做过专门的评述。

在后续的几十年内，产业共生一词并没有引起大家的广泛重视。1987 年，世界环境与发展委员会(WCED)发表了著名的报告《我们共同的未来》。1989 年，两件标志性事件的出现在产业界和环境界引起了不小的轰动。因此，1989 年成为现代意义的产业共生理论发展道路上的里程碑。第一个标志性事件是，1989 年 9 月，R. A. Frosch 和 N. Gallopoulos 在《科学美国人》上发表了《制造业的战略》一文，这篇文章的发表对产业生态学和产业共生理论往后的研究产生了极其深远的影响。在该文中，作者通过把产业生态系统与自然生态系统类比，指出："传统的产业活动模式——吸收原材料、生产与销售产品，同时处理废弃物的制造业过程应转向更为一体化的模式：产业生态系统(industrial ecosystem)。产业生态系统将具有自然生态系统的功能(绿色植物合成养分供给草食动物，草食动物成为肉食动物的食物来源，草食动物与肉食动物的排泄物与躯体又成为植物的养分供给)，以最大限度地减少产业活动对环境产业的不良影响。"第二个标志性事件是，同年，现代意义上的产业共生体系被研究者发现——在丹麦凯隆堡市，不同产业的企业聚集成为资源高度共享的产业共生体系，研究者将其称为"凯隆堡产业共生模式"，这是继 R. A. Frosch 和 N. Gallopoulos 发表《制造业的战略》后产业生态系统理论的现实载体。

第二节　凯隆堡产业共生体系的启示

丹麦著名的凯隆堡生态工业园经过近 30 年的发展，现已成为以废物交换利用为特征的产业共生体的典范。它是在当地资源约束的压力下，以企业的环境意识和社会责任为动力，并通过制度创新，在市场规律的作用下和彼此信任的基础上形成和不断发展并走向成熟的。

一、资源约束

凯隆堡市水资源缺乏，地下水很昂贵，发电厂的冷却水若直接排放则不仅造成水资源浪费，而且由于水体污染还要缴纳废水排放税。当地其他企业水资源供给不足，发展受到限制，为此，地方其他企业就主动与发电厂签订协议，利用发电厂产生的冷却水和余热，因为对于那几家企业来说，废水经过处理后重新利用的成本比缴纳污水排放税还要节约 50%的成本，比直接取用新地下水可以节约成本约 75%。发电厂把粉煤灰送到水泥厂做原料，可以免缴污染物排放税，水泥厂用粉煤灰做原料可以减少原料成本。

二、制度创新

企业进行废物交换的初衷是出于企业的污染治理成本随着环境标准的提高和企业竞争压力需要企业不断地降低生产成本的需求。第一，地方政府对污染排放量大的企业实行强制性的高收费政策，从而使得污染物排放成为企业的一种成本要素；第二，对于减少污染排放的企业则给予经济激励，如对各种废物按照排放数量征收税，排放量越大，污染排放税越高，从而形成企业减排污染物的直接动力；第三，为了防止企业在追求利益的动机驱动下隐瞒危险废弃物而给社会造成巨大危害，政府规定危险废弃物免征排放税，采取申报制度，由政府组织专门机构进行处理。

三、环境意识与社会责任

随着公众环境意识的不断提高，企业环境行为与企业的整体利益的关联度越来越大，企业不得不考虑提高其环境行为同时又能减少其生产成本的新策略，从而开始考虑用本企业不能利用的废弃物来换取本企业可以利用的其他企业的废弃物。例如，凯隆堡挪伏制药厂利用制药产生的有机废弃物制造有机肥料，免费送给周围的农场使用，作为回报，企业从使用其有机肥的农场收购农产品做原料。这是制药企业追求对社会负责任的形象和生态道德的结果。

由以上分析可以看出，凯隆堡共生系统的形成是一个自发的过程，是在市场经济价值规律的作用下逐步形成的，其交换服从于市场规律，运用了多种方式：直接销售，以货易货，甚至友好的协作交换（如接受方企业自费建造管线，作为交换，得到的废料价格相当便宜）。每一种"废料"的供、需搭配及伙伴关系的建立都是相对独立的，企业之间私下达成协议，使所有企业都可以从该共生体中得到好处。此外，凯隆堡产业共生体系的成功是建立在不同伙伴之间的已有的信任关系基础上。凯隆堡是个小城市，地方企业家彼此都非常熟悉，这种亲近关系使相关企业在各个层次的日常接触都非常容易。凯隆堡共生体系的特征是几个既不同又能互补的大企业相邻。要在其他地方复制这样一个共生系统，需要鼓励某些企业"混合"，使之有利于废料和资源的交换。

第三节 产业共生的内涵

产业共生是一定地域范围内的企业为提升竞争优势而在资源节约利用和环境保护方面进行合作的一种经济现象。产业共生体系是一定地域范围的企业、企业间共生关系的集合。国外最初提出产业共生概念时，其产业升级已有时日并取得明显成效，具体表现为其产业系统的资源能源利用效率相对较高，污染物产生/排放强度相对较低，在这种情况下，通过企业/产业间的废物交换利用来实现企业/产业体系内的废物减量化或零排放是最经济和最有效的途径和策略，因此，产业共生最初是希望通过建立企业间的"废物关联"来实现产业系统的物质闭路循环和能量的梯级利用，这种特定背景给产业共生留下了"副产品再生利用"的烙印。国际上最初构建的产业共生体系虽然实现途径和手段有所差异，但基本上都是基于废物交换利用的。

从本质上讲，产业共生是生态产业体系中企业的一种优化组织形式，尤其是企业与企业之间在环境保护方面的合作机制，由于国外通常用"industrial symbiosis"，因此，有的中文论著也称其为"工业共生"。就其产生背景、发展历程和本质要素而言，产业共生要比产业集群（industrial cluster）具有更丰富的内涵，因为产业共生不但要求企业通过集聚形成产业集聚，而且要求集聚的企业之间必须通过环境方面的合作来实现整合效益的优化，这一点是产业集群概念所没有体现出来的。与传统产业经济学内容相比，能够体现其价值体系之间差异的最直接的内容就是废物交换利用关系，因为废物再利用最直接的后果就是污染排放的减少。一定程度上可以说，废物交换利用是环境成本内部化的一种体现，现实中的产业共生体系基本上都是围绕废物交换利用和基础设施共享尤其是污染控制设施来进行设计的。

产业共生网络则是指由各种类型的企业在一定的价值取向指引下，按照市场经济规律，为追求整体上综合效益（包括经济效益、社会效益和环境效益）的最大化而彼此合作形成的企业及企业间关系的集合，是构成产业共生体的必要条件和核心内容。产业共生体系则是由产业共生网络及其依存环境（资源禀赋、制度安排、技术进步等）所构成的整体。在一定程度上，企业及企业间共生关系构成了产业共生网络，而产业共生网络及其依存环境构成了产业共生体系。

产业共生体系的形成和发展受到诸多要素的影响，如制度安排、产业基础、技术进步、环境支撑、资源禀赋等都会对其产生或多或少的影响，很多时候，是这些要素相互交织在一起共同起作用，因而，在实际案例中很难明确界定各种要素的作用机制和过程。然而，毋庸置疑，产业共生体系的形成和发展遵循一定的客观规律，而产业共生研究的一个重要内容就是发现这种规律，并用其指导我们现实中的产业共生体系设计和优化调控。一般而言，对产业共生体系演化规律的研究主要是通过实证来进行，即通过对一系列共生案例的剖析，发现其中的共性规律。在具体研究过程中，演化路径可以用其结构变化来表征，而体现其结构变化的典型指标就是产业共生关系的变化。

第四节　产业共生网络形成机制

作为一种经济现象，产业共生网络是一种客观存在，毋庸置疑，其形成过程是诸多因素相互交织作用的结果，然而，从某一视角上，产业共生网络的形成具有一定的规律，这里试图从产业共生网络中企业的环境责任和形成流程来解释产业共生网络的形成机制。

一、产业共生网络中企业环境责任的界定

识别企业环境责任的前提是产品生命周期内观察其环境影响，并且按照"生产者负责、消费者付费"的原则来界定其归属。图 3-1 列出了产品生命周期内污染可能产生的两个潜在环节：首先，企业在开采原材料以及将其加工成为产品或半成品的过程中会产生大量的污染物/废料；其次，产品经过消费者使用后会形成大量的废旧产品。从产业生态学中物质闭路循环的角度来看，如果能将这两个环节产生的废物资源尽可能的作为原材料返回到原材料系统，就构成理论上的物料闭路循环系统。理论上，该想法似乎很简单，然而，现实中操作起来却是一个非常复杂的工程，并且几乎是不可能达到这样的理想状态，因为整个过程中必然会有一部分污染物没有办法资源化利用，而只能将其进行无害化处理和处置。企业对上述过程的理想化控制过程和控制环节，构成了企业环境责任的主要来源和类型。

图 3-1 是按照生产企业物料流程中环境责任的产生环节来区分和界定企业环境责任的，虽然是一种特例推理的结果，但大量的案例分析表明，这五类环境责任不但存在于生产型企业，而且或多或少地存在于所有类型企业，只是由于企业属性的差异，导致五类环境责任可能并不同时出现而已。

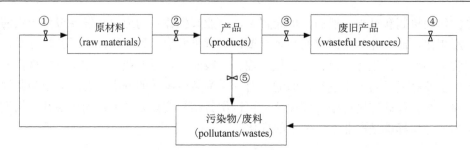

图 3-1　产业共生网络中企业环境责任及其来源

①环境安全与健康知识培训；②环境设计(生态设计)；③产品绿色消费知识宣传；④延伸生产者责任；
⑤环境污染治理及废物资源化

(一)环境安全与健康知识培训

环境安全与健康知识培训是指，产品生命周期涉及的所有企业都要对其员工进行环境安全与健康方面的知识培训。一方面，让企业从一开始就将资源节约利用和污染减量化的思想贯彻到原材料开采、加工和利用的全过程中去，尽可能地规避环境和安全风险；另一方面，切实让员工做好自我防护，尽可能减少生产全过程可能对其造成的健康伤害，最大限度地保证工人的安全和健康。

(二)环境设计(生态设计)

环境设计(生态设计)是指，企业从产品的设计之初就充分考虑其原材料使用、生产过程、消费过程乃至消费后废旧产品的回收和再利用全过程的环境影响，并尽可能在产品设计过程中从产品功能、结构、大小、材料等方面提出符合绿色产品理念的设计方案，从而最大限度将环境影响消灭于无形。

(三)产品绿色消费知识宣传

在产品的消费过程中往往涉及很多环境污染问题，这时企业不但有责任分析和识别这些潜在的环境问题，而且还应该有一套解决本企业产品在消费过程中可能造成的环境问题的策略和方法——绿色消费知识。同时，企业担负着在产品销售的过程中就将这些绿色消费策略和方法"传授"给消费者的责任和义务，以便使消费者在消费的过程中尽可能地避免或减少这些污染的产生。

(四)延伸生产者责任

延伸生产者责任是指，企业既是产品的生产者，也是垃圾的原始制造者，即企业应该是这些废旧产品的最终责任处理者，然而，消费者消费了产品的使用价值，理应为其承担一定的成本，这就是所谓的"生产者负责，消费者付费"原则。通过运用该机制，不但可以实现废旧产品的回收再利用，而且有效避免了这些废旧产品流入环境后可能造成的潜在环境污染。

(五)环境污染治理及废物资源化

环境污染治理及废物资源化是指，企业有责任和义务消除其生产过程中所产生的环境污染物，并且同时有责任尽可能地利用这些废物资源而不是将其作为垃圾处理掉，以便最大限度地提高资源生产力和生态效率，规避潜在的环境影响，这一部分是目前现实中企业履行环境责任的主体。

二、产业共生网络中企业环境责任的市场化过程

企业环境责任完全可以由其自己投资自己履行，然而，现实中市场竞争的结果却往往并非如此，这是因为随着全球经济一体化步伐的加快，企业面临越来越大的竞争压力，从而迫使企业将其非核心业务外包，而集中有限的精力和资金从事本企业的核心业务，以提高其核心竞争力。企业环境责任对大多数企业来讲都是一项新业务，是本企业所不擅长的，从而也是企业的非核心业务之一。在这种情形下，企业为了提高其核心竞争力，在运作过程中不得不将这些"杂务"从企业核心业务中剥离出来，通过市场找到合适的专业代理商(或合作商)帮助其履行环境责任。将环境责任从企业核心业务中分离出来是今后企业履行环境责任的市场化方向。

企业将其环境责任分离的结果必然是通过市场将其委托给擅长环境业务的企业去"帮"自己完成，而这种"帮"是基于一定的报酬的，也就是企业通过委托一个可以信任的环境业务代理企业去帮助自己履行环境责任，而自己支付给代理企业一定的劳动报酬，从而形成所谓的委托-代理环境责任机制。

按照环境责任类型的不同，其委托-代理机制运作起来会有较大的差异，从而形成不同的产业共生网络结构。

(一)业务外包型——环境责任委托代理模式

企业设置专门的环保部门来履行其环境、安全和健康(environment, safety & health, ES&H)培训、绿色消费宣传、环境污染治理等责任，虽然在理论上可行，但在现实中往往是一种不经济行为。因而很多时候，企业是委托相关科研院所、高等院校或专门的环保机构来履行这些责任的，甚至对于某些专用环保治理技术的开发也是如此。这种环境责任履行模式往往是基于代理企业和委托企业之间的

一种信任和合作关系，协作在其中占了很大的成分，因为要解决委托企业的环境问题，不仅需要代理企业的努力，而且需要委托企业员工的积极参与和密切配合。在这种业务外包关系中，合同往往不是那么正规和严格，双方的信任是合作的基础，此时的双方往往是本着务实和解决问题的态度进行协作，如图3-2所示。

图 3-2　基于环境责任委托代理的产业共生网络结构

(二)内部协调整合型——绿色供应链管理模式

就环境设计责任而言，环境设计业务虽不是企业的核心业务，但企业不能也不愿意将该业务外包，这是因为环境设计是嵌套在其核心业务——产品设计中的，如果将环境设计业务外包，就意味着企业不得不公开其产品设计资料，虽然委托代理合同可以对环境责任代理企业形成一定的法律约束力，但环境责任委托企业仍然要承担很大的泄密风险。在这种情况下，通过一定的机制(如激励、惩罚等)来促使供应链相关企业共同致力于整个产品链环境表现的改善和环境效益的提升，会取得意想不到的效果，这就是目前国际上流行的绿色供应链管理机制的精髓。在这种机制下，供应链相关企业在环境方面密切合作，甚至是无偿援助。同时，由于大家均将整个供应链视为一个整体并且实现了相关信息的共享，因而大大增加了供应链上企业的责任心，有利于激发相关企业履行环境责任的积极性和主动性，从而大大改善其履行效果。此外，供应链企业在"非核心业务"上的密切合作，大大增加了企业之间的信任，加强了彼此的联系，进而减少了"核心业务"合作中的"逆向选择"和"败德行为"，见图3-3。

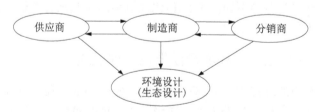

图 3-3　基于绿色供应链的产业共生网络结构

(三)信息共享型——废物资源交换利用模式

对于本企业内部不能够资源化利用的废物资源,通过市场交换将其出售给可以利用该种废物作为原料的企业,从而实现企业之间废物资源的交换利用,这是目前生态产业共生网络建设中比较流行的共生模式。由于废物资源与原生资源的属性不可能完全相同,废物产生企业或废物利用企业往往需要设置专门的工序对这些废物资源进行特殊处理,并且在很多时候废物利用企业还要对其生产流程进行一定的调整,这就决定了该模式中企业之间的合作带有很大的依赖性和互补性。相应地,也就存在较大的合作风险。因此,这种共生模式需要相关企业之间不仅要有较好的信任度,以便能够进行深度合作,而且需要企业有充分的技术和资金支持,因为这里边潜在的风险很大,一旦某一个企业因意外原因倒闭,则整个废物资源利用网络将会瘫痪。在这种模式下,希望参与该共生网络的企业首先将自己的废物资源供需清单发到共生网络专用信息资源中心,并从信息中心获得相应的供需信息,然后,通过信息中心与相应的企业联系并建立合适的废物交换关系。需要注意的是,信息中心要严格审查企业所提供信息的完备性和真实性(包括企业信誉等级),尽可能规避虚假信息(图 3-4)。

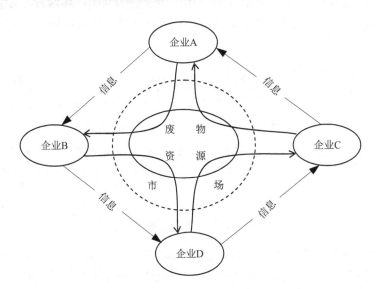

图 3-4　基于废物资源交换利用的产业共生网络机制

第五节　产业共生网络运营成本模型

产业共生网络是由多个不同类型而又相互联系的企业在一定的合作、竞争机制作用下形成的复杂关系网。网络中的企业可以是物质产品的生产者，也可以是非物质产品的生产者；可以是原材料的开采和加工者，也可以是最终产品的组装者，还可以是联系企业之间产品流通的物流服务供应商。

一、模型结构

为简化系统，在产业共生网络运营成本模型中不再区分哪一类型的企业，而仅将每个企业视为网络中的一个独立节点，这样，产业共生网络就可以看做是以企业为基本要素，以企业之间的关系为纽带而形成的企业关系网，企业之间的联系及其维持符合市场经济规律。维持产业共生网络中节点企业之间关系的核心要素是生产功能和环境责任，假设不考虑企业之间的其他委托-代理业务，而只考虑其企业环境责任联系，则产业共生网络中的企业分为两类：环境责任委托企业和环境责任代理企业。于是，产业共生网络运营成本模型结构可用图 3-5 表示。

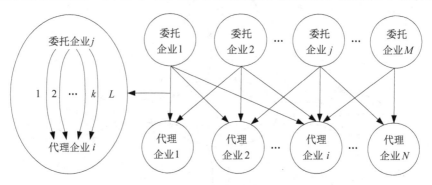

图 3-5　产业共生网络运营成本模型结构`

图 3-5 所示的产业共生网络中共有 $M(M \geqslant j \geqslant 1)$ 个环境责任委托企业、$N(N \geqslant i \geqslant 1)$ 个环境责任代理企业。委托企业和代理企业通过各种环境业务联系起来。委托企业 j 与代理企业 i 之间存在 $L(L \geqslant k \geqslant 1)$ 种委托-代理业务联系。很显然，从图 3-5 所示的模型结构可以看出，生态产业共生网络可以拆解为单个环境责任代理企业和单个环境责任委托企业之间的关系，进而细分为两节点单业务共生关系。其模型结构可用图 3-6 表示。

图 3-6　两节点单业务网络结构

从图 3-6 可以看出，对于单个环境责任委托企业和单个环境责任代理企业之间的任何一项环境责任委托-代理业务来讲，其环境责任的委托-代理业务运营成本由三部分组成：存储成本、迁移成本及环境责任履行成本。

二、模型假设

从理论上讲，任何模型都是越接近现实越好，然而，随之而来的必然是越接近现实的模型越复杂，那么构建这样的模型的成本必然越高，一般而言，合理的模型是在模型的复杂性和模型开发成本之间寻求一种平衡。为简化产业共生网络运营成本模型，提出以下假设条件：

(1)本模型只考虑企业履行环境责任所形成的成本，而不考虑其他业务活动(如产品加工、运输、销售等)所形成的网络运行费用；

(2)本模型中不考虑委托企业和代理企业环境基础设施投资及其折旧费；

(3)假定环境责任运移方式之间的运移成本差别不大，即不考虑运移方式的差异对总费用的影响；

(4)假定从委托企业到代理企业的环境责任运移过程是连续的；

(5)企业内部的物质迁移运移成本计算在存储成本中；

(6)本模型不详细考虑代理企业处理方式及各种履行方式履行能力及实际履行量对总运营成本的影响；

(7)本模型不考虑生成环境责任的原材料部分的采购成本。

三、模型构建

为了推导多节点多业务产业共生网络模型，首先从两节点单业务网络模型运营成本函数构建入手，从图 3-6 所示的模型结构及前面的模型假设可以知道，两节点单业务网络运营成本函数可以表示为

总运行成本=总存储费用+总运输费用+总履行费用

假设某一时间 t_0 时委托企业和代理企业的环境责任存储量分别为 Q_1^0 和 Q_2^0，单位时间单位环境责任的存储成本为 r_1 和 r_2，单位时间内从委托企业转移到代理

企业的环境责任量为 q，单位环境责任迁移成本为 w，单位履行成本为 ς。则从 t_0 开始任一时间 $t(t \geqslant t_0)$ 的网络总运行费用可以表示为

$$C_{dt} = (Q_1^0 + v_1 \cdot dt - q \cdot dt)r_1 + q \cdot w \cdot dt + (Q_2^0 + q \cdot dt - v_2 \cdot dt)r_2 + v_2 \cdot \varsigma \cdot dt$$

移项积分得

$$C = (Q_1^0 r_1 + Q_2^0 r_2)(t - t_0) + \int_{t_0}^{t} (v_1 r_1 - qr_1 + qw + qr_2 - v_2 r_2 + v_2 \varsigma)dt \qquad (3-1)$$

从图 3-5 所示的多节点多业务生态产业共生网络运营成本模型结构及其假设条件可以知道，产业共生网络运行总费用是 N 个环境责任代理企业及其委托商所形成的两节点多业务产业共生网络运行费用之和，而每个环境责任代理企业与其环境责任委托企业之间的运行费用是 L 种委托-代理业务运行费用的总和。因此，生态产业共生网络费用可以表示为

$$C_{total}^{network} = \sum \sum \sum C_{i,j,k}^{two\text{-}point} \qquad (3-2)$$

式中，$C_{total}^{network}$ 为产业共生网络总运行费用；$C_{i,j,k}^{two\text{-}point}$ 为代理企业 i 接受委托企业 j 的第 k 种业务形成的单节点、单业务共生网络运行总成本。如果进一步假设：W，产业共生网络中的环境责任业务委托企业；D，产业共生网络中的环境责任业务代理企业；M，委托企业个数；N，代理企业个数；L，委托企业委托给同一个代理企业的业务种类数；t，时间；$Q_{i,j,k}^{W}$，t_0 时刻委托企业 j 委托代理企业 i 的第 k 种环境责任库存量；$Q_{i,j,k}^{D}$，t_0 时刻代理企业 i 接纳委托企业 j 的第 k 种环境责任库存量；$\gamma_{i,j,k}^{W}$，委托企业 j 委托代理企业 i 的第 k 种环境责任单位库存成本；$\gamma_{i,j,k}^{D}$，代理企业 i 接纳委托企业 j 的第 k 种环境责任单位库存成本；$v_{i,j,k}^{W}$，委托企业 j 委托代理企业 i 的第 k 种环境责任单位时间产生量；$v_{i,j,k}^{D}$，代理企业 i 接纳委托企业 j 的第 k 种环境责任单位时间处理量；$q_{i,j,k}^{W,Q}$，单位时间内从委托企业 j 到代理企业 i 的第 k 种环境责任输送量；$\omega_{i,j,k}^{W,D}$，从委托企业 j 到代理企业 i 的第 k 种产品单位运输成本；$\varsigma_{i,j,k}^{W,D}$，代理企业 i 从委托企业 j 接纳的第 k 种环境责任单位处理成本；C_T，产业共生网络总运行费用；$P_{i,j,k}^{D}$，代理企业总履行能力；$\xi_{i,j,k}^{W,D}$，物流企业为代理企业 i 和委托企业 j 的第 k 种业务所能提供的最大运输能力(t/d)。将各参数代入式(3-2)，并将其从二节点单业务模型拓展，则得到多节点多业务产业共生网络运行费用为

$$C_{\mathrm{T}} = \sum_{i=1}^{N}\sum_{j=1}^{M}\sum_{k=1}^{L}(Q_{i,j,k}^{W} \cdot \gamma_{i,j,k}^{W} + Q_{i,j,k}^{D} \cdot \gamma_{i,j,k}^{D})(t-t_0)$$

$$+ \sum_{i=1}^{N}\sum_{j=1}^{M}\sum_{k=1}^{L}\int_{t_0}^{t}(v_{i,j,k}^{W} \cdot \gamma_{i,j,k}^{W} - q_{i,j,k}^{W,D} \cdot \gamma_{i,j,k}^{W} + q_{i,j,k}^{W,D} \cdot \omega_{i,j,k}^{W,D}$$

$$+ q_{i,j,k}^{W,D} \cdot \gamma_{i,j,k}^{D} - v_{i,j,k}^{D} \cdot \gamma_{i,j,k}^{D} + v_{i,j,k}^{D} \cdot \varsigma_{i,j,k}^{W,D})\mathrm{d}t \qquad (3\text{-}3)$$

式中，i，j，k 均为正整数，且满足：$1 \leqslant i \leqslant N$，$1 \leqslant j \leqslant M$，$1 \leqslant k \leqslant L$，$0 < v_{i,j,k}^{D} \leqslant P_{i,j,k}^{D}$，$0 \leqslant q_{i,j,k}^{W,D} \leqslant \xi_{i,j,k}^{W,D}$。[①]

四、模型讨论

在具体的模型计算中，只需输入相关数据，就可以得出包含各种变量的系统运营费用调控函数，下面分别对各种情况进行讨论。

1）当 $i=j=k=1$ 时，该模型变为二节点单业务网络费用模型。也就是说，二节点单业务模型是多节点多业务模型的特殊情况。此时，若委托企业库存为零，（即 $\gamma_1=0$，且 $v_1=q$），并且代理企业的处理能力和单位时间处理量相对稳定（即 $v_1=q$），即单位时间内从委托企业迁移到代理企业的环境责任与代理企业履行的环境责任量相等，因为只有这样才能确保代理企业维持一定的存储量并确保其正常生产，但此时的网络风险相对较高，因为一旦某一环节断裂将没有办法补救，此时有

$$C = Q_2^0 \gamma_2(t-t_0) + \int_{t_0}^{t}(q\omega + v_2\varsigma)\mathrm{d}t \qquad (3\text{-}4)$$

另外，若委托企业与代理企业之间不存在环境责任的物理迁移，如委托企业委托代理企业进行绿色消费知识培训等，即 $\omega=0$ 且 $q=0$，此时，由于没有物态的物质存在和流动，必然有：$\gamma_1=r_2=0$，且 $Q_1=Q_2^0=0$。于是有：$C = \int_{t_0}^{t} \varsigma v_2 \mathrm{d}t$。如果不考虑时间对代理企业运营成本的影响，则有：$C = \varsigma v_2(t-t_0)$。该式表明，在没有物质流动的委托——代理关系中，生态产业共生网络总运行费用为网络运行时间和代理企业业务运行成本的函数。此时，对网络系统的优化调控将主要集

---

① 由于该模型所使用的对象差别很大，因此，这里仅给出常规的约束条件，而具体的约束条件只有在具体到一个特定的对象模型结构时才能准确表达

中在代理企业内部，即通过采取各种措施整合代理企业内部资源以改善其经营管理和运营水平，一方面可以减低运营成本，另一方面还可以提高效率，节约时间。

2) 当 $k=1$，$i,j\neq1$ 时，出现了多节点单业务模型。也就是说，网络中有多个委托企业和多个代理企业，但每个委托企业最多委托一个代理企业一项环境责任代理业务。

3) 当 $i=k=1$，$j\neq1$ 时，出现了多个委托企业而只有一个代理企业，同时每个委托企业最多只能委托该代理企业一种环境责任代理业务的情况，这种情况其实很常见，一个区域产业共生网络内往往只有一个比较大规模的环境责任代理企业，该企业负责整个园区的环境代理业务。

4) 当 $j=k=1$，$i\neq1$ 时，出现了只有一个委托企业和多个代理企业，同时委托企业最多只能委托一个代理企业一项环境责任代理业务的情况，这种情况比较少，但在一个共生网络的局部经常会碰到。

5) 当 $i=j=1$，$k\neq1$ 时，出现了只有一个委托企业和一个代理企业，但委托企业将其多种环境责任代理业务同时委托给该代理企业的情况，这种情况在一个共生网络的局部经常碰到。

6) 当 $i,j,k\neq1$ 时，出现了多个委托企业和多个代理企业。同时，每个委托企业同时委托一个代理企业多种环境责任代理业务的情况。这是生态产业共生网络的最复杂也是最常见、最稳定的模式。

五、模型改进

在前面的建模假设条件中，没有考虑委托企业和代理企业的环境基础设施投资及其折旧费，也没有考虑代理企业环境责任履行方式、各种履行能力及实际履行量对总运营成本的影响，并且忽略了运输方式对总费用的影响。而实际上，这三个方面的因素都是客观存在的。为了使模型更符合实际，这里对模型提出以下改进。

1) 若考虑委托企业和代理企业的环境基础设施投资及其折旧费，则企业一旦投资，其环境基础设施的投资是已知的，这时的折旧费可以表示为

$$\beta_{W,D}=\sum_{f=1}^{Z}\frac{I_f^{W,D}}{T_f^{W,D}} \tag{3-5}$$

式中，$\beta_{W,D}$，委托企业或者代理企业环境基础设施折旧费；$I_f^{W,D}$，委托企业或代理企业第 i 种环境基础设施总投资；$T_f^{W,D}$，委托企业或代理企业第 i 种环境基础设

施运行周期；Z，委托企业或代理企业环境基础设施数量。

2)若考虑代理企业履行方式、各种履行能力及实际履行量对总运营成本的影响，则代理企业单位履行成本为

$$\varsigma_{i,j,k}^{W,D} = \sum_{h=1}^{K} \varsigma_{i,j,k,h}^{W,D} \cdot \vartheta_{i,j,k,h}^{W,D} \tag{3-6}$$

显然有：$\sum_{h=1}^{K} \vartheta_{i,j,k,h}^{W,D} = 1$。在式(3-6)中：$\varsigma_{i,j,k}^{W,D}$，代理企业 i 对来自委托企业 j 的第 k 种业务单位履行成本，$\varsigma_{i,j,k,h}^{W,D}$，代理企业 i 对来自委托企业 j 的第 k 种业务中第 h 种履行方式的履行成本，$\vartheta_{i,j,k,h}^{W,D}$，代理企业 i 对来自委托企业 j 的第 k 种业务中用第 h 种履行方式履行的量占第 k 种业务量的比例；K，代理企业 i 对来自委托企业 j 的第 k 种业务履行方式的种类。

3)若考虑运输方式对总费用的影响，即每一项环境业务存在两种以上的迁移方式或者迁移服务供应商，而不同的供应商对不同的业务有不同的迁移成本，则单位迁移成本可以表示为

$$\omega_{i,j,k}^{W,D} = \sum_{l=1}^{S} \omega_{i,j,k,l}^{W,D} \cdot \varepsilon_{i,j,k,l}^{W,D} \tag{3-7}$$

显然有：$\sum_{l=1}^{S} \varepsilon_{i,j,k,l}^{W,D} = 1$。在式(3-7)中：$\omega_{i,j,k}^{W,D}$，代理企业 i 对来自委托企业 j 的第 k 种业务单位运输成本(元/t)；$\omega_{i,j,k,l}^{W,D}$，代理企业 i 对来自委托企业 j 的第 k 种业务中第 l 种运输方式的运输成本(元/t)；$\varepsilon_{i,j,k,l}^{W,D}$，代理企业 i 对来自委托企业 j 的第 k 种业务中用第 l 种运输方式运输的量占第 k 种业务量的比例；S，代理企业 i 对来自委托企业 j 的第 k 种业务运输方式的种类。

将式(3-5)~式(3-7)代入式(3-3)，得产业共生网络总运行费用：

$$\begin{aligned} C_{\mathrm{T}} = &\sum_{i=1}^{N}\sum_{j=1}^{M}\sum_{k=1}^{L}(Q_{i,j,k}^{W} \cdot \gamma_{i,j,k}^{W} + Q_{i,j,k}^{D} \cdot \gamma_{i,j,k}^{D})(t-t_0) + \sum_{i=1}^{Z^W}\frac{Z_i^W}{T_i^W} + \sum_{i=1}^{Z^D}\frac{Z_i^D}{T_i^D} \\ &+ \sum_{i=1}^{N}\sum_{j=1}^{M}\sum_{k=1}^{L}\int_{t_0}^{t}(v_{i,j,k}^{W} \cdot \gamma_{i,j,k}^{W} - q_{i,j,k}^{W,D} \cdot \gamma_{i,j,k}^{W} + q_{i,j,k}^{W,D} \cdot \sum_{l=1}^{S}(\omega_{i,j,k,l}^{W,D} \cdot \varepsilon_{i,j,k,l}^{W,D}) \\ &+ q_{i,j,k}^{W,D} \cdot \gamma_{i,j,k}^{D} - v_{i,j,k}^{D} \cdot \gamma_{i,j,k}^{D} + v_{i,j,k}^{D} \cdot \sum_{h=1}^{K}(\varsigma_{i,j,k,h}^{W,D} \cdot \vartheta_{i,j,k,h}^{W,D})\mathrm{d}t \end{aligned} \tag{3-8}$$

从前面的分析讨论可以看出，生态产业共生网络总运营费用受三个因素的影响，即委托企业环境责任释放水平、代理企业环境责任履行成本和物流企业环境责任迁移成本。因此，如果已知这些要素，将可以求出产业共生网络总运行费用，当然，如果在总运行费用已知的情况下，也可以反推相关参数的期望值，如运输企业、代理企业的运行费用期望值等。相对来讲，代理企业环境责任履行成本是三个影响因素中最主要的因素，因此，下面对代理企业的运作成本作专门分析。

六、环境责任代理企业成本优化模型

显然，环境责任代理企业（以下简称"代理企业"）成本优化主要是代理企业内部优化问题，但由于其成本受外界网络条件的影响，因此环境责任代理企业运行成本可以表示为

$$C_T^{agent} = \tau \cdot C_T^{inner} \tag{3-9}$$

式中，C_T^{agent} 为代理企业运营总成本；C_T^{inner} 为代理企业内部运营成本；τ 为外部网络环境对代理企业总运营成本的影响系数。关于代理企业外部产业共生网络对企业运营成本的影响，陈祥锋曾做了专门研究，其研究表明，通过团队代理激励机制可以大大提高企业运营效率，降低其运营成本，但对于其贡献度或影响系数，并没有给出定量的核算方法。本研究认为，τ 受以下几个要素的影响：网络节点数量、网络信息共享程度、网络是否有激励机制及其运行情况。可以简单地表示为：$\tau = f(N, \phi, \alpha, \beta)$。其中，$\tau$ 为代理企业外部网络对其运营成本的影响度，N 为网络节点企业数量，ϕ 为网络信息共享度，α 为网络激励机制的存在情况，β 为网络激励机制运行情况。一般来说，节点企业数越多，网络信息共享度越高，网络激励机制完善且运行状况越好，则产业共生网络环境对代理企业成本的降低系数越大；反之，越小。

企业内部运营成本取决于企业规模、技术装备水平、管理水平等，相对来讲，工艺和技术装备在一定的外界条件下是固定的，也就是说，企业一旦投资了，其工艺装备很难在短期内发生很大的变化（当然特殊的工艺改革和设备更新除外），因此，挖掘企业成本降低潜力的主要着眼点在企业管理水平上。张彦宁的研究结果表明，企业管理水平取决于以下十大要素：经营理念、管理标准国际化程度、管理创新机制完备度、企业文化水平、科学决策水平、风险防范能力、人力资源优势度、信息化水平、组织结构协调程度、企业形象。如果用向量 $\boldsymbol{\mu} = (\mu_0, \mu_1, \cdots, \mu_9)$

来表示影响企业管理水平的各个要素，则企业管理水平可以表示为：$C_\mathrm{T}^{\mathrm{inner}} = g(\mu, \theta)$。其中，$C_\mathrm{T}^{\mathrm{inner}}$ 为代理企业内部运营成本，θ 为校正系数，即除了这 10 大影响因素以外，其他影响因子对企业管理水平的影响，在短期内可以忽略。按照张彦宁的研究结论，企业经营理念现代化水平越高、企业管理标准国际化程度越高、企业管理创新机制越完备、企业文化越先进越科学、决策水平越高、风险防范能力越强、人力资源优势度越大、信息化水平越高、组织结构协调程度和企业形象越好，则企业管理水平越高，反之则越低。

如果只考虑企业管理水平对企业内部运作成本的影响，则企业运作成本函数可以表示为

$$C_\mathrm{T}^{\mathrm{agent}} = f(N, \varphi, \alpha, \beta) \cdot g(\mu, \theta) \qquad (3\text{-}10)$$

第六节　产业共生网络解析框架

从产业共生网络中企业间共生要素、共生机制和约束机制的系统分析可以知道，它是由多个不同类型而又有相互联系的企业在环境责任市场化机制下形成的复杂关系网。该网络中的企业可以是实体产品的制造者，也可以是服务型产品的供应者；可以是原始材料的开采加工者，也可以是最终产品的组装者；可以是联系企业之间产品的物流服务提供者，也可以是沟通产品生产与产品消费的营销商。因此，产业共生网络是以企业为基本要素，以企业之间的关系为纽带而形成的企业关系网，企业之间的联系基本上符合市场经济规律。那么，在现实中如何分析这类系统以便规划和建设此类共生关系？正是基于对该问题的思考，笔者结合实际工作中的经验，提出了基于技术可行性，经济可行性，社会、环境可行性的三位一体解析框架，如图 3-7 所示。

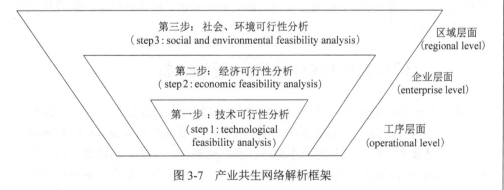

图 3-7　产业共生网络解析框架

一、工序层面的技术可行性分析

　　企业之间的环境责任委托-代理业务是发生在两个企业之间的，但是具体的履行过程却是发生在双方企业内部的某几个部门之间，譬如甲企业委托乙企业帮助其资源化废物资源，就甲企业而言，废物必然只产生于企业的某一个或几个生产工序中，而于乙企业而言，能够处理和利用甲企业废物资源的也只可能是其内部的某一道或几道工序。基于这种认识，要保证环境责任履行的技术可行性，可以将生态产业共生网络中的企业内部工序细分为一个个能够独立输入输出的微单元，这些单元中有的能够产生环境责任，有的则不能，这里将能够产生环境责任的单元称为"关键元"。这样如果要判断一个企业的某种废物资源是否能够被另外一个企业使用，只要弄清楚废物资源的主要成分和废物吸纳企业利用废物的"关键元"的输入物料性质就可以了，而这一点于"关键元"操作人员是相对简单的。

二、企业层面的经济可行性分析

　　于共生方案的经济可行性而言，是基于企业层面的，也就是说，生态产业共生方案经济可行性分析必须建立在企业层面上。即对某一企业而言，可能同时与其他企业之间有一个或者几个技术上可行的共生方案，然而，不同方案的成本-效益分析结果则有很大的差别，对企业而言，需要考虑的是整个企业的效益而非某一个方案的效益，也就是说某一共生方案或许在进行单一成本-效益分析时发觉其经济上不可行，但是，如果将其与其他相关共生方案结合起来考虑时可能会发现，总体的共生方案是经济可行的，而该方案又在总方案中具有不可或缺的作用，这就是基于企业经济可行性分析的依据。具体来讲，就是要将企业内技术可行的所有共生方案分别进行成本-效益分析，然后分别累加，根据总成本和总效益判断其经济可行性。

三、区域层面的社会和环境可行性分析

　　在确保环境责任委托-代理企业之间共生方案技术可行性和经济可行性的基础上，一项具体的共生方案能否真正付诸实施，还要考虑其社会可行性和环境可行性，就是要考察该方案是否与本地区社会文化条件、生活习俗以及区域环境状况(如污染总量控制情况)等条件相吻合。从这一点上来看，共生方案社会和环境可行性分析是建立在区域层面上的，其决策和协调主体往往是地方政府主管部门。

譬如，某地区的一个企业为了与另外一个企业建立某种共生关系，需要新建一新车间或生产线，并且该方案在技术上和经济上都是可行的，但是，站在区域污染总量控制的角度来看，它可能导致区域污染排放总量超出控制范围，也就是说，于区域环境而言，该方案是不可行的。

第七节　产业共生体系演化路径研究

近年来，不计其数的产业共生案例被发现。大量学者在深入研究之后普遍认为，产业共生体系的形成和发展遵循一定的客观规律，产业共生体系的构建和优化调控必须服从这一规律。之后，一些学者开始尝试从各种渠道发现和认识这一规律，并试图通过一个个的案例剖析来阐释产业共生体系形成和发展的影响要素，凯隆堡案例是被分析得最透彻的一个案例。通过这些分析，人们逐渐认识到资源、市场、技术等因素在产业共生体系的形成和发展过程中起着至关重要的作用，忽视其中的任何一个要素都可能导致规划的产业共生体系无法在现实中得到实施。但这种解析都是站在静态的角度来分析的，并且主要阐释产业共生体系的构成要素及各要素之间的关联，或者促成某一关联(共生关系)的原因，缺乏动态视角和对产业共生体系演化过程及其演化机理的系统思考。现实中，一些产业共生体系规划由于各级政府的强力推行而上马，但很快就因为技术、经济、社会等方面的原因而无法持续运行下去，最终被迫停止。这一事实迫使我们不得不去关注产业共生体系的演化过程，识别和筛选决定产业共生体系演化路径的主要因素，并探求各因素的作用机制，但由于种种原因(如能用于长尺度分析的案例较少、数据资料需求量大、调研成本较高、分析方法缺乏等)这方面的研究仍然很少。

一般而言，产业共生体系演化路径研究以实证为主，即通过对一个个具体案例的剖析，发现推动产业共生体系演化路径发生变化的主要因素，并阐释其作用机制，然后，对这些要素和机制进行归纳和总结，提炼和演绎产业共生体系演化机理。具体来说，首先，要在对典型产业共生体系实地调研的基础上，构建产业共生体系演化路径表征方法，按照一定的分析框架去分析其演化路径并阐释演化机理。很显然，产业共生体系分析框架的确定是一个难点，国内外相关的研究多强调了市场竞争、资源禀赋、技术进步等要素在推动产业共生体系形成和演化中的作用，但却忽视了制度安排、环境支撑、产业配套和产业基础等要素的影响，而笔者在研究过程中发现，这些要素于产业共生体系的形成和发展起着关键作用，甚至在某些时候发挥着决定性作用。基于以上判断，这里提出基于"资源禀赋—制度安排—产业基础(包括产业配套)—技术进步—环境支撑"的产业共生体系演化路径分析框架，如图 3-8 所示。

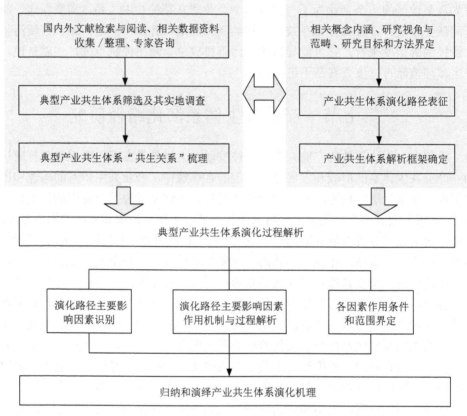

图 3-8　产业共生体系演化机理研究的技术路线

　　在研究过程中，一般用产业共生体系结构变化来表征其演化路径，因此，研究中往往用产业共生关系类型、数量、密度和强度等指标来表征产业共生体系的演化路径。具体而言，一般用两类指标来表征产业共生关系的强度：实物类产业共生关系用共生企业间每年实际发生的实物(多为废物资源、产品或副产品)交易(运移)量来表征；非实物类产业共生关系则用每年因"共生"而产生的价值量(体现为价格)来表征。共生关系密度则用共生体系内企业平均共生关系数量来表征；产业共生关系强度变化用该年度共生强度对上年度共生强度的变化率来表征，因此，它的量纲为一。

　　在对产业共生体系演化路径表征的基础上，考察典型产业共生体系中主要共生企业、各企业之间的主要共生关系及其变化、地区资源禀赋/制度安排/环境支撑等，并按照"资源禀赋—制度安排—产业基础(包括产业配套)—技术进步—环境支撑"的分析框架来剖析典型产业共生体系的演化过程：首先，界定产业共生体系演化过程中的主要路径变化(即共生关系变化)，筛选研究时段内主要的路径变化点；其次，按照解析框架中界定的五个方面收集和整理相关数据资料，如相关事件整理、事件核心决策人采访、原始决策文件查阅等；再次，在此基础上识别造成这些路径变化的每一个方面的具体影响因子，因为每个方面均包括诸多具体因子，而产业共生体系演化过程解析其实就是运用事实论证法对具体影响因子进行识别和细分的过程；最后，筛选主要的影响因子，并运用因果分析法探讨这些因子的影响机制和作用过程，界定其作用条件和范围。

在典型产业共生体系演化过程剖析的基础上，运用归纳推理、假设演绎、情景分析、事故树分析、因果分析等方法系统梳理"影响因子、作用机制与过程、共生关系变化"三者之间的内生关系，从中归纳产业共生体系演化路径的主要影响要素、各要素的作用机制及其使用条件和作用范围，在此基础上形成产业共生体系演化机理。

事实上，我们研究产业共生体系演化机理的根本目的在于构建和优化产业共生体系，使其沿着我们期望的路径去发展，因此，在产业共生体系演化机理阐释的基础上，我们往往根据既定的产业共生体系优化目标如共生体系资源能源利用效率提升、产业共生成本降低、环境影响减小等，以产业共生体系演化路径主要影响要素为自变量，以各要素的使用条件及作用范围为约束，构建产业共生体系多目标优化模型，并通过模型求解确定产业共生体系优化调控方案。

参 考 文 献

陈祥峰. 2002. 供应链合同管理模型与应用研究. 复旦大学博士学位论文

袁增伟, 毕军. 2006. 生态产业共生网络运营成本及其优化模型开发研究. 系统工程理论与实践, 7: 92~97, 123

袁增伟, 毕军. 2007. 生态产业共生网络形成机理及其系统解析框架. 生态学报, 27(8): 3182~3188

Ayres R U, Ayres LW. 1996. Industrial ecology: toward closing the materials cycle. Resources Conservation and Recycling, 21(3): 145~173

Ayres R U, Simonis U E. 1995. Industrial metabolism: restructuring for sustainable development. Fuel and Energy Abstracts, 36(4): 275

Chertow M. 2000. Industrial symbiosis: literature and taxonomy. Annual Review of Energy and Environment, 25: 313~337

第四章　基于通量的物质流分析(MFA)

第一节　物质流分析(MFA)的定义

物质流分析的基本观点是经济和环境间的物质流组成了经济系统的物理基础,且搭建了人类活动和环境影响之间的桥梁。人类活动所产生的环境影响在很大程度上取决于进入经济系统的自然资源和物质的数量、质量以及从经济系统排入环境的资源和废弃物质的数量质量。前者产生对环境的扰动,引起环境的退化;后者引起环境的污染。物质流分析从实物的质量出发,通过追踪人类对自然资源和物质的开发、利用与遗弃过程,研究可持续发展问题,即通过对自然资源在经济系统中流动过程的分析,揭示物质在特定区域内的流动特征和转化效率,找出环境压力的直接来源。物质流分析可作为评价国家及区域发展的可持续性指标,为提出相应的减少环境压力的解决方案提供依据。

物质流分析是指在一定时空范围内关于特定系统的物质流动和储存的系统性分析或评价。它将物质流动的来源(源)、路径、中间过程及最终去向(汇)联系在一起。物质流分析以质量守恒定律为基本依据,将通过经济系统的物质分为输入、储存与输出三大部分,通过研究三者的关系,跟踪、定位物质利用及迁移、转化途径。根据质量守恒定律,物质流分析的结果总是能通过比较其所有的输入、储存及输出过程以控制其简单的物质平衡。正是物质流分析的这种显著特征,使得其成为资源管理、废弃物管理和环境管理等方面的极具魅力的决策支持工具。

物质流分析主要有两种方法:SFA 和基于通量的物质流分析(bulk-MFA)(简称 MFA)。两种方法针对的物质对象不同。前者主要是针对元素分析,后者主要针对基本材料、产品、制成品、废弃物等。前者在第三章已作介绍。本章主要研究 MFA,第五章重点介绍 SFA。MFA 主要研究经济系统的物质输入与输出,该方法在 20 世纪 90 年代中期开始逐渐成为研究和应用的主流。MFA 可以用来分析进出经济系统的物质的量和结构,从可持续发展的角度来评价代谢性能。

第二节　物质流和物质分类

一、物质流分类

参照欧盟统计局制定的《物质流分析手册》(Eurostat，2001)、物质流的分类及其定义如下。

(一)直接物质输入

直接物质输入(direct material input, DMI)是指进入经济系统以供生产和消费的所有固体、液体和气体物质(包括水和空气，但不包括物质中所含的水分)，包括区域内原材料开采和进口两部分。

(二)未使用的区域内开采

未使用的区域内开采(unused domestic extraction, UDE)物质是指，在区域内资源开采过程或国内有目的的物质移动过程中由于没有用途或不适于使用而未进入经济系统的物质，如在建筑过程中的土壤和岩石开挖、港口和河道的疏浚、采矿和采石过程中的额外剥离、生物收获过程中未使用的物质等。为统一叙述方便，这里将其称做区域内隐藏流(domestic hidden flow, DHF)。

(三)向周围环境的输出

向周围环境的输出(outputs to the environment, OTE)被定义为进入国家或区域内自然环境的所有物质流动，包括生产或消费过程中或之后的物质输出。它包括排放到空气、水及废物填埋场的物质输出，实际上就是所有的污染物输出，除此之外，还包括使用过的耗散性物质(如肥料、农药或其他融化物质)。为统一叙述方便，这里将其称做区域内物质输出(domestic material output, DMO)。

(四)非直接流和隐藏流

"生态包袱"(ecological rucksack)这一术语曾经被用来表示生命周期系统(life-cycle-wide)中的关于生产过程或产品的物质总需求(包括使用和非使用的物质流)(Schmidt-Bleek et al., 1998)。在欧盟统计局制定的《物质流分析手册》(Eurostat,2001)里，非直接流(indirect flow)只限定于经济系统的物质流，即只限定于进口和出口过程中的非直接流。

"隐藏流"(hidden flow, HF)这一术语被定义为物质开采过程中包括区域内外的所有未使用的物质移动。因此，未使用的区域内开采物质称为"区域内隐藏流"（domestic hidden flow, DHF），而进口和出口的非直接流则称为"国外隐藏流"（foreign hidden flow, FHF）。

隐藏流可以从输入端全面地揭示人类经济活动对自然资源的消耗和对生态环境的冲击。一件产品的隐藏流等于其物质投入总重量与产品自身重量之差，其隐藏流系数(hidden flow coefficient, HFC)则是隐藏流与其自身重量的比值。

表 4-1 为主要产品或物质的隐藏流系数及其来源。

表 4-1　隐藏流系数列表

物质	隐藏流系数	使用国家和地区	备注	文献
I. 化石燃料				
煤	18.62	日本		①
煤	11.51	中国	非生物性物质 2.36+水 9.1+空气 0.05＝11.51	②
柴油	14.298	中国	非生物性物质 1.36+水 9.7+空气 3.238＝14.298	②
焦炭	29.32	中国	非生物性物质 4.22+水 22+空气 3.1＝29.32	②
天然气				
电力	76.787	中国	非生物性物质 4.22+水 72.5+空气 0.067＝76.787	②
II. 金属矿				
铁	1.8	德国		①
锰	2.3	德国、美国		①
金	666 666.67	中国台湾	金矿石的金品位：1t 原矿石含 1.5kg 纯金	①
金	303 030	德国		①
银	14 265	日本		①
银	7 499	德国		①
铜	2	德国		①
镍	17.5	德国		①
铝	0.48	美国		①
铅	2.36	德国		①
锌	2.36	德国		①
锡	1448.9	德国		①
铬	3.2	日本		①
钨	63.1	德国		①
钼	665	日本		①

物质	隐藏流系数	使用国家和地区	备注	文献
钛	232	德国		①
锑	12.6	德国		①
铌	83.6	德国		①
电解铜	304	日本		①
硫化铁	0.69	德国		①
铁矿石原矿	2.28	中国	全国铁矿石原矿 2000 年系数	②
铁精矿	5.40	中国	全国铁精矿 2000 年系数	②
铁成品矿	4.19	中国	全国成品矿 2000 年系数	②
III. 工业矿产品				
砂及砾石	0.02	美国		①
大理石	3	中国台湾	按平均成材率 25% 计算	①
石灰石	4	中国台湾	按平均成材率 20% 计算	①
蛇纹石	1.71	中国台湾		①
瓷土	3	美国		①
黏土	3	美国		①
黏土	0.8	德国		①
石膏	0.05	美国		①
半成品及制成品	4	日本		①
IV. 生物产品				
粮食、棉花、油料	1	中国	按秸秆与作物颗粒 1∶1 的最低比例推算	③
木材	3	中国	以 50% 的出材率及 100% 的枝叶推算(平均干重)	④
蔬菜	1	中国	参照粮食的隐藏流系数	①
畜牧制品	1	中国	参照粮食的隐藏流系数	①

资料来源：

① 林锡雄. 台湾物质流之建置研究初探. 台北: 中原大学硕士学位论文, 2001

② 丁一. 金属生产的物质投入研究. 沈阳: 东北大学硕士学位论文, 2004

③ 洪春来, 魏幼璋, 黄锦法等. 秸秆全量直接还田对土壤肥力及农田生态环境的影响研究. 浙江大学学报(农业与生命科学版), 2003, 29(6): 627~633

④ 李炳凯. 用木材重量或单价换算法测算盗伐、滥伐林木材积. 林业调查规划, 2006, 31(1): 7, 8

二、物质分类

参照欧盟统计局制定的《物质流分析手册》(Eurostat, 2001), 表 4-2 列出了标准的物质分类方法。

表 4-2　物质流分析中的主要物质分类

输入		输出	
国内开采(利用)	化石燃料	排放和废物	废气
	矿物		固体废弃物
	生物质		废水
	水		耗散性物质
进口	原材料	出口	原材料
	半成品和成品		半成品和成品
	其他产品		其他产品
	进口产品附带的包装材料		出口产品附带的包装材料
	最终处理、处置的进口废物		最终处理、处置的出口废物
平衡目录	燃烧耗氧	平衡目录	燃烧过程的水蒸气
	呼吸耗氧		产品的水蒸气
	其他工业过程耗氧		人畜呼吸排出的水汽
未利用的国内开采(国内隐藏流)	采矿和采石的未利用开采	未利用的国内开采的处置	采矿和采石的未利用开采
	收获过程产生的未利用生物质		收获过程产生的未利用生物质
	土壤开发和挖掘		土壤开发和挖掘
进口的非直接流(国外隐藏流)	进口原材料的隐藏流	出口的非直接流(国外隐藏流)	出口原材料的隐藏流
	进口成品、半成品的隐藏流		出口成品、半成品的隐藏流

物质流分析方法中的物质输入、物质输出和存量物质具体分类如下(Eurostat, 2001)。

(一)物质输入分类

1)国内直接物质输入(DMI)或国内直接使用的开采量。

① 化石燃料：硬煤、褐煤、原油、天然气、其他(原油气、泥炭、油母页岩等)。

② 矿物质。

a. 金属矿石：铁矿石、有色金属矿石(如铜矿石、铝土矿等)、其他。

b. 工业矿物：盐矿、特殊黏土、专用砂石、农用泥炭、其他。

c. 建筑矿材：沙石、砾石、碎石(含制造混凝土的石灰石)、普通黏土(制砖用)、料石、其他。

③ 生物质(含自用生物性物质)。

a. 农业类生物质。

收获统计上报的农业类生物质：谷物、根茎类、豆类、油料、蔬菜、水果、核类、纤维作物、其他。

农业收获的副产品类：作饲料用的残余作物、经济用途的稻草、其他。

饲养农用牲畜的生物质：不收割草场的草、其他草场。

b. 林业类生物质。

木材：针叶林木、非针叶林木。

林副产品：油桐、油茶、茶叶、板栗、其他。

c. 渔业类生物质：海洋捕获鱼、淡水捕获鱼、其他(水生哺乳动物和其他哺乳动物)。

d. 狩猎生物。

e. 其他生物质：蜂蜜、蘑菇、干果、草药等。

2)进口物质。[①]

① 原材料：化石燃料、矿物质、生物质、次级原材料。

② 半成品：来自化石燃料的半成品、来自矿物质的半成品、来自生物质的半成品。

③ 成品：来自化石燃料的成品、来自矿物质的成品、来自生物质的成品。

④ 进口物质附带的包装材料。

⑤ 最终处理、处置的废弃物。

3)平衡项物质[②]：燃烧耗氧、呼吸耗氧、工业过程消耗的空气(液化气、聚合物等)。

4)未利用的国内开采(国内隐藏流)。

① 开采化石燃料的隐藏流。

② 开采及提炼矿物的隐藏流。

③ 生物收获的隐藏流(木材收获的损失、农业收割的损失、其他)。

④ 建筑土石方及河流港口疏浚。

5)进口的非直接流(国外隐藏流)。[③]

① 进口原材料的隐藏流：化石燃料、矿物质、生物质。

② 进口成品及半成品的隐藏流。

---

① 进口及出口物质物质应尽可能与国内直接物质输入最细化的分类平行

② 平衡项物质不计入物质流指标体系中

③ 进口隐藏流不包含其自身的重量

(二)物质输出分类

经济系统的物质输出主要包括两个部分,即排放到环境中的物质输出和出口。

1)排放到环境中的物质输出,即生产前、生产过程以及使用过程中排放到自然环境的物质。

① 污染排放物:废气、废水和固体废弃物。

② 产品的耗散性使用及原料的耗散性损失:化肥、农药、其他。

2)出口物质:原材料、半成品、成品、其他产品、出口产品附带的包装材料、最终处理及处置的出口废弃物。

3)平衡物质项:燃烧排放的水蒸气、产品排放的水蒸气、人畜呼吸排放的 CO_2 和水汽。

4)区域内未被使用的开采量的处置:矿物开采及提炼中的未被使用的开采量、与出口产品相关的未使用的开采量、土壤开挖及疏浚。

5)出口隐藏流:

① 出口原材料的隐藏流:化石燃料、矿物质、生物质。

② 出口成品及半成品的隐藏流。

(三)存量物质分类

1)存量总增加。

① 建筑及基础设施:建筑矿物、金属、木材、其他建筑材料。

② 机器及耐用材料:金属、其他材料。

2)库存减少。

① 建筑及基础设施。

a.被破坏的:建筑矿物、金属、木材、其他。

b.耗散性损失:建筑矿物、金属、木材、其他。

② 机器及耐用材料:金属、其他材料。

3)库存净增加(存量总增加减去库存减少量)。

① 建筑及基础设施:建筑矿物、金属、木材、其他。

② 机器及耐用材料:金属、其他材料。

第三节 研究框架与主要指标

一、研究框架

从研究的层次上划分，物质流分析(MFA)包括经济系统物质流分析、产业部门物质流分析和产品生命周期评价 3 个层次。它以质量守恒定律为基本依据，将通过经济系统、产业部门和企业的物质分为输入、贮存与输出三大部分，通过研究三者的关系，跟踪、定位物质利用及迁移、转化途径(Bouman et al., 2000)。物质流分析方法对区域经济系统物质流动状况进行研究的框架可见图 4-1。

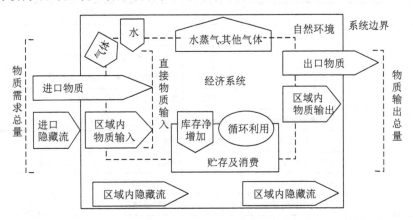

图 4-1 物质流分析研究框架

在物质输入端，进入经济系统的自然物质分为直接物质输入和隐藏流两个部分。直接物质输入是指直接进入经济系统的自然物质，包括生物质、固体非生物物质(包括化石燃料、工业矿物、建筑材料等)、水、空气四大类；隐藏流也称生态包袱，是指人类为获取直接物质输入而必须动用的数量巨大的环境物质，主要包括：①开采化石能源、工业原材料时移动的表土量和引起的水土流失量；②生物收获的非使用部分(木材砍伐的损失、农业收割的损失等)；③建筑遗弃土方及河流疏浚；④自然环境水土流失量(European Commission, 2001)。通常用隐藏流系数来衡量不同直接输入物质的隐藏流。直接物质输入和隐藏流又分为区域内部开采和进口两部分。

在物质输出端，物质输出总量由出口物质、区域内物质输出、区域内隐藏流三部分组成。其中，区域内物质输出由经济系统排出的固体废弃物、废水、废气组成。

二、物质流分析主要指标

国内外相关研究领域在可持续发展指标体系的研究中已取得了一些成果。物质流分析方法为制定区域可持续发展及循环经济战略提供了可以量化的依据，并为可持续发展评价指标的建立提供一种新的思路和方法。在对经济系统进行物质流分析的基础上，可得到输入指标、输出指标、消耗指标、平衡指标、强度和效率指标、综合指数六大类共十多个物质流分析指标。综合各类文献，可得到这些指标的计算公式，见表4-3。

表 4-3　物质流分析指标分类及其计算公式

指标		简写	计算公式
输入指标	直接物质输入	DMI	区域内物质开采 + 进口
	物质总投入	TMI	直接物质投入 + 区域内隐藏流
	区域内物质总需求	DTMR	区域内物质开采 + 区域内隐藏流
	总物质需求	TMR	物质总投入 + 进口隐藏流
输出指标	区域内加工产出	DPO	废物排放 + 产品浪费和损失
	直接物质产出	DMO	区域内加工产出 + 出口
	区域内总产出	TDO	区域内加工产出 + 区域内隐藏流
	物质总产出	TMO	区域内总输出 + 出口
消耗指标	区域内物质消耗量	DMC	直接物质输入 - 出口
	物质总消费	TMC	物质需求总量 - 出口及其隐藏流
平衡指标	物质库存净增量	NAS	物质总需求 - 物质总输出
	实物贸易平衡	PTB	进口 - 出口
强度和效率指标	物质消耗强度	MCI	区域内物质消耗量 ÷ 人口基数 或 区域内物质消耗量 ÷GDP
	物质生产力	MP	GDP ÷ 区域内物质消耗量
	环境效率	EE	GDP ÷ 废弃物产生量
综合指数	分离指数	DF	经济增长速度 - 物质消耗或污染排放增长速度
	弹性系数	EC	物质消耗或污染排放增长速度 ÷ 经济增长速度

作为循环经济的核心调控手段，物质流分析与管理为我们分析经济活动的效率、资源和环境的压力提供了科学的方法。因此，基于物质流分析的指标的辨别及指标体系的构建是评价经济活动效率和循环经济发展的重要内容，下面是对表

4-3 中指标的简要说明或解释：

输入指标：直接物质输入衡量的是经济发展中生产和消耗所需要的物质投入总量，等于区域内资源开采量与进口资源量之和；总物质需求(total material requirement, TMR)指的是除了总物质投入外，还包括进口资源量以及对其他国家或区域环境造成影响的部分，它衡量的是经济发展所需要的总的物质基础。需要说明的是，由于尺度的不同，这里的进口指从其他国家或区域进入本研究区域的过程，出口指从本研究区域输出到其他国家或区域的过程，以下不再单独说明。

输出指标：区域内加工产出(domestic processed output, DPO)主要指的是用于区域内经济活动的总物质量。这些物质主要用于生产和消费过程中加工、制造、使用以及最终处理和处置。出口的资源和产品不包括在内，因为它们使用后最终处理在其他国家或区域。区域内总产出(total domestic output, TDO)主要指的是区域内加工产出加上区域内资源开采出来不能利用的部分。它反映了国家经济活动中物质流与环境压力的关系。直接物质产出(direct material output, DMO)是区域内加工产出和出口的总和。

消耗指标：区域内物质消耗量(domestic material consumption, DMC)衡量的是经济发展所需要的直接物质消耗量，不包括隐藏流，它等于直接物质输入减去出口量；总物质消耗(total material consumption, TMC)衡量的是区域内消耗活动所需要的一次性总物质需求，它等于物质需求总量减去出口量以及所产生的隐藏流。

平衡指标：库存净增加(net additions to stock, NAS)衡量的是经济发展的物质增长。每年新的物质通过新增建筑物和其他基础设施建设，新的耐用消费品如汽车、工业机械、家用电器等增加到经济系统中，而同时一些老的建筑物被拆除，耐用消费品被处理、处置等，二者之差就是库存净增加；物质贸易平衡(physical trade balance, PTB)衡量了一个经济系统的物质贸易盈余或赤字，它等于进口物质量与出口物质量之差。

强度和效率指标：强度指标衡量的是人均或者单位 GDP 消耗的物质量或排放的废物量，即资源消耗强度和污染强度。资源消耗强度可以衍生出能源消耗强度、水资源消耗强度、矿产资源消耗强度等更多的专项指标，污染强度也可分为水污染强度、大气污染强度、固体废弃物排放强度等。效率指标衡量的是资源消耗、污染排放等与经济投入有关的生态效率指标，如物质效率指标、环境效率指标等。物质效率又称物质生产力(material productivity)，它表示每单位区域内物质消耗量的国内生产总值，即 MP=GDP/DMC，可细化为能源生产力、水资源生产力、矿产资源生产力等指标。环境效率指标表示每单位污染物质排放量的产业增加值，即 EE=GDP/DPO。强度指标与效率指标互为倒数。

综合指数：循环经济发展的目的就是将经济增长与物质消耗和环境退化分离

或者脱钩，随着经济的快速增长，资源和物质消耗量也逐渐增长，对环境的压力越来越大。而循环经济发展的模式就是为了达到在节约资源、减少物质消耗的同时，延缓甚至阻止生态环境退化的趋势，从而实现经济的持续增长和社会秩序的稳定。分离指数(decoupling factor, DF)和弹性系数(elastic coefficient, EC)就是用来衡量物质消耗、环境退化与经济增长之间相关性的综合指数，具体来说，分离指数表示研究区经济产值年均增长速率与环境压力年均增长速率之间的差异值，而弹性系数表示环境压力的年均增长率与经济产值的年均增长率之间的商值，这两种指标在近年来的经济增长与环境压力的"耦合"或"脱钩"的研究中占有越来越重要的地位，并为当地政府和相关研究领域或部门在发展经济与资源环境保护的隧道化战略决策中提供科学的理论依据。

三、物质流分析指标体系的简要评价

1) 从输入方面看，上述指标中最为重要的指标是区域内物质输入总量。由于人类对自然环境的最根本影响是通过自然物质的输入产生的，并且每一种物质的输入必将带着巨大的隐藏流或生态包袱，这些隐藏流或生态包袱对当地的生态环境和资源造成了巨大的破坏和消耗，而进口物质流的生态包袱被留在国外或研究区域外，对当地自然环境并未产生直接影响，因此，用物质输入总量来量度一个国家或地区资源利用与自然生态的可持续性应该比用物质需求总量表示要更准确些。一般而言，物质输入总量越小，自然资源和物质的动用就越少，生态系统为人类提供服务的质量也就越好，经济系统运行的可持续性则越强；反之，物质输入总量越大，自然资源和物质的动用就越多，生态系统为人类提供服务的质量也就越差，经济系统运行的可持续性则越弱。

2) 从输出方面看，应该以区域内物质输出总量为最重要。由于其主要由固、气、水等废弃物和区域内隐藏流组成，它们是人类对其自身环境直接输出的环境压力，也是环境污染的直接来源，因此可用区域内物质输出总量来量度一个国家或地区的环境友好程度或人与环境的和谐程度，也可指示当地环境保护与建设的可持续性。一般来讲，物质输出总量越小，输出到环境中的废弃物就越少，环境的友好程度也就越高，环境的可持续性则越强；反之，物质输出总量越大，输出到环境中的废弃物就越多，环境的友好程度也就越低，环境的可持续性则越弱。

3) 从消耗方面看，物质消耗总量反映了人类对自然界物质的消耗程度。显然，物质消耗总量越大，意味着人类对自然界的干扰越强烈，也就越不利于资源节约型社会的建立；反之，物质消耗总量越小，意味着人类对自然界的干扰越弱，也就越有利于资源节约型社会的建立。因此，物质消耗总量指标对于可持续发展同样具有重要意义。

4) 从物质平衡方面看，物质库存的净增量反映了一个国家或地区的物质财富的增长水平，而在物质库存的增长量中，循环利用及废弃物质的资源化回收利用有多少贡献，目前国内外对此还未有系统的研究。因此，一方面增加物质库存的净增量，另一方面改善其增量的组成结构和循环利用的比例，这对于建设循环型社会具有重要的战略价值。

5) 从强度和效率来看，物质生产力代表了一个国家或地区的资源利用效率的高低。作为物质流分析的衍生指标，物质消耗强度、物质生产力、废弃物产生率等有助于分析经济系统与自然环境之间的关系，最终为提高经济系统的资源生产效率和降低资源消耗强度，揭示经济系统物质结构的组成和变化情况，并为实现去物质化(dematerialization)和社会、经济、环境的可持续发展奠定理论基础(徐明，张天柱，2005)。

综上所述，物质流分析指标可以表述一个国家或地区的资源投入、贮存、回收、废弃物产生及废弃物再生利用的情况，并在物质流分析框架的基础上，建立循环经济及可持续发展的评价指标体系。从研究循环经济的角度，定量化地描述自然资源的消耗、废弃物的产生以及废弃物的再使用和资源化再生利用与人类经济活动的关系。

第四节　分析方法

一、物质输入与输出的核算原则

(一)度量单位及物质换算系数的确定

在欧盟统计局制定的《物质流分析手册》(Eurostat，2001)中，物质输入与输出都是以其统计上报的鲜重来计算的，这个重量包括物质本身所含的水分，如木材、谷物类和其他生物所含的水分，以及如褐煤和沙子所含的水分。为了尽量保持物质流平衡，本研究除直接引用统计上报的物质重量外，对于不是用重量统计上报的物质，尽量将其换算成重量。

在欧盟统计局制定的《物质流分析手册》(Eurostat，2001)中，绝大多数物质都是以其实物量来统计核算的，一个例外的情况是有些矿物质是以其金属或矿物质含量(品位)的重量而非总重量来统计的，如稀有金属和贵重金属在一般的统计年鉴中都是金属产品的重量统计，这种情况下就需要以其品位等级将其换算成天然矿石矿物的实物重量以得出其直接物质投入量。

考虑到有些原始数据的度量单位不是用的质量单位(如"吨"等),如传统上木材、土壤和某些矿石上报的都是立方米,天然气和其他气体也是用的立方米或能量单位,贸易来往中多数商品用的是件数、箱数等。因此有必要按一定的换算系数将其换算成重量单位。

鉴于以上情况,物质流分析在建立物质流账户及数据库过程中采用两种方法:第一种方法,所有的物质流分析(包括全景分析及单项分析)都用实物量核算的方法,即将所有输入、输出物质同一换算成标准的实物重量予以分析;第二种方法,对能源物质流,除用前面的方法分析外,采用标准煤换算的方法予以分析,即将全部能源物质统一换算成标准煤再加以分析考察。部分物质重量换算系数和能源换算系数分别见表 4-4 和表 4-5。

表 4-4 部分物质重量换算系数

物质名称	体积	质量	备注
平板玻璃	重量箱	0.05t	http://bbs.boli.cn/archiver (玻璃论坛—中国玻璃信息网)
圆木(针叶)	1m³	0.65t	http://ptsh.blog.hexun.com/2639945_d.html
圆木(阔叶)	1m³	0.975t	
纸浆木	1m³	0.5t	
胶合板	1m³	0.65t	
天然气	1Nm³	0.7174 kg	1 标准 m³ 天然气质量为 0.7174 kg,状态 0℃、101.352kPa

表 4-5 各种能源与标准煤的换算系数

能源名称	参考折标系数(吨标煤)
原煤/t	0.7143
洗精煤/t	0.9000
其他洗煤/t	0.2850
型煤/t	0.6000
焦碳/t	0.9714
其他焦化产品/t	1.3000
焦炉煤气/m³	6.1430
高炉煤气/m³	1.2860
其他煤气/m³	3.5701
天然气/m³	12.1430
原油/t	1.4286
汽油/t	1.4714

续表

能源名称	参考折标系数(吨标煤)
煤油/t	1.4714
柴油/t	1.4571
燃料油/t	1.4286
液化石油气/t	1.7143
炼厂干气/t	1.5714
其他石油制品/t	1.2000
热力/百万 kJ	0.0341
电力/(万 kW·h)	4.0400

资料来源：http://www.coal.com.cn/coalnews/articledisplay_130019.html（煤炭网）

(二)统计上无法获取的物质流数据

有些物质流数据在官方统计报表上没有体现出来，有关出口及进口的非直接流在官方渠道也无法获取，而必须予以估计。对于进出口中的包装材料在贸易统计中一般也很难找到。对于区域内采掘，所有物质都计入用于经济活动的直接物质投入，但并不是所有的这些物质都进入了交易市场并出现在官方的统计数据中。这些没有数据来源的物质流主要有以下几种：

用于喂养动物的干草和饲料有的进入了贸易过程，有的则是农牧民自己种植收割。大多数自己种植收割的饲料植物可见于农业统计数据中，而放牧所消耗的饲草则需要估测并计入直接物质投入的生物物质中。这种估测将通过农业土地利用分析和牧场产草量统计来达到。

由于农民和牧场自己留用的生物质如薪炭林、蔬菜、蘑菇、浆果、牧草等无法体现在统计数据上，这就需要通过其农业最终用途来进行估测。

在欧盟统计局制定的《物质流分析手册》(Eurostat，2001)中，一些辅助性的开采活动被整合到单一的统计计量单位里，因而未登记入账。例如，用于水泥生产的石灰岩和制砖瓦用的黏土，在统计上就只有水泥和砖瓦的登记，而没有石灰岩和黏土，而且建筑企业也可能有其自己使用的沙石和沙砾。

小企业的开采活动可能未被收录到产品统计目录里。为建筑目的而开挖的土方量统计上一般也找不到。这种数据一般是通过房屋建筑数量或公路历程甚至单位增加值来估测的。

未使用的国内开采和土壤侵蚀(可选择平衡项)数据多数情况下也是无法获取的，因此有必要开发或利用数据库已经存在的系数来进行这一特殊的估测程序。

(三)物质流分类的界定

物质投入包含未使用的区域内开采，也就是那些由直接流引起的而未进入经济用途的物质流，如煤炭开采的表土剥离，森林采伐而未运出森林的物质等。有些矿石的开采，如磷酸盐、碳酸钾等，有时很难把它放在直接物质投入或是放入未使用的区域内开采。针对这种情况，计算矿石的区域内开采有 3 种方法需要考虑：天然原矿石、浓缩(提炼)矿石及金属矿石。《物质流分析手册》(Eurostat, 2001)推荐一个"时间上溯"(run of time)概念的核算方法，也就是一直追踪到其原矿石的方法(Isacsson, et al., 2000)。如果原始数据只可从浓缩(提炼)矿石获取，则需要按一定的系数转换成相应的原矿石，即原矿石开采量才被认为是直接物质投入和区域内物质消耗的一部分。

在物质输出一端，都是按排放到空气、土地或水体的物质来核算的，以至于人们对这些物质排放地点和组成成分的把握难以控制。因此，任何排放物质如垃圾填埋场排放的甲烷 CH_4 等物质就没有重复纳入物质输出的核算体系中。这样的信息，可以保存在数据库里以评估如甲烷排放对环境的深远影响等。

(四)物质循环

这里的物质循环指的是从官方废物统计数据获取的有关定义和数据。这种循环特征可能会通过金属、塑料、建筑材料等物质表现出来。循环流动并不属于物质平衡的部分，它们既不是物质输入部分，也不是物质输出部分。追踪循环流的主要目的是确保避免双重核算。物质循环及其衍生指标(如相对于物质输入或物质输出的物质循环率)的独立核算也许会成为一个热点或作为一个研究问题提出。首先，物质循环的数据通常很难得到；其次，循环流的定义和度量也很困难。有关物质循环的进一步工作是非常有益的，但目前还不能作为经济系统物质流分析标准账户体系的一部分。

二、物质输入的数据来源和方法

物质输入(包括水和空气)就是区域内开采(使用的和未使用的)、进口以及进口非直接流的和，它们一起构成经济系统的物质总需求量。物质输入的数据来源主要包括：国家及地方政府统计年鉴、林业统计和核算账户(木材收获及运输，其他林产品，木材供应和使用表等)、农业统计(谷物、蔬菜、干草等)、工业/产品统计(化石燃料、原矿、工业及建筑矿物的开采，循环物质的辨别)、能源统计和能源平衡(化石燃料的开采及需氧量的估算)、对外贸易的统计(进口和出口)、供应-使用表和输入-输出表(单一产品的核算)、估测(如基于化石燃料燃烧的空气输入的估计)。

　　包含在区域内物质开采中的最重要的产业是：农业、狩猎和相关活动、林业、渔业、采矿业、其他矿业及开采(砾石、板岩、沙石、黏土、沙砾、原盐等)、其他非金属矿石产品的制造(玻璃、砖瓦、水泥等)、电力、煤气、蒸汽及地热的供应、建筑。

　　对于极少数难以获取的缺失数据可采用数学插值估算得到。

(一)直接物质输入的数据来源及方法

　　1)化石燃料。所有化石燃料都会计入直接物质输入这个组里，不管其是否用作能源用途，除特别的说明外(例如，农药利用的泥炭就被排除在化石燃料之外)。化石燃料数据主要来自统计年鉴及能源统计年鉴，在两者有出入的情况下，以政府公布的统计年鉴为准。

　　2)非金属矿物(工业及建筑矿物)。天然的非金属矿物质包含两部分：工业矿物和建筑矿物。它们之间的区别并不总是很清晰的，特别是在一种矿物既可以用于工业矿物(例如，石灰石作为化学工业的肥料生产)又可以用于建筑矿物(例如，石灰石直接作为建筑或水泥生产)的时候。一个比较实效的方法是把工业矿物当做那些不是为建筑目的的大宗物质，以免产生不必要的重复计算。这部分数据除来自当地统计年鉴外，更为详细的数据来自国土资源部的矿业统计年鉴。

　　3)生物物质。所有的区域内生物物质的核算都是来自农业收获统计、森林工业统计、渔业统计及狩猎统计。另外，畜牧生物的输入则可从饲料统计中获得或通过土地利用或牲畜的营养平衡来估算。这部分数据一般从当地统计年鉴中获得。

　　4)进口。所有进口物质来自边境贸易统计数据。这些物质包括成品、半成品及原材料。该数据主要来自当地统计年鉴及中国工业经济统计年鉴。

(二)其他物质流的数据来源及方法

　　1)可耕地的侵蚀。可耕地的侵蚀可作为平衡项处理。这种侵蚀可通过平均系数来估计，详细的侵蚀模型需要考虑到坡度、裸露程度及作物类型，其他土壤侵蚀未包含在内。

　　2)空气的输入。作为必需的平衡项目，空气的输入主要包括区域内各种物质主要是化石燃料燃烧所消耗的氧气，燃烧需氧量可以通过排放到空气中的污染物质进行推算。植物光合需氧及排出的氧气、生物呼吸耗氧及排除的二氧化碳本书未予考虑。

3)进口非直接流。进口非直接流的核算可由以下几方面汇总得出：

某些原材料和半加工产品的非直接流核算，但几乎不包括任何最终成品的核算；

一些从农业、化石燃料、金属及其他矿物的进口物质的专有数据；

已有研究的非直接流的估算系数（如日本、荷兰、芬兰、瑞典、波兰、英国、美国、巴西、委内瑞拉等）或某些可得到的通用数据库，如伍珀塔尔研究所（Wuppertal Institute）。

三、物质输出的数据来源和方法

物质输出的类目主要包括排放到空气、水、土地填埋场的废物、产品的耗费及耗散性损失、未使用的区域内开采及出口，它们一起构成物质总输出。一般来讲，各单元的物质总输出总和并不等于总体的物质总输出。

物质输出的数据来源主要包括：政府统计年鉴、环境统计年鉴、能源统计年鉴（主要是排放统计目录中没有的能源运输的区域内消费部分）、经济贸易统计年鉴，另外一些物质流不得不靠估测来获得（如燃料燃烧过程中排放的水蒸气），缺失数据的弥补也需要靠估测来获取。

四、物质贮存账户的数据来源和方法

原则上，经济系统的物质库存增加总量可以由作为剩余项目的输入与输出的平衡账户推算而来，也就是输入与输出之间的差异。然而，输入输出数据往往有其自身的许多不确定性，如数据之间的矛盾（如同一物质的废物产生量就不同于废物处理处置量）、物质属性的不同（特别是生物、原煤等的含水量不同）、重复核计的风险（如焚烧的废弃物可能同时归类于废物处理和排放到空气中的废气）、数据遗漏及遗漏数据估测的不确定性等。

鉴于以上情况，一般采用剔除平衡项、各种隐藏流等，单纯计算直接物质输入与区域内物质输出的差异作为库存净增加，以尽量减少各种不确定性带来的干扰。

五、物质流分析的方法学评价

由于所处的环境-经济系统是一个复杂的非线性系统，其行为很难预测，因此很难对其建立模型进行分析以求其变化的结果（如自然资本的当前存量）和机理（如影响自然资本存量变化的因素）。物质流分析方法另辟蹊径，它利用投入-产出平衡表分析的方法，从作为经济系统表象的物质输入、输出数据出发，对整个系统物质流动的状况进行分析，得到了简洁的环境压力和可持续发展程度的示踪指标，开阔了可持续发展研究方法的视野。此外，物质流指标采用物理量作为单位，弥补了使用货币单位不易进行不同地区和不同时期可持续性程度比较的缺陷，使可持续性度量建立在自然科学分析的基础上。

当然，现行的物质流分析方法也有其不足之处，这主要表现在以下几个方面：

1)现行的物质流分析只考虑物质的质量，对不同物质流可能带来的不同的环境影响视而不顾，弱化了物质流指标与物质流动带来的环境影响之间的联系，这在大的区域经济系统中更是如此。实际上，物质流的大小与其带来的环境影响之间的关系并不是成正比的。一些小的物质流，可能会带来很大的负面环境影响，如含汞原料的流动。因此，经济系统物质输入的减少，只是实现可持续发展的必要条件，而不是充分条件。"为实现可持续发展，应该减少的(物质流)到底是什么？这是一个关键问题。"一些文献(Matthews et al., 2000; Frohlich et al., 2000)给出了可供借鉴的考虑不同物质环境影响的物质流分析方法，比如在输出端，依据不同物质流的不同排放数量、排放方式、排放速率对物质流的特点进行分析。

2)物质流分析方法的目的是对通过经济和环境两个系统界面的总的物质量的实物变化进行定量化研究，而不包括经济系统内的物质流如不同部门的产品转移，经济系统是作为"黑箱"处理的。这是物质流分析方法的一个盲区，从环境经济学来看，经济系统中每一环节的资源利用效率和强度的大小对于区域社会经济环境的可持续发展都是不可或缺的。如何把经济系统从"黑箱"转变为"灰箱"甚至"白箱"，系统研究经济系统内不同部门、不同生产和消费环节的产品转换效率、废弃物产生和处置效率，是今后该领域研究的重要课题。

3)迄今为止的大部分经济系统物质流分析都是基于国家尺度的，小区域尺度(省、市、开发区等)的物质流分析已有一定的探索，但仍寥寥无几，究其根源是国家尺度与小区域尺度的统计数据之间存在着差异。经济系统物质流分析所需要的数据，在国家尺度上几乎都可以找到，但是小区域尺度的相关数据却经常由于一些客观原因(如统计内容的局限、当地大公司和企业的垄断等)很难获得，而这也限制了经济系统物质流分析方法的使用范围。

4)国际上常用总物质需求描述总的物质通量，为直接物质输入量、隐藏流之和，而且被认为是最重要的物质流分析指标(夏传勇，2005)。但是由于隐藏流系数的不确定性，导致物质总需求的不确定性，而且进口物质的隐藏流对研究区域本身并不会带来直接影响，因此从可持续发展角度来看，区域内物质输入总量(直接物质输入量和区域内隐藏流的总和)和物质总需求的减量更能说明自然环境对经济系统总的物质投入的变化，因而具有更大的现实意义。

第五节 软件平台

随着物质流分析的研究的广泛开展，相应的软件被开发出来，以减轻数据的处理量和规范研究过程。目前用于物质流分析或计算的比较成熟的技术平台或软件主要有 Excel、Umberto、GaBi 等。Microsoft Excel 是一种电子表格和分析程序，也是 Microsft Office 软件包的一个子软件，是人们常用的一个软件，同样可用于 MFA 的分析，而且应用方便，不需为此设计专门的程序，更不需要专门的培训，但是其只能用于比较简单的物质流分析。Umberto 软件则是由海德堡公司能源与环境研究所(Institute for Energy and Environmental Heidelberg Ltd., IFEU) 与汉堡公司环境信息学研究所 (Institute for Environmental Informatics Hamburg Ltd., IFU) 联合开发的一种软件，最初应用于 1994 年，目前最新的版本为 Umberto 5.0 系列，该版本的演示本可在网站(www.umberto.de/english)免费下载。该软件将系统的物流过程可视化，通过绘流程图的方式输入和处理数据，这对于复杂系统的分析很有帮助。而且考虑了生命周期的不同阶段，同时提供了评价系统行为的一些指标。该软件的一个重要特色在于，用户可以同时进行环境及经济评价，因此对于考虑经济成本的企业环境管理非常有用。GaBi 软件则是由斯图加特大学聚合体试验与科学研究所(Institute for Polymer Testing and Polymer Science (IKP)，University of Stuttgart)与欧洲股份有限公司 PE Europe GmbH (Gesellschaft mit beschränkter Haftung)联合研究开发的一个主要用于生命周期评价的软件系统，并于 1992 年开发出第一个版本，目前最新的版本是 GaBi 4 系列，其演示版本也可在网站(www.gabi-software.com)上免费下载。作为一个生命周期评价软件，同样适用于代谢分析。该软件同时考虑了代谢过程的社会经济投入，在做物流分析的同时，可以分析生命周期成本(LCC)、生命周期工作时间(LCWT)等指标。

Excel 只能用于比较简单的代谢分析，一般用于考虑的"过程"较少(<20个)的案例。Umberto、GaBi 虽然能用于比较复杂的案例，但是这两个软件本身是针对生命周期评价而开发的，因此在术语的使用、材料的分类方面并不是严格按照代谢分析方法设定的。德国的 Simbox 软件是专门针对代谢分析而开发的，而且严格按照代谢分析的过程和分类体系，目前该软件刚刚开发了英语版本。

第六节　物质流分析案例

　　经济系统物质流分析揭示了经济系统物质结构的组成和变化情况，有助于分析经济系统与自然环境之间的关系，最终为提高经济系统的资源生产效率，降低资源消耗强度，实现去物质化(dematerialization)和社会、经济、环境的可持续发展奠定理论基础。此外，如果将物质流指标与一些现有的社会经济统计指标(人口、GDP、失业率等)进行对照分析，可以衍生一些考虑经济、环境效应的综合指标，进而为政府的可持续发展战略提供决策依据。

　　经济系统物质流分析方法具有说服力的实际应用之一是对美国、德国、日本、荷兰和奥地利等国物质流的研究。研究结果表明，这些发达国家的人均年度物质需求为45~84 t，日本的数值最小；物质生产力平均为每创造100美元的GNP消耗300 kg的自然界物质，每年的物质输出量约占物质输入量的1/2~3/4。对我国物质输入量的计算结果显示，1994年的物质需求总量已超过美国，虽然人均物质需求量明显少于发达国家，但物质生产力很低，平均每消耗 1 t 自然界物质只创造17美元的GNP，是同年美国的1/18。

　　近年来，欧美学者提出了以物质消耗总量的削减比率作为实现可持续发展奋斗目标的观点，并对未来50年物质与资源利用效率提高4倍或10倍的可行性及其相应的政策、技术与管理措施进行了科学的论证。如果按照资源利用效率4倍和10倍跃进的目标削减物质消耗总量，到21世纪中叶，发达国家美国和日本每创造100美元GNP所消耗的自然物质量可望分别减少到75 kg和30 kg；我国每创造100美元GNP的物质消耗量将减少到约572 kg，这一数值仍然分别是1994年美、日、德、荷每创造100美元GNP的物质消耗量的1.8倍、4.4倍、2.1倍和1.9倍。由此可见，经济系统物质流分析对于认识经济活动与环境退化之间的关系有重要的意义，有助于政府决策部门制定提高自然资源利用效率和降低资源消耗强度的政策与法规，并且可为区域可持续发展的近、中、远期目标和具体实施方案提供定量的参考指标。

　　图4-2和图4-3分别为2000年和2005年江苏省环境-经济系统物质流账户的整体情况。

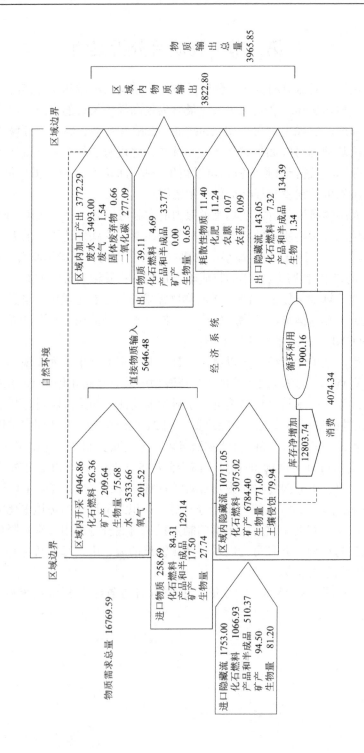

图 4-2　2000 年江苏省省物质流账户平衡示意图（单位：10⁴t）

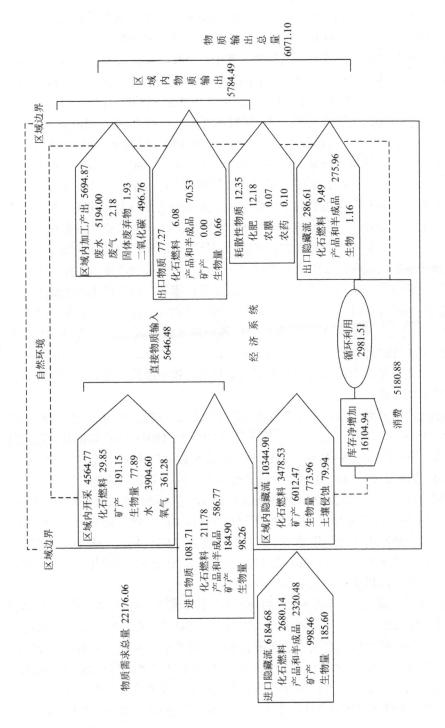

图 4-3 2005 年江苏省物质流账户平衡示意图(单位: 10⁶t)

从图 4-3 可以看出，2005 年江苏省环境-经济系统物质需求总量达到历史最高值 22176.06×10^6 t，比 2000 年增加 5406.47×10^6 t，增长 32.2%，年均增长 5.7%，比任何一个时期的增长速度都要快得多。其中，直接物质输入为 5646.48×10^6 t，比 2000 年增加 1340.93×10^6 t，增长 31.1%。主要贡献来自进口物质的增加。2005 年江苏省进口物质达到 1081.71×10^6 t，比 2000 年增加 823.02×10^6 t，增长约 3.18 倍，占直接物质输入增加量的 61.4%。区域内开采物质为 4564.77×10^6 t，比 2000 年增加了 517.92×10^6 t，只增长 12.8%，占直接物质输入增加量的比例也只有 1/3 强（即 38.6%）。在区域内开采物质中，水的输入又高达 3904.60×10^6 t，占区域内开采物质的 85.5%。可以看出这 5 年随着改革开放的进一步深入，江苏省对区域内自然资源的开采和利用虽然有了一定增加，但增加速度已大为减缓，其矿物质的开采和利用比 2000 年减少 18.49×10^6 t，减少约 8.8%。进口物质则表现为全方位的大量增加，这是由江苏省资源短缺的特点所决定的，说明经济发展的高速度必须依赖于各种资源和产品的大量引进；同样，在隐藏流物质输入方面，已经有了一定程度的改善，虽然区域内开采物质比 5 年前增加，但其带来的隐藏流却在下降，即从 2000 年的 10711.05×10^6 t 降低到 2005 年的 10344.90×10^6 t，降低 3.4%，而进口物质的增加则同样导致了其进口隐藏流的大幅度增加，即从 2000 年的 1753.00×10^6 t 增加到 2005 年的 6184.68×10^6 t，增长 2.53 倍，但仍不如进口物质的增长大，这主要是由于进口的物质贡献主要是成品和半成品，它们的隐藏流系数相对比较低的缘故。

在物质产出方面，2005 年江苏省物质输出总量达 6071.10×10^6 t，比 2000 年增加 2105.25×10^6 t，增长 53.08%，年均增长 9.3%，是 1995~2000 年增长速度的 4 倍多，其中同样是以区域内物质输出量最大，达 5784.49×10^6 t，占总量的 95.28%，相比 2000 年增加 1961.69×10^6 t，增长幅度为 51.32%。在区域内物质输出中，仍然以区域内加工产出贡献最大，达 5694.87×10^6 t，占区域内物质输出的 98.45%；其次是出口物质 77.27×10^6 t，比 2000 年增加 38.16×10^6 t，增长近 1 倍，主要贡献基本来自于产品和半成品的迅猛增加；耗散性物质 12.35×10^6 t，比 2000 年增加 0.95×10^6 t，增长 8.3%；出口隐藏流为 286.61×10^6 t，比 2000 年增加 143.56×10^6 t，增长 1 倍，与出口物质的增长基本同步。

2005 年，江苏省环境-经济系统的物质库存净增量为 16104.94×10^6 t，比 2000 年增加了 3301.20×10^6 t，增长 25.78%，说明区域经济的快速发展需要大量动用自然界物质，物质排放的速度跟不上利用的速度，导致耐用品的大量积存。而循环利用的物质量为 2981.51×10^6 t，比 2000 年增加 1081.35×10^6 t，增加幅度达 56.9%，说明 5 年来将江苏省循环经济的建设成果提高到了更新的阶段。与此同时，2005 年江苏省区域内物质消耗量也达到了 5569.20×10^6 t，比 2000 年增加约 1302.76×10^6 t，增长 30.54%，年均增长约 5.33%，说明区域经济系统的消费又有新的增长势头。

参 考 文 献

夏传勇. 2005.经济系统物质流分析研究述评. 自然资源学报, 20(3): 415~421

徐明，张天柱. 2005.中国经济系统的物质投入分析. 中国环境科学, 25(3): 324~328

Bouman M, Heijungs R, van der Voet E et al. 2000.Material flows and economic models: an analytical comparison of SFA, LCA and partial equilibrium models. Ecological Economics, 32(2): 195~216

European Commission. 2001. Economy-Wide Material Flow Accounts nad Derived Indicator: A Methodological Guide Luxembourg

Eurostat. 2001. Economy-wide Material Flow Accounts and Derived Indicators: A Methodological Guide. Luxembourg: Office for Official Publications of the European Communities

Frohlich M, Hinterberger F et al. 2000.Wie viel Wiegt Nachhaltigkeit? Möglichkeiten und Grenzen einer Beachtung Qualitativer Aspekte im MIPS-Konzept. Entwurf fur ein Wuppertal Paper. Wuppertal Institute

Isacsson A, Jonsson K, Linder I et al. 2000. Material flow accounts, DMI and DMC for Sweden 1987-1997. Statistics Sweden: Eurostat Working Papers. No. 2/2000/B/2

Marko P H, LouisA J, Ernst W. 2000. Analysis of the paper and wood flow in The Netherlands. Resources, Conservation & Recycling, 30 (1)

Matthews E, Amann C, Bringezu S et al. 2000. The Weight of Nations: Material Outflows from Industrial Economies. Washington D C: World Resources Institute. 1~125

Rob B D, Patricia P K. 2000. An empirical analysis of dematerialization: application to metal policies in the Netherlands. Ecological Economics 33(1)

Schmidt-Bleek F 1998. Das MIPS-Konzept: Weniger Naturverbrauch-mehr Lebensqualitaet durch Faktor 10. Muenchen, Germany: Droemersche Verlagsanstalt Th. Knaur Nachf

Von Weizsaecker E, Lovins A B et al. 1997. Factor Four: Doubling Wealth Halving Resource Use. U K: Earthscan Publications Limited

第五章 基于单一物质的物质流分析(SFA)

本章主要介绍物质流分析(SFA)的方法体系和主要应用。人类经济社会活动本质上是一个资源开采、产品加工、产品使用(消费)、废物排放及处理处置的物质代谢过程。这一代谢过程在推动人类经济社会前进的同时，也对环境产生了极大地干扰，如自然资源耗竭和环境污染问题。而要有效解决经济活动所产生的这些影响，维持环境与自然资源的可持续性，也要通过改变物质和能量的流动来实现。物质流分析(SFA)是一种对工业过程物质代谢进行定量化分析的方法，它通过追踪经济-环境系统中特定物质的输入、输出、贮存等过程，量化经济系统中物质流动与资源利用、环境效应之间的关系，为进行资源环境优化管理提供科学依据。

第一节 SFA 的定义及演变过程

一、SFA 的定义

物质流分析(substance flow analysis, SFA)是一种理解和刻画特定物质(通常为元素、化合物或一类物质等)在某一特定系统内的流动状况的分析工具。作为产业生态学领域的一种重要分析工具，SFA 遵循物质守恒定律，它通过量化某一物质或某一类物质流入、流出特定系统和在该系统内部的流动和贮存状况，建立该系统内经济与环境之间的定量关系。国内将 MFA 也译做物质流分析，然而，在广义 MFA 定义中，material 既包括物质(substance)，也包括产品(goods)。在这个意义上，广义 MFA 包含了 SFA。狭义 MFA 的研究对象为既定系统内的综合流，这与 SFA 研究既定系统内某一特定物质流是不同的。

二、SFA 演变历程

按照 SFA 方法思想萌芽、方法框架发展完善等过程可以将 SFA 的演变历程大致划分为以下四个阶段：孕育期、形成期、发展期、应用与拓展期。

(一)SFA 孕育期(20 世纪 80 年代以前)

从概念的形成来看，SFA 是在"代谢"(metabolism)研究的基础上逐渐引申出来的。"代谢"一词源自希腊语，它的基本含义是"变化或者转变"。其基本思想最早可以追溯到 19 世纪 50 年代，被 Jarob Moleshott 作为生物学领域的一个概念提出，他认为生命是一种代谢现象，是能量、物质与环境的交换过程。随后，这一思想在生物学、生态学、化学等自然科学领域以及哲学、社会学等社会科学领域分别得到了进一步的发展。

20 世纪 60 年代，人们的环境意识逐渐觉醒，并开始在文化上逐渐接受对经济发展模式的批判。在这一背景下，学术界开始重新审视社会代谢模式，并于 70 年代形成了许多通过物质流动来建立经济与环境之间的联系的方法。Kneese 等在 1972 年提出通过物料平衡的方法追踪社会中物质的流动，为经济系统物质流分析框架的形成奠定了一定的基础。1978 年，Ayres 运用实证方法详细论述了经济系统中物质的迁移路径，这一研究可以看做是 SFA 的前身。此外，这一时期欧洲一些国家的早期实践为 SFA 方法的形成奠定了基础。例如，荷兰与德国的统计署出于对农产品的流与库存作簿记的传统，在 70 年代就开始为特定化学物质(如磷)制作平衡表。这使得这些国家较早地将物料平衡方法应用于环境科学领域，一个很好的例子是荷兰莱顿大学环境科学中心(Centre of Environmental Science，Leiden University)在 80 年代早期提出用物料平衡方法研究经济系统和环境系统中有害物质的流动。

(二)SFA 形成期(20 世纪 80 年代)

80 年代可以看做是 SFA 方法形成的一个重要时期。这一时期，SFA 概念被明确提出，学者开始探索其分析框架。1988 年，Udo de Haes 等第一次提出了 SFA 的概念。1989 年，Ayres 提出了"工业代谢"(industrial metabolism)的概念，认为经济与环境在物质层面上存在相似性：生物圈中物质被用来生产"生物量"，而经济系统中通过物质的移动、使用和废弃来产生"技术生物量"，而工业代谢便是指将物质和能源通过劳动力转化成产品和废物的整个过程。后来又有学者进一步明确了"工业代谢"的研究目的，即通过研究社会系统中物质的流动来更好地理解环境污染的源头和原因。自从"工业代谢"这一概念出现后，其衍生出来的产业生态学(industrial ecology)又作为一个新的研究领域出现，这为 SFA 作为该研究领域内的一种重要分析工具提供了理论铺垫。与此同时，这一时期 SFA 在实践应用方面也取得了一定发展，如欧洲的丹麦从 80 年代起由其国家环保署采用 SFA 的方法开展了国家层面上一些特定物质的物质流动研究，包括一些有毒有害的重金属以及 PCBs 和 CFCs。

(三)SFA 发展期(20 世纪 90 年代)

90 年代开始，SFA 分析框架基本形成，并得到一定的发展。Stigliani 和 Anderberg 开展了莱茵河流域的水污染根源分析，表明在过去的几十年内，水污染根源已经从工业转向消费者。Brunner 和 Baccini 提出了"人类圈代谢"(metabolism of the anthroposphere)的概念，后来又用物质平衡方法追踪了给定区域的经济系统内部的单个物质或者物质群的流动和库存状况。这一研究考虑了如何识别某一地区的关键性流与库存，并对特定污染减排措施进行了有效性评估。Bergbäck 等在 1992 年进行了一项基于历史视角的瑞典金属流动研究，并较早地意识到物质的累积库存对目前和将来环境污染问题的重要性。随着环境问题逐渐引起重视，SFA 被更加广泛地应用于追踪工业系统中有害物质的流动状况。

1996 年，莱顿大学 Van der Voet Ester 在其博士论文中详细阐述了 SFA 的基本研究框架和具体应用。1997 年，Udo de Haes 和 Van der Voet Ester 等在德国伍珀塔尔研究所主办的研讨会(ConAccount Workshop)上指出对 SFA 的术语和方法进行标准化的必要性，并提出了包括"目标和系统界定"(goal and system definition)、"清单和模拟"(inventory and modelling)和"结果解释"(interpretation)的技术框架。这些努力使 SFA 的方法体系得以较大程度的规范，并提高了其作为产业生态学领域内一种重要分析工具的认可度。

(四)SFA 应用与拓展期(21 世纪)

2000 年以后，SFA 逐渐成为产业生态学领域中对实体经济的代谢进行定量化研究的基本分析工具之一，得以更加广泛地开展。值得一提的是 2002 年以后，耶鲁大学产业生态学中心(Center for Industrial Ecology, Yale University)通过 STAF 项目，取得了一系列的研究成果。目前，SFA 在国家物质循环分析、城市物质代谢分析、流域营养元素代谢分析等方面得到了广泛的应用。

第二节　SFA 基本方法体系

一、概念的基本要素

SFA 主要包括物质、过程、库存与流四个要素：

1)物质(substance)：物质是 SFA 的研究对象，这里的"物质"是从化学意义上来理解的，一般指特定化学元素或者化合物，也可以是特定物质或者材料。在具体分析时，会涉及物质的不同形态。例如，研究铜的代谢时，一定会考虑铜在系统中转换的各种途径及其所存在的形态，包括铜矿(和其他含铜矿石)、纯铜、铜合金、各类含铜制品等。

2)过程(process)：指物质在系统中的转化、输送或储存，也可以称之为整个研究系统内的子系统。物质在整个产业经济体系中存在不同层面的转化过程，如生产过程、消费过程和在自然系统中的转化。输送指物质形式并未转化而位置发生改变，该过程包括所有的为输送而发生的物质流动和废物排放过程。在分析中，有时将过程看做黑箱而只分析输入和输出情况，但如果有必要，这些过程可以被细分为两个或者多个子过程，以便于更细致地分析整个过程。

3)库存(stock)：在"过程黑箱"中，物质停留在该系统内而没有发生转化及运行的过程称为储存，而物质的存储数量一般被称为物质的库存。库存的质量和变化速率(累积或者损耗)都是描述存储过程的重要指标。如果物质在某一过程中停留很长时间(如超过 1000 年)，此时该过程称为最终的汇(final sink)。严格来说，在社会经济系统内的每一个子系统内都有可能产生库存，而在自然环境中的库存一般称之为汇。

"过程"是进行物质流分析的基本单位，针对一个研究对象，如一个国家，可以先描绘出这个系统的主要输入(1，2，3)及输出过程(4，5)，然后进一步分析系统内的主要过程及子过程，并分析各过程之间的物质流(6，7，8)(图 5-1)。当然，分析的详尽程度视研究目的和研究条件而定。

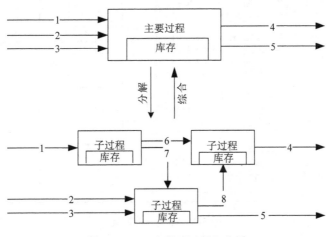

图 5-1　SFA 中的"过程"分析

4)流(flow)：系统内的每一个过程都有一个输入流端和输出流端，过程与过程之间通过各"流股"相联系。流量和流速用来表征这些物质流的强度和速度，但在常见的 SFA 研究中，一般关注的是每年"流量"(也可用"流"来指代)，而不涉及流速。

二、SFA 基本程序

从 SFA 方法出现以来，相关领域内出现了诸多的研究成果。但迄今为止，SFA 研究并没有公认的标准化方法体系。在荷兰莱顿大学的 Udo de Haes 等于 20 世纪 90 年代提出的技术框架的基础上，结合对已有的 SFA 实证研究成果的总结，可以将 SFA 的基本程序概括提炼为：①目标和系统界定：首先必须明确所要解决的问题，然后根据问题确定研究目标。系统的界定主要包括三个方面，即物质、时间、空间，另外在有必要的情况下也要对系统内的子系统进行界定。②SFA 分析框架确定：对于 SFA 研究来说，非常重要的一步是确定 SFA 所涉及的系统的拓扑结构，也就是对①所界定的系统进行细化，识别需要分析的过程单元和流股。③数据获取与计算。④SFA 结果的解释。

由以上分析可见，SFA 研究是对进出某一经济实体(区域、国家甚至全球)或者地理范围内的某种物质的迁移路径绘制流程图，建立分析模型，并进行结果解释的一个过程。SFA 的一般性研究框架可以表示为图 5-2。

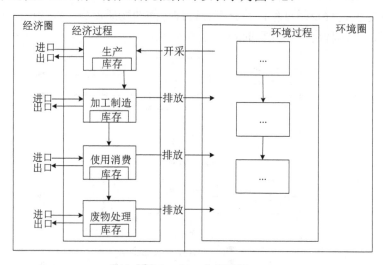

图 5-2　SFA 分析框架

具体来说，物质在经济系统中所有的路径，应从矿石开采起，经过生产、加工制造到消费使用，再到最后的废物处理和再生利用；物质在环境系统中的迁移路径一般不在分析范畴内，但物质从经济系统向环境系统的排放是很多 SFA 研究的重点所在。

物质流一般包括：基于产品或者原料供应关系的正向流，废弃产品流，基于废物循环利用的逆向流，最终废物的处理流，过程损耗而产生的向环境排放的流，贸易进出口流。

库存包括经济系统中的库存和环境系统中的库存两大类。前者包括尚未使用的工业中的产品和原材料、社会使用中的产品、社会不再使用但仍未废弃的产品，后者包括岩石圈中的自然资源和填埋废物。

第三节　SFA 研究方法

就研究手段的不同而言，SFA 研究方法主要有簿记、静态模型分析和动态模型分析三类。而就研究对象视角的差异而言，SFA 又可以分为定点观察法和跟踪观察法。此外，考虑到在 SFA 研究中，物质社会存量的研究是一个重点，因此，本节将分别对两种划分下的各类 SFA 研究方法以及社会库存的计算方法加以解释说明。

一、簿记、静态模型分析、动态模型分析

这三类分析方法的选取主要由研究目的所决定，并不存在优劣之分。

(一)簿记

簿记分析方法可能需要的数据大致包括：产品或者材料的流和库存数据以及这些产品和材料中特定物质的含量数据、物质向环境排放的数据。前者一般可以从公布的贸易和生产的统计资料中获取，后者可以由环保部门的监测数据计算得到。这些数据的结合以及物质守恒定律的应用，可以得到较为理想的流与库存的全景图。这一全景图可以用于以下目的：

1)识别需要调控的"问题流"，如原材料利用的低效率环节、损耗大的环节等；

2)通过研究目前的社会库存来识别日后会进入废物阶段的流量，从而识别潜在问题。

(二)静态模型分析

静态模型分析除需要一部分"簿记"数据外，其核心数据是描述系统内流与库存关系的变量，如排放系数等。静态模型分析主要解决的问题有：

1)通过追踪"问题流"(或库存)的经济源头以分析环境问题的根源；

2)预测污染控制措施的有效性等。

(三)动态模型分析

所谓动态分析，即在 SFA 研究中纳入时间尺度。对一个过程(子系统)来说，其输入流、输出流和库存量均随时间而发生变化，除非该过程已达稳定状态。对库存量的研究，是动态模型分析与另外两种分析方法的最大不同所在，因此时间方面的数据，如经济系统中物品的使用寿命、物质在不同环境区划中的停留时间等，对动态 SFA 研究十分重要。

二、定点观察法和跟踪观察法

(一)定点观察法

为了研究某种产品生命周期中的物流状况，选定物流中的一个区间作为观察区，观察区间内物流的变化，弄清这一区间内生命周期各阶段流入和流出的有关物质量。如果把物料的流动比喻成一条河流，那么用这种方法研究物流好比是站在一座桥上，进行定点观察。这座桥的位置一般都选在某一年度的产品生命周期的始端，从这里能观察到上一个生命周期的回收阶段和本生命周期的生产、制造阶段以及部分使用阶段。

基于这一方法，可以建立一个实际应用模型。以研究一个国家或地区在一段时间内金属的储存及流动状况为例，绘制出流程图(图 5-3)。以第 τ 年为研究对象，各股物流的流量，都按它们各自的成分换算成金属 M 的流量。第 τ 年 M 产品和制品的产量分别为 P_τ 和 M_τ；N 为可回收的报废金属制品量；R 为生产中投入的矿石量；I1、I2、I3 和 I4 为净进口(进口−出口)的作为金属 M 生产、制品加工制造、使用和废物处理阶段的物质量，C1 和 C2 分别为生产和加工制造阶段 M 的损失量；A 和 B 分别为生产阶段投入的折旧废金属和加工废金属量；D 为废物处理阶段损失的 M 量。

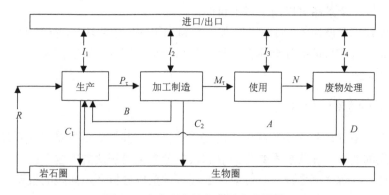

图 5-3 定点观察法的实际应用模型

可见，前面所讲的 SFA 的三类分析方法，即簿记、静态模型分析、动态模型分析，都属于定点观察法。

(二)跟踪观察法

为了研究某种产品生命周期中的物流状况，可以选定一定数量的该种产品，作为观察对象。然后，沿着这些产品生命周期的轨迹，对它进行观察。如果仍用河流比喻物流，那就好比是坐在一条船上，顺流而下，对选定的那些物料对象，进行跟踪观察。跟踪的行程，至少要从某一个生命周期的起点，一直到它的终点，途中经过产品的生产、制造、使用和报废后的回收等阶段。必要时，甚至要连续观察一个以上的生命周期。在跟踪观察每一个生命周期的航程中，会看到两条支流：一条在它的始端，向生产阶段输入天然资源；一条在它的末端，向周围环境输出未回收的废弃物。

基于这一方法，可以建立 SFA 的物流跟踪模型。举例来说，若选定的观察对象是一个国家或地区在某一年(第τ年)内生产的全部某种金属产品，可以绘制如图 5-4 所示的该种金属产品生命周期的金属流图。以第τ年为基准年，假设这种金属制品的平均使用寿命为$\Delta\tau$；P_τ、M_τ、R、B、C_1、C_2、I_3 的定义同图 5-3，A_1 为回收利用的折旧废金属，来自第$\tau-\Delta\tau$年生产的经使用报废的金属 M 制品；I_1 和 I_2 分别为净进口(进口−出口)的作为金属生产和制品制造阶段的物质量；D_2 和 A_2 分别为第$\tau+\Delta\tau$年回收第τ年生产的金属制品时损失和回收的金属量；E 是金属制品一个生命周期内损失到环境中的金属量。

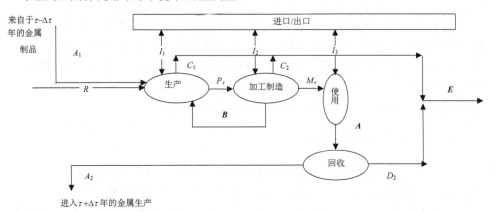

图 5-4 跟踪观察法的实际应用模型

专栏 5-1　流体流动与物质流动

物质流动与流体流动有相同的基本特征——流动。因此，物质流动的研究方法可以从流体流动的研究方法加以借鉴。

研究流体流动：第一种方法是欧拉法。在连续流动的流体中，选定一个空间点，作观察点，观察各瞬间流过这个空间点流体的物理量，以获得这个点上有关数据随时间的变化。为了了解流体流动的全貌，可依次改变观察点。第二种方法是拉格朗日法。在连续流动的流体中，选定流体的一个质点，作为观察对象，跟踪它，观察它在空间移动过程中各物理量的变化，以获取有关数据。为了了解流体流动的全貌，可依次改变观察对象，从一个质点转到另一个质点。

与研究流体流动的两种方法相对应，研究物质流动也同样有两种方法。但要考虑物质流动本身所具有的特点，其中较为主要的有：①物质是沿着产品生命周期的轨迹流动的，一个生命周期是一个明显的段落。所以，物流状况是呈周期性变化。②产品的一个生命周期，通常长达几年、十几年，甚至更长。所以，为了获得较全面的信息，需要观察的时间跨度是较大的。③在流动过程中，物质的物态、形状、化学成分、物理性质等都在不断变化。所以，只有针对其中的某一种物质(元素或稳定化合物)进行观察，才是可行的。④通常都是进行比较宏观的物流分析，物流量较大。所以选定的观察对象的总量也较大。

三、物质社会库存量的计算

物质社会库存的量化是 SFA 研究的重点内容之一。物质的社会库存由含有该物质的所有产品组成，因此研究物质的库存一般从产品的库存入手。社会经济系统作为一个"缓冲器"，延迟了输入流的输出时间。假设这个缓冲器的基本特征不随时间而变化，并对数量不敏感，则可以看做是线性的、与时间无关的系统，因此昨天的输入流是今天的库存，并成为明天的排放流。

(一)自上而下库存计算法

社会库存是持续更新的，随输入流和输出流的变化而变化：一方面，旧产品被废弃，离开社会库存；另一方面，新产品不断成为社会库存的一部分。

计算社会库存时，对输出流的计算非常重要。物质以两种方式从库存中输出，即滤出机制和延迟机制。滤出发生在产品的使用阶段，物质以被腐蚀或者缓慢挥发等方式从产品中输出，这些输出最终释放至土壤、空气、地表水、地下水或者污水系统等。物质在某一应用中(一般为某产品)的滤出量可以看做是总库存量的一部分，一般以线性或者指数的排放系数来表达。而延迟机制与产品使用后的废弃有关，废弃输出流取决于产品的输入流和产品的使用寿命。对延迟机制的关注非常重要，因为对报废产品信息的了解能为日后的废物管理和资源的再生利用提供量化的依据。自上而下库存计算法(top-down approach)一般是根据质量平衡原理，通过新投入使用的产品流和由于产品报废而流出的废物流的差值计算出在某一年进入社会库存的量，然后通过逐年相加，得到特定时间段内库存的积累量。

这种自上而下计算法最初来源于 20 世纪 30 年代 Bain 等对金属存量的一项研究，具体的做法是：将每年金属的产量作为输入流，而输出流则通过将输入流乘以一个固定的系数(该系数在 0~1 之间，理解为输入流中成为废物的比例)来确定。发展到当代，随着计算方法的发展和数据的丰富，处理方法拓展为：将物质的产量分解为几类最终产品的产量作为输入流，然后通过界定最终产品的使用寿命来计算输出流。

(二)自下而上库存计算法

除上面提到的自上而下库存计算法，对于社会存量的计算还有一类方法，即自下而上库存计算法(bottom-up approach)。该法采用包含该物质的社会系统中的不同服务单元(如建筑物、工厂和交通工具)中该物质的含量乘以这些服务单元的数量，再相加得到库存量。

自下而上库存计算法起源于 20 世纪 30 年代对金属社会存量的研究，由 Ingalls 提出，即用社会中处于使用阶段的最终产品的数量乘以其金属含量。发展至目前，计算方法基本没有改变，但对最终产品的分类和其金属含量上更加具体和准确。

第四节　主 要 应 用

SFA 具有较为广泛的应用领域。随着 SFA 研究旨在解决的问题的不同，其研究对象、分析框架和分析的侧重点均有所改变。SFA 研究的主要应用大致可以分为三类：一是针对环境污染物质，如有机物、金属元素和营养元素等进行物质迁移路径追踪或者环境影响分析；二是针对一些战略性材料尤其是金属进行全生命周期的代谢分析；三是进行重要物质的社会库存量分析。本节将针对这三类不同目的的应用，就其在系统界定、清单分析和结果解释的具体操作方面做一些说明。

一、污染物迁移路径追踪及环境影响分析

SFA 早期研究的物质对象多为有机化合物、金属和营养元素等受环境管理领域关注的物质。研究内容主要是进行环境污染物质在生命周期各个阶段的环境影响分析，或者针对某一环境污染问题，通过静态模型分析来追踪产生这一环境问题的根源。

在全球层面，丹麦环保署 20 世纪 80 年代便采用 SFA 识别环境中的有害物质来源，Thomas 和 Spiro 分析了全球铅和镉的开采、使用以及其向环境排放的情况和对人类健康与生态环境的影响。在城市和区域层面上，SFA 能识别一个地区需要采取行动来减少环境负荷的热点，能帮助政策制定者了解不同社会经济活动之间以及这些活动与环境之间的相互关系，从而将资源使用、有害物质的排放与其潜在根源联系起来。一些欧洲国家较早地开展了城市层面的 SFA 研究。例如，瑞典环保署、斯德哥尔摩郡议会和斯德哥尔摩市资助了一项五年研究计划(1994~1999)——城市和森林环境中的金属，主要研究金属在城市和生物圈中的流动和库存，以评估城市金属流的环境影响。

此外，SFA 可分析生态系统的基本元素的全球循环过程，如碳、氮、硫等，以分析这些物质的生物和地球化学过程如何被人类活动所改变。

二、战略性资源生命周期代谢分析

如何转变战略性资源的使用以保证社会的可持续发展已逐渐成为各学科的热点问题之一。在产业生态学领域内，SFA 也被用来对战略性资源，尤其是一些金属在全球、国家或者地区层面的循环情况进行分析，为产业发展和资源再生利用提供基础性信息，为环境影响分析和评价提供借鉴。

针对战略性资源在国家或者全球层面的代谢分析始于 20 世纪 90 年代，并从 2000 年以后开始逐渐增多。这类研究在应用 SFA 模型时，主要关注经济实体内战略性资源的流动和库存状况。自 2002 年以后，耶鲁大学产业生态学中心开展的 STAF 项目取得了大量的研究成果。这一项目旨在解决的问题包括：从金属的全生命周期过程识别各库存与流，以发现提高该物质工业利用效率的可能性；评估流向环境的耗散流；为资源政策和环境政策提供基础信息。该项目在最初对欧洲铜循环的研究中，提出了库存与流(stocks and flows, STAF)框架(图 5-5)。其后，又应用这一框架完成了一些重要金属资源如铜、锌、银、铬、铅、铁、镍等在不同层面(包括全球、地区、国家)的循环或者库存情况的研究。

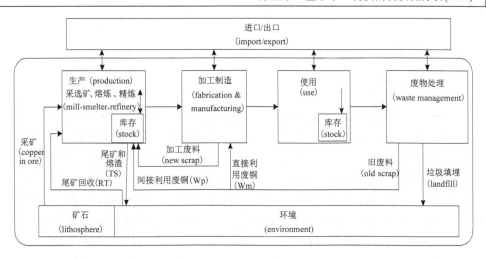

图 5-5　STAF 框架

三、物质的社会库存量分析

物质的社会库存量分析是 SFA 的重要应用之一。20 世纪以来，人类对物质的大量使用使得物质从岩石圈逐渐流向人类圈，而目前的社会库存在未来会成为废物离开使用阶段或者向环境中排放。如本章第三节所讲，物质社会库存量分析共有两类方法，即自上而下库存计算法和自下而上库存计算法。前者多应用于战略金属或者有毒有害物质等在全球、区域或者国家层面的社会库存研究，而后者更适合应用在城市层面上。

第五节　案 例 研 究

本节将以"当代欧洲铜循环：1994 年流与库存核算"为例，详细说明 SFA 的应用。

该研究是耶鲁大学产业生态学中心所开展的 STAF 研究课题的一部分，这一课题主要关注 20 世纪所使用的重要原料的流与库存。本文的研究目的是静态地展示欧洲大陆在 20 世纪 90 年代对铜的使用情况。此外，这一研究能为采用 SFA 开展长时间尺度的铜循环研究提供基本分析框架。本研究主要追踪了铜从矿石开采到在不同产品中的应用以及废物处理的全过程。由于数据的可得性限制了研究的精确性，因此本研究旨在刻画至少 80% 的铜流动和使用情况，使研究结果能科学地提供政策指导。

一、方法

(一)系统界定

本书以 1 年为时间尺度是考虑到许多统计资料均以 1 年为周期进行统计,而选择 1994 年作为分析的特定年是由于该年关于铜循环的各类数据相对完整。生产和制造的数据来自国际铜研究组织(International Copper Study Group,ICSG)、世界金属统计局(World Bureau of Metal Statistics, WBMS)。此外,1994 年铜循环中的废物处理过程的数据有部分缺失,因此采用了 1994 年前后(1993~1997 年)数据作为替代。通过对 1993~1997 年历年铜的生产(包括采矿、熔炼和精炼)和使用方面的数据的查对,并未发现异常数据,并且 1994 年也未显示出与 90 年代其他年份的显著不同,因此认为 1994 年的铜循环能够代表 20 世纪 90 年代中期铜循环状况。

研究的空间边界为欧洲大陆,该区域面积 36 亿 km^2,由 47 个国家或者地区组成。由于俄罗斯横跨欧洲和亚洲,在亚洲的部分主要涉及铜的生产环节(即采矿和冶炼环节),而整个俄罗斯都有铜资源的使用,因此俄罗斯的铜循环需要单独分析,不在本研究的地域范围之内。为分析简便,其他欧洲国家被减至对精炼铜的使用占绝大部分的国家而非全部国家。根据 ICSG 的统计数据,欧盟成员国(1995年达到 15 个)占欧洲铜使用量的 90%,占铜生产量的 25%。若再将波兰考虑在内,则这 16 个国家占全欧洲精炼铜使用的 95% 和铜生产的 80%;此外,欧盟在废铜处理数据的统计较全,这一界定能够确保相关数据的可得性。因此,系统的地域边界界定为欧盟成员国加波兰。为了将这一地域与一般意义上的欧洲区分开来,将系统界定为 STAF 欧洲(Stocks and Flows Europe,STAF Europe)。

(二)过程的界定与选择

本研究中的铜循环主要包括四个过程:生产、加工制造、使用和废物处理。各个过程又分成子过程,如图 5-6 所示。本研究不考虑铜循环过程中向生物圈中排放而损失的铜。

铜的生产过程首先是矿石采选,产出精矿(25%Cu)和尾矿;精矿送去熔炼出粗铜(98%Cu)和熔渣;粗铜又进一步被精炼为含铜量高于 99% 的高纯铜。加工制造阶段主要包含铜半成品的加工、铜合金半成品的加工以及最终制品的制造,具体来说就是将精炼铜加工成铜线、铜棒、铜板和铜锭,并进一步制造出较为复杂的中间产品和最终产品,如汽车和电器等。使用阶段包括加工制造出的铜制品被应用于国民经济的各个部门,也包括这些铜制品在社会中的库存。在废物处理阶段，一部分废铜制品被分拣出来进行再生利用，另一部分则进行焚化或送至垃圾填埋场进行填埋处理。

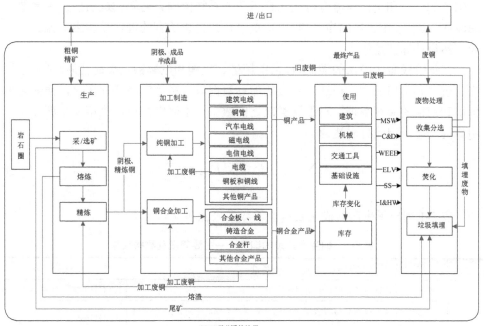

图 5-6　铜与铜合金的生命周期阶段(STAF)

MSW，城市固体废物；C&D，建筑及破坏废物；WEEE，报废电子元器件；ELV，报废交通工具；

SS，污水、污泥；I&HW，工业和有害废物

(三)清单分析

研究所采用数据大多来自统计报告、期刊或者由政府和工业行业协会等发布的公共数据库等，部分由铜生产和制造领域的专家、废物管理方面的研究者提供。

1. 生产阶段

由式(5-1)确定生产阶段每个子过程的质量平衡：

$$F_{Cu} = \sum_i^n F_{production, i(1994)} + \sum_i^n F_{import, i(1994)} - \sum_i^n F_{export, i(1994)} + \sum_i^n S_{i(1993)} - \sum_i^n S_{i(1994)} \quad (5-1)$$

式中，F_{Cu} 表示铜精矿、粗铜或者电解铜形式的铜流；$F_{production, i}$ 表示国家 i 的铜产量(包括铜精矿、粗铜和电解铜)；$F_{import, i}$ 表示国家 i 的进口铜流；$F_{export, i}$ 表示国

家 i 的出口铜流；S 表示铜在某一特定年份的库存量；i 代表国家；n 代表 STAF 欧洲系统内的国家数量。式(5-1)表达的是每个过程中铜流的最一般情形。因为某一国家的进口和出口铜流有可能包括了研究系统内国家之间的进出口，因此要考虑流入/流出系统边界的净进口/出口铜量，即先将所有的进口流和出口流分别相加，然后计算其差值。

在该阶段每一国家的铜流(包括铜精矿、粗铜和电解铜三类铜物质)都包括生产、进口和出口三类。在这一阶段的库存数据只有精炼铜的库存变化，而缺乏铜精矿和粗铜的库存数据。对于这类缺乏的数据，本研究假设在该年度中库存没有明显的变化。因此可表达为

$$F_{Cu} = \sum_{i}^{n} F_{production,i} + \sum_{i}^{n} F_{import} - \sum_{i}^{n} F_{export} \tag{5-2}$$

表 5-1 列出了生产阶段主要铜流的数据来源和计算方法。

表 5-1 铜生产阶段的铜流——主要假设及数据来源

过程	流	假设	资料来源
采选	铜矿石	由铜精矿和尾矿的量根据质量守恒估算	ICSG(1999)
	铜精矿	从文献中获得国家层面的铜精矿生产数据，汇总得到"STAF 欧洲"的数据	ICSG(1999)
		"STAF 欧洲"层面的铜精矿净进口和出口数据由系统内所有国家的总进口和出口数据的差值算得	WBMS(1996)
	尾矿	由采矿和粉碎的经验模型算得	Gordon(2002)提到的模型
熔炼	粗铜	从文献中获得国家层面的粗铜生产数据，汇总得到"STAF 欧洲"的数据	ICSG(1999)
		"STAF 欧洲"层面的粗铜净进口和出口数据由系统内所有国家的总进口和出口数据的差值算得	WBMS(1996)
	矿渣	由熔炼废物的经验模型算得	Gordon(2002)提到的模型
精炼	电解铜(阴极铜)	从文献中获得国家层面的电解铜生产数据，汇总得到"STAF 欧洲"的数据	ICSG(1999)
		"STAF 欧洲"层面的电解铜净进口和出口数据由系统内所有国家的总进口和出口数据的差值算得	WBMS(1996)

2. 加工制造阶段

进入加工制造阶段的铜流包括纯铜半制成品和铜合金半制成品的加工、中间产品和最终产品的制造。纯铜和铜合金的半制成品一般分为带、管、线、棒、条、

板等,但在"STAF 欧洲"的清单分析中仅给出总的纯铜和铜合金半制成品的数量。

纯铜半成品和铜合金半成品进入最终产品的量根据文献中提到的分支比计算而得。表 5-2 列出了西欧各类铜半制成品进入最终铜产品的比例。表 5-3 总结了这一阶段的主要过程、主要铜流和数据来源。

表 5-2 铜在各类最终铜产品中的分布

产品名	材料	分支比(Cu)/%	进入使用的铜流/kt
纯铜产品			
建筑电线	纯铜	13	460
铜管	纯铜	12	420
机动车线	纯铜	3	100
电磁线	纯铜	8	280
通信线	纯铜	7	250
电力电缆	纯铜	7	250
板带	纯铜	9	320
其他铜产品	纯铜	10	350
总量		69	
铜合金产品			
合金板带	合金铜	7	250
铸件	合金铜	6	210
合金铜棒	合金铜	14	490
其他合金产品	合金铜	4	100
总量		31	

贸易数据来自联合国的统计,其中只记录了贸易产品的总量而未对具体产品进行分析统计。针对这一数据缺乏的情况,本研究调研了几类最终产品的贸易情况,即机动车、绝缘线、船艇。每一类产品中的铜含量数据主要来源于行业协会、文献以及估算。表 5-4 列出了这些产品以重量计的净贸易量、各类产品的含铜量以及贸易情况。

表 5-3 加工制造阶段的铜流——方法与数据来源

过程	流	假设	资料来源
铜加工	铜半成品	从文献中获得国家层面的铜半成品和铜合金半成品的生产数据,汇总得到"STAF 欧洲"的数据	ICSG(1999)
	铜合金半成品	"STAF 欧洲"层面的铜半成品和铜合金半成品净进口和出口数据由系统内所有国家的总进口和出口数据的差值算得铜合金的数据以合金总重量统计,本研究假设合金中含铜量为70%	WBMS(1996)
铜和铜合金产品的制造	铜	据 ICSG 的报告,"STAF 欧洲"国家大约产生 1000Gg 的新废铜(加工废铜)	ICSG(1999)
	铜合金	80%新废铜直接再熔化,其余返回二次精炼 70%的新废铜由纯铜产品的制造产生,其余由铜合金产品的制造产生	WBMS(1996) Bertram 等(2002)
纯铜成品的制造	建筑电线	流出产品制造阶段的纯铜量由生产量加进口量,再减掉新废铜的量	Joseph(1999) 国际锌协会(欧洲)
	铜管		
	机动车线		
	电磁线		
	通信线		
	电力电缆		
	板带		
	其他铜产品		
铜合金成品的制造	合金板带	流出产品制造阶段的铜合金量由生产量加进口量,再减掉新废铜的量	Joseph(1999) 国际锌协会(欧洲)
	铸件		
	合金铜棒		
	其他合金产品		

表 5-4 STAF 欧洲铜最终产品贸易情况

产品	贸易量/(kt/a)	含铜量/%	铜流/(kt/a)	贸易方向
交通工具	3100	1~1.5	39	净出口
绝缘线	140	60	81	净进口
金属加工机械	420	14.5	61	净出口
工业机械	2600	2	52	净出口
船(艇)	3800	0.5	19	净出口
电子产品	700	2~4.6	17	净进口
飞机	2	2	<1	净出口
合计(进口-出口)			> −74	

3. 使用阶段

铜以成品的形式离开制造阶段,并应用于社会各个系统。铜的最终产品库主要包括建筑(民用住宅、商业建筑和工业建筑)、工业机械、交通工具和基础设施(如电信、供电系统)。

要确切了解 1994 年铜产品的报废情况，必须了解 STAF 欧洲的铜库存总量、铜产品的停留时间(使用寿命)以及进入社会使用阶段的铜流历史数据。在本研究中，从产品系统中报废的铜量是根据每年进入废物处理阶段的废物流估算的。在欧洲，报废铜产品主要出现在以下七类废物中：城市固废、建筑及破坏废物、报废电子元器件、报废交通工具、污水污泥、工业废物和危废。

同铜和铜合金产品的制造流一样，废物处理阶段的铜流也需要根据不同参数进行计算(如铜产品含铜量，人均铜产品数量，国家的人口数量等)。估算废物处理阶段城市固废中铜含量的公式为

$$F_{Cu,MSW} = 废物产生速率 \ (kt/(人·a))$$

$$\times 含铜浓度(kgCu/kg \ 含 \ Cu \ 废物)$$

$$\times 人口(人) \tag{5-3}$$

进入使用阶段的铜将在社会中停留 12~60 年或更久。从历史数据来看，由于产品报废而进入废物处理阶段的铜流量小于以成品形式进入社会使用阶段的铜流量。因此，每年都会有铜滞留在社会系统内，表现为社会库存量的增加。

$$F_{Cu \ use \ stock, i(1994)} = \sum_{i}^{n} F_{Cu \ manufacture, i(1994)} - \sum_{i}^{n} F_{Cu \ waste, i(1994)} \tag{5-4}$$

式中，$F_{Cu \ manufacture, i(1994)}$ 表示 1994 年国家 i 以新产品进入使用阶段的铜量；$F_{Cu \ waste, i(1994)}$ 表示 1994 年国家 i 进入废物管理阶段的铜量；$F_{Cu \ use \ stock, i(1994)}$ 表示 1994 年停留在国家 i 内的铜库存量。

表 5-5 列出停留在库存中的铜和离开使用阶段的主要铜流，及其数据来源和估算方法。

表 5-5　使用阶段的输出铜流——假设与数据来源

过程	流	假设	资料来源
使用	进入社会库存的铜	新进入社会使用阶段的铜与七大类废物流中的铜的差值	Bertram 等 (2002)
使用	废物流中的铜	国家层面的七类含铜废物的产生量数据来自各个国家的统计；各类废物中铜含量的数据主要来自文献；部分来自估计；废物再生效率的数据主要来自文献，部分来自估计	

4. 废物处理阶段

铜通过上述七类废物流进入废物处理阶段。此外，这一阶段有"STAF 欧洲"以外的国家废杂铜进口。

废物处理阶段的铜流有四种路径：部分被回收，返回熔炼、精炼和黄铜轧制阶段；部分被垃圾填埋，但其中少部分损失进入环境；部分送至焚化炉，焚化后一部分进行垃圾填埋，另一部分释放入环境；部分脱离废物处理系统。

离开废物处理阶段的铜流主要有回收利用流和环境损耗流两类。主要库存即垃圾填埋场。本研究只考虑回收利用铜流和垃圾填埋场的库存，不考虑排向环境的损耗。表 5-6 列出离开废物处理阶段的主要铜流以及主要假设和数据来源。

表 5-6　废物处理阶段的输出铜流——主要假设和数据来源

流	方法	数据来源
废杂铜	国家层面的旧废铜进出口流来自报告的统计，汇总得 STAF 欧洲的数据，旧废铜的产生量数据来自报告	ICSG (1999)
进入垃圾填埋处的铜	假设进入废物处理阶段的铜量与这一阶段流出的旧废铜量的差值为进入垃圾填埋场的量	Bertram 等 (2002)

二、结果与讨论

(一) 各阶段的结果分析

图 5-7~图 5-9 显示了 STAF 欧洲铜循环过程中各个子系统的情况，图 5-10 在此基础上显示了 STAF 欧洲层面的铜循环全景。在 1994 年铜循环中，显著的特点是精炼铜的大量进口，进口速率约 2000kt/a，约为矿产精炼铜的 3 倍。

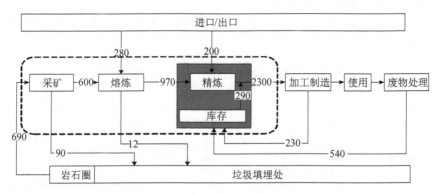

图 5-7　STAF 欧洲 1994 年生产阶段的铜流（单位：kt/a）

精炼铜的输出量为一次生产和二次生产以及库存输出的总量

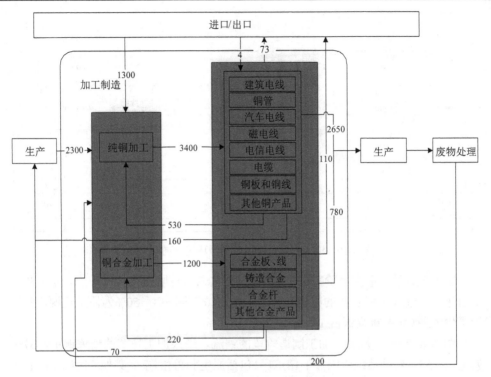

图 5-8　STAF 欧洲 1994 年加工制造阶段的铜流(单位：kt/a)

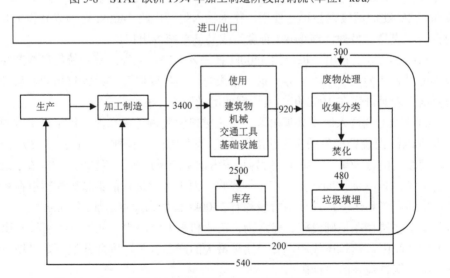

图 5-9　STAF 欧洲 1994 年使用和废物处理阶段的铜流(单位：kt/a)

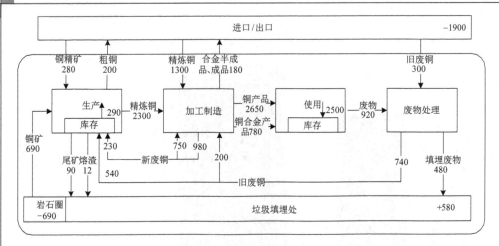

图 5-10　STAF 欧洲 1994 年铜循环图（单位：kt/a）

图 5-7 显示了铜生产阶段的铜流状况。在进入熔炼阶段的铜精矿中，约有 30% 来自进口。进入精炼阶段的粗铜和废杂铜中，10% 为进口，50% 为原生资源，40% 为再生资源（其中新废铜占 12%，旧废铜占 28%）。

图 5-8 展示的是进入加工制造阶段的铜流。进入加工环节的精炼铜中，37% 为进口，55% 来自系统内国家的精炼厂（包括原生和再生铜），其他 8% 为以前年份的库存。在该阶段进口铜流的数量最大。从废杂铜的利用来看，每年约 750kt 新废铜和 200kt 的旧废铜被再生使用，作为输入生产出约 3400kt 铜半成品和 1200kt 的合金半成品。另外，约 110kt 合金半成品从系统内出口。

从图 5-9 可以看出，每年约 3400kt 铜进入 STAF 欧洲经济系统的最终产品，或者可以表达为 8kg/（人·a），这一结果与一项丹麦研究结果大致相同，后者的研究结果表明丹麦在 1992 年的人均铜使用量为 5~8kg。

约 920kt 铜进入废物处理阶段。若将进口旧废铜考虑在内，每年再生铜的产量为 740kt。旧废铜产生的再生铜用于生产阶段和加工阶段的比例为 70:30。而每年填埋废物的含铜量为 480kt，约为系统内铜生产所产生的废物的 5 倍（该结果只考虑了 STAF 欧洲空间边界内产生的废物，而未考虑进口的铜精矿和粗铜在系统外产生的尾矿和熔渣）。在使用阶段约有 2500kt 铜作为库存增加，即 6kg/（人·a），这些铜主要储存在基础设施、建筑物、工业和私人经济中。从表 5-2 可以看出，在纯铜产品中，建筑电线和铜管是比重最大的产品种类，因此建筑物是"城市矿石"中含铜量最高的"铜矿"。

铜在产品中以纯铜或者铜合金的形式存在，这种浓缩的形式使得铜具有较高的再生利用潜能。与锌、镉等其他金属相比，铜的应用较为集中，仅有少量的其他产品种类如颜料等应用较为分散，也正是这种分散的使用造成了环境风险。另外，铜在产品中的应用一般具有较长的滞留时间，因此，在过去几十年内加工制造的铜产品仍有可能存在于社会系统内。

在生产和加工制造阶段的数据并不平衡，每个过程的输入和输出之间都相差大概 8%。这种不一致来自于过程内库存量的较小变化在本研究中没有考虑。作为一种静态分析，本研究并非追踪特定的铜所经历的从矿石到填埋的全过程，而是观察在特定年份每一阶段的铜流情况。因此 1994 年的统计数据可能与其后的十几年的库存和损失情况更加相关。若将时间尺度扩展至几年甚至几十年，这种输入与输出的不平衡会得到消除。

(二)关于数据来源

本研究关于铜流和库存的数据来源多样，有统计资料、估算、经验模型计算等。在铜的不同阶段，数据的精确程度和可信度不一样，而不同国家的数据也存在这种不一致的情况。有些国家在含铜商品的贸易方面记录非常详细(如德国)，而有些国家则统计相对粗略，甚至只给出一个总的进口量和出口量数据。

铜制品的贸易给捕获大部分进入和离开社会经济系统的产品流提出了挑战。有些产品直接送至使用阶段的最终库，如铜管直接用于建筑；也有些产品如电线要经过进一步加工，才能进入电器等最终产品，而电器有可能会有进出口贸易。此外，有些产品如汽车，既含有纯铜制品也含有铜合金制品，这就意味着选取一系列具有较高含铜量和较大贸易量的最终成品具有较大难度。在本研究中，选取的最终产品包括交通工具、绝缘线、电子产品、机械、飞机和船艇。就汽车来说，其铜含量较小(以重量计约为 1.45%)，但贸易量非常大；对绝缘线来说，贸易量很低，但铜含量很高。表 5-4 表明，每年约有 73kt 最终产品从 STAF 欧洲出口，这一数量级远低于铜生产和加工阶段的贸易，因此假设最终产品的贸易对进入 STAF 欧洲的社会使用量的影响可以忽略。

从本研究的研究目的出发，可以认为所采用的数据具有较高的可信度。当然，为了使 STAF 欧洲铜循环的结果更加有效，进行偶然误差的估计是必要的。

三、结论

欧洲铜循环的研究结果表明建立洲际层面的相对精确的周期为一年的循环是可行的。行业协会和政府统计单位的数据库对于分析铜循环过程中的某些环节是足够的，如生产阶段和半成品的加工阶段，但产品制造和废物处理阶段数据的可获得性和可信度有待于提高，也就是说，在最终成品的组成比例、其进出口贸易和废物处理阶段需要更多的信息。对库存量的确定需要对多年情况进行分析，有待于进一步的研究。本研究确认了基础设施和家庭使用是最大的增长库存，未来研究应关注如何管理和控制这些库存，使其成为可能的再生资源库，为此，需要更多关于库存的组成和空间分布的信息。另一个需要进一步研究的领域是评估整体铜循环中的分散性损失，这一研究在国家层面已经开展，为资源管理和环境影响提供依据。

资源政策需要更细致的物质流研究，因为政策往往是针对特定流的。如对欧洲铜循环的管理方面，再生利用率可以进一步提高，因为废物中40%的铜都进入垃圾填埋场，而未来废物产生率将会增加。如何从废物库中提高金属的回收率在未来将十分重要。

专栏 5-2　丹麦环保署的 SFA 实践

丹麦从20世纪70年代就开始SFA研究。这些研究由丹麦环保署开展，先期主要是针对一些有害重金属如汞、镉、铅、铬、砷等，后来又增加了危险化合物如PCB、PCT、氯酚、CFC等。实际上丹麦环保署是将SFA作为环境保护工作的重要工具，如作为识别释放到环境中的有害物质的重要源头的一种标准工具。就所有对人体和环境有害或可能有害的物质进行SFA研究也是丹麦环保署的一个例行程序，其研究结果常用来作为采取风险降低措施的基础资料。

此外，SFA也逐渐被应用于不可再生矿产资源的研究上，如1997年针对铝作的SFA研究。在这类研究中，SFA的目标是识别金属在哪一种应用中最后作为填埋垃圾的量最大，哪一种应用在环境中的损耗最大，等等。

丹麦"国家层面有害物质SFA研究"标准报告大纲（以X物质为例）

主要标题

1. 导言
2. 概要和结论
3. X物质在丹麦的使用（原材料和半成品；指定用途；天然污染物的用途）
4. X废品的运输（再生利用；固废的运输；化学废品的运输；废水和污泥）
5. 评估（X物质在丹麦的应用和消费；国内X物质向环境的释放；国内X物质的总体平衡结算）

参考文献

附录

第六节　常 用 软 件

在 SFA 研究中，一些软件工具的应用将有助于进行数据的组织和分析、对不确定性进行处理、进行情景分析以及对系统进行图形展现等。目前常用的软件主要包括：MS Excel、SFINX、Dynflow、STAN 、GaBi、Umberto 等。

一般的簿记核算由常用的 MS Excel 便可进行。

（Substance Flows modelled by InterNodal Exchange，SFINX）和 Dynflow 是由莱顿大学环境科学中心开发的 SFA 研究工具。前者可进行簿记和静态分析，后者基于 Matlab-Simulink，可以进行静态和动态 SFA 模拟与分析。STAN（subSTance flow ANalysis）是最近出现的支持 SFA 研究的软件，它主要依据奥地利标准 ÖNORM S 2096（MFA 废物管理应用），数据存在不确定性。该软件的开发由奥地利农业、森林、水利与环境署，九个州，最大的钢铁制造集团 Voestalpine 联合资助，目前可在网站（www.iwa.tuwien.ac.at）下载使用。

GaBi、Umberto 是针对物质流分析和生命周期评价等的专业应用软件。前者由德国斯图加特大学 IKP 发展，后者是德国汉堡公司环境信息学研究所开发出来的软件系统。这些软件以功能强大的数据库为基础，通过构建物流网络模型的方式对能源和材料流动过程中的数据信息进行分析和管理。

参 考 文 献

陆钟武，岳强. 2006.物质流分析的两种方法及应用. 有色金属再生与利用, 2: 27,28

王寿兵, 吴峰, 刘晶茹. 2006.产业生态学. 北京:中国化学工业出版社

张玲, 袁增伟, 毕军. 2009. 物质流分析方法(SFA)及其研究进展. 生态学报, 29(11): 6189~6198

Baccini P, Brunner P H. 1991. Metabolism of the Anthroposphere. Berlin: Springer-Verlag

Bain H F. 1932.The rise of scrap metals, *In*: Tryon F G, Eckel E C.Mineral Economics. Lectures under the auspices of the Brookings Institution. New York: McGraw-Hill. 331

Bertram M, Rechberger H, Spatari S. et al. 2002. The contemporary European copper cycle: waste management subsystem. Ecological Economy, 42, 43~57

Brunner P H , Rechberger H. 2004.Practical Handbook of Material Flow Analysis. Lewis Publishers

Gordon R B. 2002. Production residues in copper technological cycles. Resources, Conservation and Recycling, 36 (2): 87~106

Ingalls W R. 1935. The Economics of Old Metals Especially Copper, Lead, Zinc, and Tin. Mining and Metallurgical Society of America. New York: Columbia University Club International Copper

Study Group (ICSG). Copper Bulletin, 1999, 6(11), Lisbon, Portugal

Joseph G. 1999. Copper: Its Trade, Manufacture, Use, and Environmental Status. ASM International, Materials Park, Ohio

Spatari S, Bertram M, Fuse K et al. 2002.The contemporary European copper cycle: 1 year stocks and flows. Ecological Economics, 42(1~2): 27~42

Udo de Haes H, van der Voet E, Kleijn R. 1997. Substance Flow Analysis (SFA): An Analytical Tool for Integrated Chain Management. *In*: Bringezu S, Moll S, Fischer-Kowalski M et al., eds. Regional and national material flow accounting: From paradigm to practice of sustainability. Proceedings of the 1st ConAccount Workshop. Leiden, Netherlands; Wuppertal: Wuppertal Institute

World Bureau of Metal Statistics (WBMS). 1996. Metal Statistics. Ware, England: World Bureau of Metal Statistics

第六章　生命周期评价

产业系统创造的产品和服务用于满足社会需要，而每个产品或服务都有一个生命，从产品的设计开发、资源消耗、生产制造、使用消费到最终生命结束等活动。所有这些活动或过程由于资源的消耗、对环境的释放和其中的环境交换而产生环境影响。这些环境影响包括：气候变化、臭氧层破坏、富营养化、酸化、资源耗竭、水利用、土地利用和噪声污染等，对环境和人类健康造成危害。随着可持续发展思想向产业系统地不断渗透，需要借助方法和工具来加以量化并比较这些产品和服务的环境影响，以便寻求机会采取对策减轻这些影响。生命周期评价是国际上普遍认同的为达到上述目的的方法。它是一种用于评估或评价产品或服务生命周期过程中产生的环境影响的工具，一种全新的并适应可持续发展战略要求的环境管理模式，也成为产业生态学的主要理论基础和分析方法。

本章第一节主要是对生命周期评价的概述；接下来在生命周期评价的技术框架一节介绍了生命周期评价的四个部分：目标和范围界定，清单分析，影响评价和结果解释；第三节主要介绍了一种简化的生命周期评价方法；第四节又介绍了生命周期评价的四个软件；最后一节以案例较详细地介绍了生命周期评价的应用。

第一节　生命周期评价的定义和发展

一、生命周期评价的定义

所谓产品生命周期是指产品"从摇篮到坟墓"的整个生命周期各阶段的总和，包括产品从自然界中获得最初资源、能源，经过开采、冶炼、加工、再加工等生产过程形成最终产品，又经过产品储存、批发、使用等过程，直至产品报废或处置，从而构成了一个物质转化的生命周期。由于资源消耗和环境污染物的排放在每个阶段都可能发生，因此考察产品的环境性能也应贯穿于产品生命周期的各个阶段。生命周期评价(life cycle assessment, LCA)是对产品、工艺或活动从"摇篮到坟墓"即从资源开采到最终处理的整个生命周期环境影响的一种评价方法(Azapagic, 1999)。

目前，有许多对生命周期评价的通俗定义，其中以国际环境毒理学和化学学会(Society of Environmental Toxicology and Chemistry, SETAC)和国际标准化组织(International Organization for Standadization, ISO)的定义最具有权威性。SETAC对生命周期评价的定义为："生命周期评价是一个评价与产品、工艺或活动相关的环境负荷的过程，它通过识别和量化能源与材料使用和环境排放，评价这些能源与材料使用和环境排放的影响，并评估和实施影响环境改善的机会。该评价涉及产品、工艺或活动的整个生命周期，包括原材料提取和加工，生产、运输和分配，使用、再使用和维护，再循环以及最终处置"，并将生命周期评价的基本结构归纳为四个有机联系的部分：定义目标与确定范围(goal definition and scoping)、清单分析(inventory analysis)、影响评价(impact assessment)和改善评价(improvement assessment)(图 6-1)。

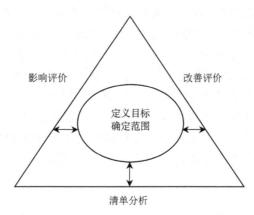

图 6-1　生命周期评价技术框架(SETAC，1993)

SETAC 所规定的生命周期评价方法较环境影响评价(environmental impact assessment, EIA)或环境审计(environmental audit, EA)等其他环境评价方法的优势主要在于扩展了系统边界，从而包括了产品或工艺的所有负荷和影响，而不只是局限于考虑产品或工艺的产品输出和废物排放。ISO 认为生命周期评价是对一个产品系统的生命周期中输入、输出及其潜在环境影响的汇编和评价，这里的产品系统是指具有特定功能的、与物质和能量相关的操作过程单元的集合，在 LCA 标准中，"产品"既可以指一般制造业的产品系统，也可以指服务业提供的服务系统；寿命周期是指产品系统中连续的和相互联系的阶段，它从原材料的获得或者自然资源的产生一直到最终产品的废弃为止。在 ISO 14040 标准中把生命周期评价实施步骤分为目标和范围定义(goal and scope definition)(ISO 14040)、清单分析(inventory analysis)(ISO 14041)、影响评价(impact assessment)(ISO 14042)和结果解释（interpretation）（ISO 14043）四个部分（图 6-2）。

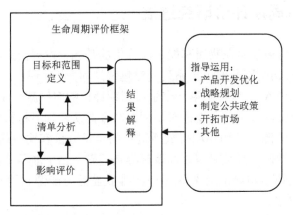

图 6-2　生命周期评价技术框架（ISO 14040，1997）

如上所述，ISO 所规定的生命周期评价的技术框架和 SETAC 相似，也有一定的差异，但两者并无本质的不同。ISO（1997）的技术框架也是在 SETAC 基础上提出来的，唯一区别就是改掉了第四部分。因为"解释"是一个系统过程，目的是对清单分析和影响结果进行综合，减少其中的数据量，为决策过程提供更有用的报告形式。生命周期评价阶段的关系如图 6-3 所示。

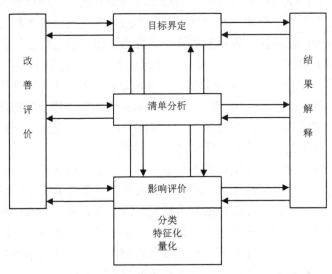

图 6-3　生命周期评价各阶段的联系

二、生命周期评价研究进展

生命周期评价最初是在物质和能量流分析的基础上发展而来的。20 世纪 60 年代末至 70 年代初美国开展了一系列针对包装品的分析、评价，当时称为资源与环境状况分析（REPA）。世界上第一个生命周期评价的案例就是 1969 年美国中西部资源研究所受可口可乐公司委托对不同饮料容器从最初原材料采掘到最终废弃物处理全过程的资源消耗和环境排放所进行的定量分析和比较研究。1970~1974年，整个 REPA 的研究焦点是包装品及废弃物问题。由于能源分析方法在当时已比较成熟，而且很多与产品有关的污染物排放显然与能源利用有关，所以大多采用能源分析方法。

20 世纪 70 年代中期，政府开始积极支持并参与生命周期评价的研究。1975年，美国国家环保局开始放弃对单个产品的分析评价，继而转向如何制定能源保护和固体废弃物减量目标。进入 80 年代，方法论研究兴起，但由于 REPA 工作未能取得很好的研究结果，研究人员与企业几乎放弃了这方面的研究，1980~1988年，美国每年只有不到 10 项的此类研究。尽管工业界的兴趣逐渐下降，但在学术界，一些关于 REPA 的方法论研究仍在缓慢进行。1984 年，受 REPA 方法的启发，"瑞士联邦材料测试与研究实验室"为瑞士环境部开展了一项有关包装材料的研究。该研究首次采用了健康标准评估系统，即后来发展的临界体积方法，并引起了国际学术界的广泛关注，为后来的许多研究所采用。该实验室据此理论建立了一个详细的清单数据库，包括一些重要工业部门的生产工艺数据和能源利用数据。1991 年该实验室又开发了一个商业化的计算机软件，为后来的生命周期评价发展奠定了重要的基础。直到 1988 年，由于"垃圾船"倾倒废物问题的出现，固体废弃物问题又一次成为公众瞩目的焦点，大量的 REPA 研究又重新开始。生命周期的清查分析又成为当时环境问题研究的一个重要工具。

随着区域性与全球性环境问题的日益严重，全球环境保护意识的加强，可持续发展思想的普及以及可持续性行动计划的兴起，大量的 REPA 研究重新开始，公众和社会也开始日益关注这种研究的结果。1989 年，荷兰国家住房、空间规划和环境部（VROM）针对传统的"末端控制"环境政策，首次提出了制定面向产品的环境政策。该政策提出要对产品整个生命周期内的所有环境影响进行评价，同时也提出要对生命周期评价的基本方法和数据进行标准化。

1990 年，首届 SETAC 会议在美国佛蒙特州召开，与会者就生命周期评价的概念和理论框架取得了广泛的一致，并最终确定使用生命周期评估（life cycle assessment，LCA）这个术语，从而统一了国际 LCA 研究，其作用就是介绍生命周期评估的概念。在随后一系列的 LCA 研讨会中，SETAC 讨论了 LCA 的理论框架和具体内容，并在 1993 年 8 月发布了第一个 LCA 的指导性文件——《LCA 指南：操作规则》。这个文件给出了 LCA 方法的定义和理论框架以及具体的实施细则和建议，描述了 LCA 的应用前景，并总结了当时 LCA 的研究状况。国际标准化组织(ISO)在 1992 年成立了环境战略顾问组 SAGE，专门研究制定一种环境管理标准的可能性。1993 年 6 月，(ISO)成立了"环境管理"技术委员会——TC207，正式开展环境管理方面的国际标准化工作，其指定的国际标准称为《环境管理系列国际标准》，即 ISO 14000 系列标准。紧接着 ISO 对生命周期评价的原则与框架开展了类似研究。1993 年，ISO 开始起草 ISO 14000 国际标准，正式将生命周期评价纳入该体系，并于 1997 年颁布了 ISO 14040 标准(环境管理-生命周期评价-原则与框架)，相应的 ISO 14041(目的与范围确定清单分析)、ISO 14042(影响评价)ISO 14043(影响说明解释)标准也随之颁布。2006 年，ISO 正式颁布了 ISO 14040 和 ISO 14044。尽管 SETAC 和 ISO 的工作彼此独立，两者之间研究还存在一点区别，但两者对生命周期评价方法框架的主要研究基本相同(Azapagic，1999)。

　　中国等同采用上述国际标准，相继发布生命周期评价的四个国家标准：《环境管理-生命周期评价-原则与框架》(GB/T 24040—1999)、国家质量技术监督局《环境管理-生命周期评价-目的与范围的确定和清单分析》(GB/T 24041—2000)、《环境管理-生命周期评价-生命周期影响评价》(GB/T 24042—2002)(国家标准化管理委员会)、《环境管理-生命周期评价-生命周期解释》(GB/T 24043—2002)(国家质量监督检验检疫总局)。2008 年，国家质量监督检验检疫总局、国家标准化管理委员会颁布《环境管理-生命周期评价-原则与框架》(GB/T 24040—2008)、《环境管理-生命周期评价-要求与指南》(GB/T 24044—2008)，并予以实施。

　　ISO 对 LCA 方法的标准化有利于 LCA 方法的统一和实施，促进了 LCA 的进一步发展。并且，由于 ISO 的国际影响以及 LCA 方法在 ISO 14000 系列标准中所占的重要地位，经过标准化的 LCA 方法必将成为最重要的评价产品环境表现的方法。事实上，由于 ISO 组织的有众多相关学术组织、政府机构、企业和环境组织参与的 LCA 研究已经成为国际上 LCA 研究的主流。生命周期评价是 ISO 环境管理系列标准中产品评价的核心，是确定生态标志和产品环境标准的基础，其地位如图 6-4 所示。尽管生命周期评价研究取得了很大进展，然而目前的生命周期评价还不十分成熟，仍然有很多问题值得研究，如还没有比较完善的生命周期影响评价方法。

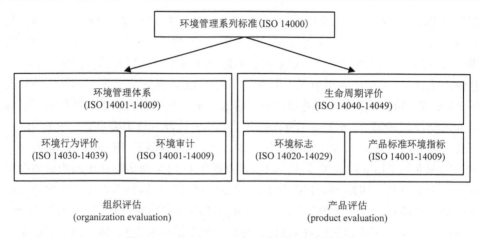

图 6-4　LCA 在 ISO 14000 系列标准中的地位

三、生命周期评价的主要特点

与传统的环境影响评价的生命周期评价相比，本书所指的生命周期主要有以下几个特点。

(一)生命周期评价以产品为核心，面向的是产品系统

产品系统是指与产品生产、使用和用后处理相关的全过程，包括原材料采掘、原材料生产、产品制造、产品使用和产品用后处理。从产品系统角度看，以往的环境管理焦点常常局限于"产品生产"和"废物处理"过程，忽视了"原材料生产"和"产品使用"阶段。一些综合性的环境影响评价结果表明，重大的环境压力往往与产品的使用阶段有密切关系。仅仅控制某种生产过程中的排放物，已很难减少产品所带来的实际环境影响，从"末端"治理与过程控制转向以产品为核心、评价整个产品系统总的环境影响的全过程管理是可持续发展的必然要求。

(二)生命周期评价是对产品或服务"从摇篮到坟墓"的全过程评价

生命周期评价对整个产品系统从原材料的采集、加工、生产、包装运输、消费、回收到最终处理生命周期有关的环境负荷进行分析的过程，可以从以上每一个环节来找到环境影响的来源和解决方法，从而综合性地考虑资源的使用和排放物的回收、控制。例如，采用某个新的生产工艺，能够降低某种环境影响类别的排放物，但是可能会增加其他环境影响。因此，有别于传统污染治理考虑的范围

过于狭窄的局限性，生命周期评价方法考虑的是工艺选择中产品的整个生命周期。

(三)生命周期评价是一种系统性、定量化的评价体系

生命周期评价以系统的思维方式去研究产品或行为在整个生命周期中每一个阶段的所有资源消耗、废弃物产生情况以及对环境的影响，定量评价这些能量和物质的使用以及所释放废物对环境的影响，来辨识和评价改善环境影响的成效。因此对于产品系统，所有系统内外的物质、能量流也都必须以量化的方式表达。

(四)生命周期评价是一种充分重视环境影响的评价方法

生命周期评价注重研究系统或服务对自然资源的影响、对非生命生态系统的影响、对人类健康和生态毒性影响领域内的环境影响，从独立的、分散的清单数据中找出有明确针对性的环境关联，通过这些方面的研究可以帮助我们找到解决产品系统或服务对环境影响的关键。

(五)生命周期评价是一种开放性评价体系

生命周期评价体现的是先进的环境管理思想，任何先进的方法和技术都可以被利用。同时，生命周期评价涉及化学、物理学、数学、毒理学、统计学、经济学、生态学、环境学等理论和知识，应用分析技术、测试技术、信息技术、工程技术、工艺技术等，适应清洁生产、可持续发展的需要，因此，这样的一个开放系统，其方法论也是持续改进、不断进步的。

生命周期评价可以说对我们的经济社会运行、可持续发展战略、环境管理系统带来了新的要求和内容。归纳起来，生命周期评价的主要意义有以下几个方面：①对产品生命周期评价的研究，有利于提高环保的质量和效率，提高人类生活品质。②通过对产品生命周期评价的研究，可以加强与现有其他环境管理手段的配合，以更好地服务于环保事业。③借助于生命周期评价可以比较不同地区同一环境行为的影响，为政府和环境管理部门进行环境立法、制定环境标准和产品生态标志提供理论支持。④生命周期评价克服了传统环境评价片面性、局部化的弊病，有助于企业在产品开发、技术改造中选择更加有利于环境的最佳"绿色工艺"，使企业有步骤、有计划地实施清洁生产。⑤生命周期评价可以为授予"绿色"标签(即产品的环境标志)提供量化依据，并对市场行销进行引导，指导"绿色营销"和"绿色消费"。⑥应用生命周期评价有助于企业实施生态效益计划，促进企业的可持续增长，帮助企业实现生产、环保和经济效益三赢的局面。

四、生命周期评价的应用

生命周期评价有两个主要目的:一个目的是量化并评价某种产品或工艺的环境影响,从而帮助决策者选择方案;另一个目的是为评价系统的潜在环境影响提供依据,这个目的对于工程人员及环境管理者至关重要,因为它可以为之提供修改及设计系统的建议,从而减少系统的综合环境影响。作为一种环境管理工具,生命周期评价不仅对当前的环境冲突进行有效的定量化地分析、评价,而且对产品及其"从摇篮到坟墓"的全过程所涉及的环境问题进行评价,因而是"面向产品环境管理"的重要支持工具,当前国际社会各个层次都十分关注生命周期评价方法的发展和应用。

生命周期评价的主要应用领域有工业企业部门和政府环境管理部门。在企业层次上,以一些国际著名的跨国企业为龙头,一方面开展生命周期方法论的研究,另一方面积极开展各种产品尤其是高、新技术产品的生命周期评价工作。如识别对环境影响最大的工艺过程和产品系统;以环境影响最小化为目标,分析比较某一产品系统内的不同方案;新产品开发(生态设计)或再循环工艺设计;评估产品的资源效益;帮助设计人员尽可能采用有利于环境的产品和原材料。表 6-1 列出了国际上一些著名企业开展的生命周期评价工作情况(杨建新,王如松,1998)。

表 6-1 生命周期评价在工业企业中的应用

企业名称	计划实施地	主要研究内容
惠普公司	美国	有关打印机和微机的能源效率和废弃物研究
美国电报电话公司	美国	生命周期评价方法论研究,商业电话生命周期评价示范研究
国际商业机器公司	美国	磁盘驱动器生命周期评价示范研究,微机报废及能源效率
数字设备公司	美国	生命周期评价方法论研究,电子数字设备部件的生命周期评价
施乐公司	美国	产品部件报废研究
德国西门子公司	德国	各种产品生命周期结束后有关问题研究
奔驰汽车公司	德国	生命周期评价方法论研究,空气清洁器生命周期评价示范研究
Loewe-opta 公司	德国	彩色电视机生命周期评价
飞利浦有限公司	荷兰	广泛开展了各种产品的生命周期评价
菲亚特集团	意大利	汽车发动机生命周期评价示范研究
ABB 集团	瑞典	大规模的环境管理系统研究
爱立信公司	瑞典	无线电系统生命周期评价示范研究

续表

企业名称	计划实施地	主要研究内容
沃尔沃汽车公司	瑞典	生命周期评价方法论
Bang & Olufeen 公司	丹麦	生命周期评价方法论,机电设备、电冰箱、彩色电视机、高压清洗器等产品的生命周期评价

生命周期评价在政府管理部门中的应用主要体现在政府环境管理部门和国际组织制定的公共政策中:环境管理部门可借助于生命周期评价进行环境立法和制定环境标准以及产品环境标志,如对制定环境产品标准、实施生态标志计划的决策支持;优化政府的能源、运输和废水处理规划方案;评估各种资源利用与废弃物管理的效益;向公众提供有关产品和原材料的资源信息;评估和区别普通产品与生态标志产品。生命周期评价在政府公共管理部门的应用举例见表6-2(王寿兵等,2006)。

表6-2 生命周期评价在公共管理部门中的应用

实施地	实施计划
加拿大	《国家包装条约(草案)》中有包装减量目标和日期要求"环境选择"生态标志
丹麦	禁止在国内生产不可再装的瓶子和铝罐 对废物填埋和焚烧收费以促进其循环利用,支持清洁技术"清洁技术"行动计划
德国	1991年通过的《包装废物法》要求制造商负责收集并循环利用包装,并且对各类包装所需达到的循环利用水平有时间限制 政府为汽车、电子产品和其他耐用消费品起草了《制造商回收与循环利用法》 对塑料饮料盒(奶制品除外)实行"押金-返还"制度 "蓝色天使"生态标志
日本	1991年通过的《循环利用法》,设立的目标是到20世纪90年代中期绝大多数物质循环率要达到60% "生态标签"
荷兰	"国家环境政策规划"为清洁技术的实施(包括产品再设计)设定了国家目标和时间表
挪威	对不可回收的饮料盒征税,对旧汽车车身实施"押金-返还"制度
瑞典	原则上禁止镉的使用,玻璃和铝质饮料瓶自愿的"押金-返还"制度

五、生命周期评价的缺陷

生命周期评价技术的发展已有30多年的历史,但由于其研究对象的复杂性及目的的多样性,生命周期评价技术尚处在发展完善阶段。目前有待改进的主要问题是:生命周期评价中所做的选择和假定,在本质上可能是主观的,如系统边界的设置、数据收集渠道和影响类型的选择等;用于清单分析或评价环境影响的模型是有局限性的,因为它们的假定条件可能对所有潜在影响或运用是不可行的;

生命周期评价研究的结果是针对全球和区域的，可能不适用于地方；数据完整性和精度有限：生命周期评价需要大量的数据，一个完整的生命周期评价约需数十万个数据，这就不可避免地产生数据资料可得性的问题，研究人员必须经常依据典型的生产工艺、全国平均水平、工程估算或专业判断来获取数据，不可避免地造成数据不准确、误差或偏差，以致得出错误的结论；研究的内容仅注重于资源和能源的消耗、废物管理、健康影响和生态影响方面，基本上不考虑"成本"这一战略性目标，因此不够全面；完成费用较高，国外做一种产品的生命周期评价成本在 15 000~300 000 美元之间；时间花费长，在国外完成一个生命周期评价一般要 6~18 个月，尤其对如电子、计算机等更新换代快的产品做生命周期评价是不切实际的。

John Reap 等提出了生命周期评价存在的 15 个问题，并对每个问题的严重程度以及解决程度给予了相应的分值，分别以 1，2，3，4，5 表示。对于问题的严重程度，最小数值 1 表示问题最不严重，最大数值 5 表示问题最严重；对于问题的解决程度，最小数值 1 表示问题最好解决，最大数值 5 表示问题最难解决，如表 6-3 所示。

表 6-3　生命周期评价问题的严重性及可解决性程度评分

生命周期评价存在的问题	严重性	可解决性
功能单位确定	4	3
边界界定	4	3
社会和经济影响	3	4
方案选择	1	5
分配	5	3
容易忽略的参考标准	3	3
当地技术特性	2	2
影响类型选择	3	3
空间维度	5	3
当地环境的特性	5	3
环境的可变性	3	4
时间界限	2	3
权重和价值	4	2
决策中的不确定性	3	3
数据可获得性及质量	5	3

根本上，LCA 技术框架中试图将环境影响量化，但环境影响是否可以被客观的量化，是否总是能够被量化为一个绝对的指数，还有待商榷，所以不能将 LCA 当做是一种测量产品环境影响的"标尺"，过分强调和依赖 LCA 得出的量化的环境指数，而应该把 LCA 当做是一种提供环境决策信息的工具。总之，生命周期评价仍然十分年轻，随着不断地积累经验，会对更多的产品、工艺和材料进行分析。不同工业部门的产品均有不同的特性、维护条件、生命期，对环境的影响也不同。一方面生命周期评价会变得越来越复杂，另一方面会变得越来越重要。生命周期评价已成为评价产品、系统以及人类活动的环境负荷和影响的公认工具，它是 21 世纪最有生命力和发展前途的环境管理工具。

第二节　生命周期评价技术框架

按照 ISO 14040 标准，把生命周期评价技术框架分为目标和范围定义、清单分析、影响评价和结果解释四个部分。生命周期评价的基础是工程中的热力学和系统分析核心理论，因此，在任何分析中，第一步都是要根据研究目的来确定系统边界，在生命周期评价中即目标和范围定义阶段。随之环境以热力学理念被解释为围绕系统的外界，为此通过筛选的环境就被确定下来。图 6-5 显示了环境系统分析的主要问题。系统以利益相关者而存在，因为系统生产产品和服务，而这些产品和服务就是系统的输出，输出产品和服务就需要能源和材料。在生命周期评价中，系统边界被描述为"从摇篮到坟墓"，包括一个产品或生产过程的所有环境负荷和环境影响，因此，系统的输入部分就应是最初的资源。

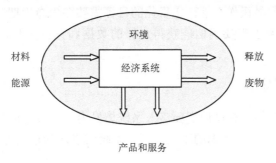

图 6-5　环境系统分析(Azapagic，1999)

一、目标和范围界定

生命周期评价的第一步是确定研究目的与界定研究范围，它通过系统边界和功能单位来描述产品系统，这是其后的评估过程所依赖的出发点和立足点。目的与范围的确定是整个生命周期评价最重要的一个环节，它直接影响到整个评价工作程序和最终的研究结论的准确度，甚至会导致结论的错误。目的和范围的确定在生命周期评价中被明确定义为一个过程，它重点考虑以下几个方面的问题：目的、范围、功能单元、系统边界、数据质量和关键复核过程，它们将影响研究的方向和深度。

(一)目的确定

定义目的必须说明开展此项生命周期评价的目的和范围以及研究结果的可能应用领域，它需要尽可能精确地确定目的和范围，具体包括原材料的选择、采用的流程以及产品的考虑。在不同的条件下，评价的目的也不一样。例如，在设计阶段，评价的目的是将两种可供选择的设计方案进行比较；在产品制生产过程，目的即在此操作条件下对环境的最小破坏和最小影响。然而，通常情况下评价的目的不能仅仅局限于评价单个的产品或流程，往往是评价产品或流程所在的系统，那么研究的目的就可能是可供选择的方法，而非可供选择的系统。另外，从生命周期评价的观点来看，一个逻辑实体构成的系统可以有不止一个实施者，因此需要通过合作来确定生命周期评价的目的。如果目标能被量化成如"总体环境影响减少 20%"会更容易操作。然而定量化的目标需要在生命周期评价的各个阶段均开展定量分析，所以需要确信能获得足够的数据和评价工具，才使用定量化的目标。

(二)边界界定

产品生命周期的所有过程都要落入系统边界内，边界外成为系统环境。边界的确定决定了 LCA 中要考虑的工艺过程、系统的输入和输出等。

1. 生命周期阶段

根据本章第一节生命周期定义可以将一个完整的生命周期用图 6-6 表示，包括原材料获取、产品生产、产品包装运输、产品使用、废物回收和处置阶段。

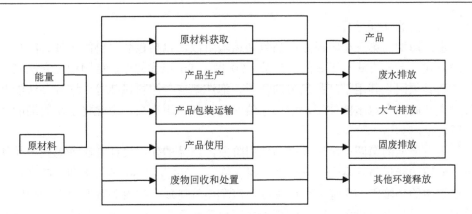

图 6-6　产品生命周期

例如，一个椅子的生命周期可用图 6-7 表示。

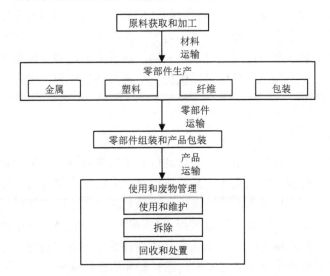

图 6-7　椅子的生命周期(Gamage 等，2008)

　　生命周期的第一个阶段是原材料获取阶段，也是生产前阶段，这个阶段不受生产商直接控制，因此很难解决其环境影响问题。然而，由于生产制造公司与其供应商开展原材料选择、包装等方面的合作，这些都会影响到之后生产过程中对环境的影响，因此应将此阶段纳入分析范围之内。

　　生命周期的第二个阶段是产品生产阶段，包括了原材料的选择、产品功能与外观的决定、生产技术的选择、组装与拆解的方式等。早期对工业环境影响的评估都仅局限在这个阶段，也称"门到门的分析"，就是对原材料运入厂门开始到产品运出厂门的过程进行分析。

生命周期的第三个阶段是产品包装运输阶段，包括包装材料的选择、产品包装的样式、运输方式与工具的决定等。20 世纪 90 年代初期，德国通过立法要求制造商必须回收其用于产品包装的盒子、泡沫垫层、塑料包装等。这种办法能够鼓励生产商减少包装的使用，增加包装的再循环使用次数，由此将生命周期的环境评价推广到这一阶段。

生命周期的第四个阶段是产品使用阶段，产品的使用设计者应考虑到产品使用中能源的能耗与其寿命、安全性、耐久性等。20 世纪 80 年代末期，产品在使用过程中的环境影响引起人们的关注。汽车尾气排放开始得到普遍控制，一些有关家用电器和办公设备能耗的法规和指南也应运而生，于是生产商受到鼓励开始考虑在此阶段的环境影响。

生命周期的第五个阶段是产品回收和处置阶段，包括了产品的回收与再利用、回收后产品的拆解、无法再利用的材料的处理等。一些欧洲国家开始重设一些法律和协议，即要求生产商回收消费者不再需要的产品。一些生产商发现将回收来的废旧产品进行翻新和再使用是可以获利的。这种发展趋势反过来又促进在产品设计和原材料选择上倾向于采用可以优化产品再循环的选择，于是这一阶段也被纳入生命周期评价。

2. 边界界定程度

生命周期评价过程中，范围占主要地位。那么生命周期评价的边界应该具体到什么程度，评价者往往需要决定是否应该对产品的微量组分进行分析，以确定其环境影响。然而现代技术产品动辄由上百种材料和数千个零部件组成，对其作分析判断并非易事。有时我们可以采用"5%规则"，即如果某种原材料或者零部件的质量低于产品总质量的 5%，那么生命周期评价就可以忽略这种原材料或者零部件，但任何可能产生严重环境影响的原材料和零部件除外。

如果只局限于某个生命阶段或对局部造成影响，生命周期评价的制定将更有意义。当然，如果一些重要因素被忽略了，评价结果就是片面的，不能对现实情况有客观地说明。尽管如此，有些评价者经常为了提高易处理性而选择限定生命周期评价的范围，他们的观念是意义重大的利益经常来自于限定的生命周期评价。事实上，并不能确定更多的实质性利益将随着广泛的生命周期而出现，广泛范围的生命周期评价，它的成功实现是不确定的，甚至也许是一点也确定不了。

3. 时空边界

环境问题的一个特点就是其影响能够发生在不同的地域范围内和时间跨度上,同时生命周期的评价原则上应当包括从环境获取原材料进行产品生产开始到产品最终分解返回到环境中去这样一个完整的周期。例如废弃物分解填埋后经过几年时间,由于微生物的分解等还会产生各种污染物,因此,如果把生命周期评价的时间规划得过长也会产生意想不到的结果。但是,如果把时间规划得过长,有可能会得出产品越耐用越会对环境不利的可笑结论。再比如,大颗粒粉尘排放只对当地环境产生影响,氮氧化物排放导致在数百平方千米的区域内出现酸雨,二氧化碳排放则影响到整个地球的能量平衡。同样,导致光化学烟雾的排放仅有一两天的影响,而生态系统的破坏会持续几十年,全球气候变化的影响则长达几个世纪。生命周期评价既适用于短时间和小范围,也可用在长时间和大范围,或者介于两者之间。目前生命周期评价时空边界的划定也是一个难以统一的问题,不同的时空边界的选取应取决于生命周期评价的分析范围。

4. 边界选择

生命周期评价的边界选择对评价的周期、费用、结果、意义和研究难易程度等方面都会产生巨大的影响,因此边界选择最好尽量与生命周期评价的目的相一致。例如,一个针对便携式收音机的生命周期评价就无须把能源开发的环境影响纳入其评价范围,这不仅因为便携式收音机体积很小,而且能耗也十分有限。然而在国家层面上对某种特定材料流的研究则必须有更加综合的研究目的和更加广阔的研究边界。因此,生命周期评价的目的在很大程度上决定了其研究范围及清单分析和影响评价的深度、广度。

5. 功能单位确定

目的和范围界定中还要界定系统功能,用功能单位表示。功能单位表示系统的功能度量,它是比较和分析可供选择的产品或服务的重要依据。例如,包装袋的功能是存储一定量的液体,如果不同的包装相互比较,那么就应以功能加以筛选。于是,在此例中功能单位可以被定义为在特定的环境和特定的一段时间中,盛放一定量的液体所需要的包装袋空间。然而功能单位通常并非一定量的物质。通过功能单位,实施者可以进行比较。例如,在包装的选择类型中,它的功能单位可以界定为 $1m^3$ 包装,或者界定为所提供的该产品运输。包装材料所需数量根据所选择的包装材料类别(纸、塑料、金属、混合材料等)而决定。

二、清单分析

清单分析是生命周期评价中已得到较完善发展的部分，是定性描述系统内外物质流和能量流的方法，也是进行生命周期影响评价的基础。它包括为实现特定的研究目的对所需数据的收集，对产品生命周期每一过程负荷的种类和大小进行登记列表，从而对产品或服务的整个周期系统内资源、源的投入和废物的排放进行定量分析的过程，它基本上是一份关于所研究系统的输入和输出的数据清单。建立清单的过程即在所确定的产品系统内，针对每个过程单元，建立相应功能单元的系统输入和输出。总之，清单分析是对一个产品、包装、过程、材料或活动的整个生命周期过程中能源和原材料的消耗，废气、废水、废渣和其他释放物的量化数据进行技术处理。

清单分析的目的在于计算并量化每个功能单元所消耗的资源和生产的产品及废物排放，核心是建立以产品功能单位表达的产品系统的输入和输出，即建立清单。通常系统输入的是原材料和能源，输出的是产品和向空气、水体、土壤等排放的废弃物(如废气、废水、废渣、噪声等)。这些输入和输出很可能在世界各地和不同角落发生，也可能作为环境释放的不同部分在任意位置发生(环境释放部分需要提供专门的功能单位，在如提炼厂等设备里分配给相关和不相关的副产品)，也可能发生在不同的时间(比如汽车的使用阶段和报废处理阶段)，或者发生在不同的时间段。清单分析的步骤包括数据收集的准备、数据收集、计算程序、清单分析中的流入和排出分配以及清单分析结果等。

清单分析开始于原材料采掘与生产，直到产品的最终消费和处置，一般范围如图 6-8 所示。清单分析的步骤可以用图 6-9 简要表示，可以看出它是一个不断重复的过程。

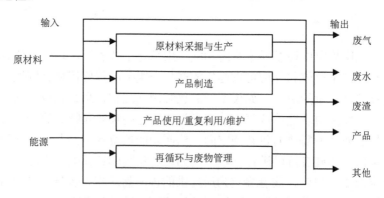

图 6-8 清单分析系统输入与输出(杨建新，2002)

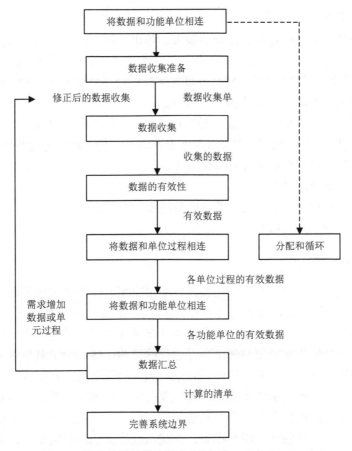

图 6-9　清单分析的简化程序(邓南圣，王小兵，2003)

(一)数据收集的准备

生命周期评价研究的目的和范围确定后，单元过程和有关的数据类型也就初步确定了。由于数据的收集可能覆盖若干个报送地点和多种出版物，因此需要进行数据准备。主要包括：

1)根据目标定义和范围界定的产品系统绘制详尽、具体的产品过程流程图。生命周期过程图是对研究系统生命周期中所涉及的相关工艺过程定性的描述，其主要目标是勾勒出一个总轮廓：关注最相关的工艺过程和环境影响，而非全部。过程图的描绘有助于清单分析准确、顺利、全面地完成。在制作过程图的过程中，可基本阐明该产品整个生命周期中可能出现的污染物种类和资源消耗种类，同时根据行业特点及研究目标对需考察的污染因子进行取舍。原则上，过程图开始于原材料的采掘，结束于环境排放和最终处理，所有过程涉及的物质转化和使用状况都要表示出来。

2)为避免遗漏某一设备、过程的输入、输出,可在产品过程流程图中将各设备、过程所有的输入、输出进行详细标注。按照这样的要求所绘制的实际上是"产品'全过程'流程图"。之后,应另外以文字详细表述每个单元过程,包括基本流的输入、输出,中间产品流的输入、输出。

3)对照"产品'全过程'流程图"及过程、阶段的所有输入、输出的文字叙述,确定无遗漏之后,确定需要细化和量化的指标,使产品生产过程的资源消耗、污染物排放等有较详细的细化和量化指标。

4)编制计量单位清单。

5)针对每种数据类型,编写数据收集技术的有关说明。

6)对报送地点发布指令。

(二)数据收集

生命周期评价研究一开始就需要进行数据收集,因为确定研究范围和边界需要数据支持。首先需要识别系统内所有工艺步骤。清单分析需要大量的工艺数据,每一个工艺步骤的原材料使用、能量使用、产品或共生产品的比率、环境排放等都必须量化。数据收集需要对每个单元过程的渗透了解,为了避免重复计算或断档,必须对每个单元过程的表述予以记录。如果数据是从公开出版物中收集的,必须表明出处。数据收集的主要渠道有:现有生命周期分析数据库和知识库;企业内部工艺信息;提供产品内部和制造阶段的信息;行业协会或供应商有关环境统计分析资料;各类统计文献和报表;正式出版的文献或有关论文;实验室测试或作模拟试验获得。

在收集数据时应从三个方面分析:①确定主要的功能单元和过程。确定对既定目标有重大影响的功能单元和过程,有助于分清主次,有目的、有针对性地收集各种技术、经济和环境协调性信息。②功能单元和过程描述。描述功能单元和过程,不仅可以定性地了解功能单元或过程的主要影响因素,还可以通过描述数据采集环境,实现数据的类推和借鉴。③确定数据参数和参数单位。根据对功能单元和过程的描述,确定可能的影响因素,采集数据,并确定其单位。

数据收集通常是生命周期评价中最耗力和费时的事情,通常生命评价过程需要大量的数据,但很难在一个时段内收集全所有数据。因此,需要考虑所收集的数据在不同时间段内是否具有代表性以及其时效性。最后需要指出的是,进行清单分析是一个反复的过程,当取得了一批数据,并对系统有了进一步的认识后,可能会出现新的数据要求,或发现原有数据的局限性,因而要求对数据收集程序做出修改,以适应研究目的,有时也会要求对研究目的或范围加以修改。

(三)计算程序

数据的收集是针对每一个单元过程,而最终对单元过程的描述采用功能单位,因此整个产品系统最终的环境交换总是表达为每个功能单位的终端交换量(包括输入和输出)。通常采用以下表达式计算:

$$Q_i = T \cdot \sum_{up} Q_i, \text{up} + (\frac{T}{L}) \cdot \sum_p Q_i, p \qquad (6-1)$$

式中, Q_i 为某个功能单位第 i 种终端交换的总和; T 为功能单位的期限(a); L 为产品寿命周期(a); Q_i, p 为产品系统关键工艺中第 p 个过程单元的第 i 种终端交换量; Q_i, up 为每年使用过程中(up)终端交换量。所谓终端交换是针对自然界而言的产品系统的输入和输出。工艺之间的交换称为非终端交换。因此,数据综合的一个重要任务就是将非终端输入追溯到终端输入,将非终端输出延伸到终端输出。

(四)清单分析中的分配方法

对产品系统的输入或输出进行分配通常有两种情况:第一,共生产品系统。当多种产品同时产出于某个生产工艺时,就构成共生产品系统,这些产品被称为共生产品。共生产品系统的特殊形式是基础设施共享系统和废物处理系统。通常一个企业的基础设施是提供很多生产工艺共同使用的一个共享系统,这样可以有效地降低企业产品生产成本。第二,生产工艺的再循环过程。工业生产过程实际上存在复杂的再循环利用过程,即边角料、副产品或废旧产品等再生产工艺重新利用。由于再循环的出现,改变了生产工艺中的物流、能流的方向和流量,构成了复杂的相互连接的工业生产系统。再循环既有优点也有缺点,其优点在于:一方面,减少了废物和产品的处置过程或处理量,从而减少了处理成本和对环境的排放;另一方面,减少了资源的使用量,从而也减少了对自然生态系统的干扰和破坏。再循环通常存在两种方式,即闭合再循环和开环再循环。闭合再循环是指一个生产系统内,一些副产品、边角料或废弃物被重新利用或回收;开环再循环是相对闭环再循环而言的,指一个产品系统的副产品、废弃物或产品在消费后被重新收集、处理,然后被另一个产品系统作为原材料再利用。

(五)清单分析结果

清单分析的结果常常列为一种清单表的形式,用来展示和说明产品生命周期清查的重要信息，清单分析可以对所研究产品系统的每一个过程单元的输入和输出进行详细清查，为诊断工艺流程物流、能流和废物流提供详细的数据支持。同时，清单分析也是影响评价阶段的基础。获得最初始的数据之后就需要进行敏感性分析，从而确定系统边界是否合适。

三、影响评价

生命周期影响评价是将生命周期清单分析过程中列出的要素对现实环境影响进行定性和定量分析，这是生命周期评价最重要的阶段，也是最困难的阶段。到目前为止，还缺乏公认的科学方法。影响评价由必备要素和可选要素组成，主要包括：①对影响类型、每个影响类型参数以及通常被实施者简化考虑的特征化模型进行选择；②将清单数据分配到所选择的影响类型中（分类）；③用特征化因子计算影响类型的参数（特征化）；④以基准值计算类型参数（标准化，可选择）；⑤分组并计算权重（可选择）；⑥数据质量分析（图6-10）。

影响评价是对清单阶段所识别的环境影响压力进行定量或定性的表征评价，即确定产品系统的物质、能量交换对其外部环境的影响。这种评价应考虑对生态系统、人体健康以及其他方面的影响。ISO、SETAC 和美国环境保护局(EPA)都倾向于把影响评价定为"三步走"模型，这三步是：分类、特征化和量化。

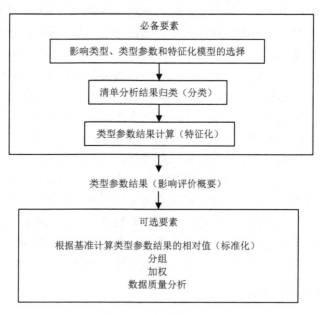

图6-10　影响评价要素(ISO 14042：2000)

（一）分类

分类是一个将清单分析的结果划分到影响类型的过程。环境影响类型从保护区域角度出发，可以分为资源消耗、人体健康以及生态系统健康等；而从发生作用的空间尺度看，有全球性、区域性和局地性等影响。其相互关系见表6-4。

表 6-4　环境影响类型分类

类型	全球影响	区域影响	局地性影响
生态系统健康	全球变暖 臭氧层破坏	光化学臭氧 酸化 水体富营养化	生态毒性(急性) 人体毒性 废物土地填埋
资源消耗	不可更新资源消耗，如化石颜料燃料，金属材料和其他矿物质		可更新资源，如生物质(木料、秸秆、作物)、水资源等
人体健康			化学致癌 化学物质对生殖系统的损害 单调重复工作对肌肉的损害 噪声对听力的损害 事故造成的人身损害

表 6-5 是 UNEP、SETAC 和中国科学院生态环境研究中心分别在生命周期评价研究时所选择的影响类型。

表 6-5　生命周期评价影响类型

联合国环境规划署	美国环境毒理学与化学学会	中国科学院生态环境研究中心
臭氧耗竭 全球变暖 人体健康毒害 意外事故 光化学烟雾 噪声 酸化 富营养化 生态毒害 土地使用/栖息地的保护/生物多样性物种入侵和 GMO 自然资源的使用废物	臭氧耗竭 全球变暖 人体健康毒害 光化学烟雾 酸化 富营养化 生态毒害 土地使用 非生物资源消耗 生物资源消耗	臭氧耗竭 全球变暖 不可更新资源 光化学烟雾 酸化 富营养化 可更新资源 工业固废 危险废弃物 烟尘及灰尘

选择环境影响类型有一定的原则和步骤。基本原则为：科学性，完整性，独立性和简明性。主要步骤为：确定所要保护的最终目标，根据环境压力效应或因果链环境机制来定义，确定每种影响类型的指标或指数，确定正确的清单数据收集框架。

由于清单分析的结果，即与产品和产品系统相联系的环境交换(输出和输入)

因子之间常常存在复杂的因果链关系(图6-11),因此对生态系统和人体造成的环境影响也常常难以归为某一因子的单独作用。不同环境影响类型受不同环境干扰因子影响,同一干扰因子可能会对不同的环境影响都有贡献,如二氧化碳同时对

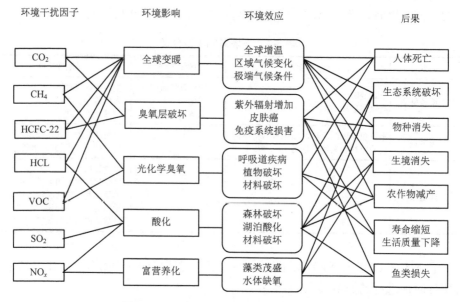

图6-11 环境影响因果网(杨建新,2002)

全球变暖和臭氧层损耗都有影响。由于环境影响最终所造成的生态环境问题又总是与环境干扰的强度及人类的关注程度有关,因此分类阶段的一个重要假设是,环境干扰因子与环境影响类型之间存在着一种线性关系,这在某种程度上是对当前科学发现的一种简化。影响分类就是将清单分析结果的数据分配至不同的环境影响类型中。在生命周期评价研究中,以前的研究者已提出大量环境影响种类,对一般的研究者而言,从这些已定义的影响类型中选择与自己研究目标相适应的环境影响类型即可。

(二)特征化

分类完成后,下一个步骤就是进行特征化。特征化的目的是利用环境负荷指标方法将相同影响类型下的不同影响因子进行汇总,以期得到每一种影响类型的综合环境负荷。特征化的主要意义,就是选择一种衡量影响的方式,透过特定评估工具的应用,将不同的负荷或排放因子在各环境形态问题中的潜在影响加以分析,并量化成相同的形态或是同单位的大小。为此需要计算各种环境排放物对各种环境影响类型的潜在贡献,即环境排放影响潜值。环境排放影响潜值指整个产

品系统中所有环境排放的总和(包括资源消耗)。用公式表示,即

$$EP(j) = \sum EP(j)_i = \sum \left(Q(j)_i \times EF(j)_i \right) \tag{6-2}$$

式中,$EP(j)$为对第 j 种环境影响类型的环境影响潜力;$EP(j)_i$为第 i 种环境干扰因子对第 j 种环境影响类型的环境影响潜力;$Q(j)_i$为第 j 种环境影响类型中第 i 种环境干扰因子的排放量;$EF(j)_i$为第 i 种环境干扰因子对第 j 种环境影响类型的特征化因子。因此,根据各环境干扰因子的特征化因子 EF 及其排放量便可确定每种污染类型的环境影响潜力。

特征化因子即当量因子的确定因不同的环境影响类型而不同,通常以某种物质为参考,计算其他物质的相对大小。本文主要采取的是当量模型,这类模型使用当量系数(如 1kg 甲烷相当于 69kg 二氧化碳产生的全球变暖潜力)来汇总清单提供的数据,前提是汇总的当量系数能测定潜在的环境影响。例如,通常对全球变暖采用 CO_2,酸化则采用 SO_2。

(三)量化

量化是确定不同环境影响类型的相对贡献大小或权重,以期得到总的环境影响水平的过程。经特征化之后得到的是单项环境问题类别的影响加总值,评价则是将这些不同的各类别环境影响给予相对的权重,以得到整合性的影响指标,并能对各种环境影响类型贡献进行比较,使决策者在决策的过程中,能够完善地捕捉及衡量所有方面的影响。量化评价包括标准化和加权两个步骤。

1. 标准化

数据标准化有两个目的:一是对各种影响类型的相对大小提供一个可比较的标准,从而比较对各种影响类型的贡献大小;二是为进一步进行评估提供依据。在本研究中采用每年全社会资源消耗总量和环境潜在总影响分别作为标准化基准。标准化后的潜在影响和资源消耗可用下式表示:

$$NP(j) = EP(j) / \left(T \times R(j) \right) \tag{6-3}$$

式中,T 为产品服务期,$R(j)$ 为第 j 年的标准化基准,$EP(j)$ 为各种环境影响潜值。

就生命周期评价而言,选择的归一化基准量一般可为特定范围内(如全球、区域或局地)的排放总量或资源消耗总量,特定范围内的人均(或类似均值)排放或资源消耗总量。对基准量的选择应考虑环境机制和基准值在时间和空间范围上的一致性。一般有总量数据后,除以总人口数或地域面积,就可以得到相应的均量数据。所以,不论采用总量数据还是均量数据,都不会影响结果的性质。为了增强

结果与国际同类研究的可比性，原则上全球性生态影响类型如温室效应、臭氧层耗竭等应选择全球数据作为正规化的数据。不同研究结果进行比较，选择的归一化基准必须是一致的（王寿兵，2006）。

原则上，选择归一化基准的数据应是所研究年份的全球数据。这种全球数据，一般有专门的国际组织如 IPCC 或研究机构进行统计或计算，人们可以从其公布的研究报告或有关文献得到。但由于这种数据的公布往往具有时滞性，因此很难及时得到。鉴于此，一般只能采用已经公布或发表的数据来确定归一化的基准。对同类研究而言，只要选择的基准是一样的，对研究结果的可比性就不会有太大影响。

可用于正规化的全球总量数据见表 6-6，用于正规化的中国人均量或地均量数据，见表 6-7 和表 6-8（杨建新，2002）。

表 6-6　荷兰、西欧和全球各类环境影响潜力

环境影响潜力	单位	荷兰 (1997)	西欧 (1995)	全球 (1995)	全球 (1990)
ADP	Kg 锑 eq/a	1.70×10^9	1.50×10^{10}	1.60×10^{11}	1.60×10^{11}
GWP100	kg CO_2eq/a	2.50×10^{11}	4.80×10^{12}	4.10×10^{13}	4.10×10^{13}
ODP	kg CFC-11 eq/a	9.80×10^5	8.30×10^7	5.20×10^8	1.10×10^9
HTP	kg1,4-DCBeq/a	1.90×10^{11}	7.60×10^{12}	5.70×10^{13}	6.00×10^{13}
FAETP	kg1,4-DCBeq/a	7.50×10^9	5.00×10^{11}	2.00×10^{12}	2.10×10^{12}
MAETP	kg1,4-DCBeq/a	3.20×10^{12}	1.10×10^{14}	5.10×10^{14}	7.60×10^{14}
FSETP	kg1,4-DCBeq/a	1.00×10^{10}	5.20×10^{11}	2.50×10^{12}	2.50×10^{12}
MSETP	kg1,4-DCBeq/a	3.00×10^{12}	1.00×10^{14}	4.70×10^{14}	6.80×10^{14}
TETP	kg1,4-DCBeq/a	9.20×10^8	4.70×10^{10}	2.70×10^{11}	2.60×10^{11}
POCP	kg 乙烯 eq/a	1.80×10^8	8.20×10^9	9.60×10^{10}	1.00×10^{11}
AP	kgSO2eq/a	7.90×10^8	2.90×10^{10}	3.30×10^{11}	3.30×10^{11}
EP	kgPO$_4^{3-}$eq/a	5.00×10^8	1.20×10^{10}	1.30×10^{11}	1.30×10^{11}
LUC	m²/a	3.04×10^{10}	3.27×10^{12}	1.24×10^{14}	1.24×10^{14}

注：ADP 为非生物资源耗竭；GWP100 为全球变暖潜力（100 年）；ODP 为臭氧层耗竭潜力；HTP 为人体健康潜力；FAETP 为淡水水生生态毒性潜力；MAETP 为海水水生生态毒性潜力；FSETP 为淡水底泥生态毒性潜力；MSETP 为海洋底泥生态毒性潜力；TETP 为陆地生态毒性潜力；POCP 为光化学臭氧形成潜力；AP 为酸化潜力；EP 为富营养化潜力；LUC 为竞争性陆地使用增加量。

表 6-7 中国环境影响潜值标准人均量基准

环境影响潜力	基准单位	东部地区	中部地区	西部地区	全国
全球变暖	kg CO_2eq/(人·a)	8700	8700	8700	8700
臭氧层耗竭	kg CFC-11 eq/(人·a)	0.20	0.20	0.20	0.20
酸化	kgSO_2eq/(人·a)	35	33	41	36
富营养化	kgNO_3^-eq/(人·a)	59	62	69	63
光化学臭氧合成	kgC_2H_4eq/(人·a)	0.75	0.63	0.48	0.65
固体废弃物	kg 固体废弃物/(人·a)	291	247	186	251
危险废弃物	kg 危险废弃物/(人·a)	22	17	15	18
烟尘和粉尘	kg 烟尘灰土/(人·a)	18	21	16	18

表 6-8 中国环境影响潜值标准空间均量基准

环境影响潜力	基准单位	东部地区	中部地区	西部地区	全国
全球变暖	kg CO_2eq/(km^2·a)	337898	337898	337898	337898
臭氧层耗竭	kg CFC-11 eq/(km^2·a)	8	8	8	8
酸化	kgSO_2eq/(km^2·a)	12685	4735	1980	4252
富营养化	kgNO_3^-eq/(km^2·a)	21631	8787	3338	7443
光化学臭氧合成	kgC_2H_4eq/(km^2·a)	280	90	23	78
固体废弃物	kg 固体废弃物/(km^2·a)	142679	60138	16393	46568
危险废弃物	kg 危险废弃物/(km^2·a)	12777	5495	1612	4284
烟尘和粉尘	kg 烟尘灰土/(km^2·a)	6689	2929	751	2206

2. 加权

数据标准化是为了说明潜在影响的相对大小，因此，即使两种不同类型环境影响潜值通过标准化得出相同影响潜值，但并不意味着二者的潜在环境影响同样严重。因此需要对影响类型的严重性进行排序，即赋予不同影响类型于不同权重，然后才能进行比较。这一过程称为加权，加权后的影响潜值为

$$\text{WP}(j) = W(j) \times \text{NP}(j) = W(j) \times \text{EP}(j)/(T \times R(j)) \tag{6-4}$$

式中，$W(j)$ 为第 j 种环境影响的权重因子，$\text{NP}(j)$ 为标准化后的影响潜力。

本章采用层次分析法(analytic hierarchy process，AHP)来计算权重。层次分析法是美国运筹学家萨蒂(T. Saaty)提出的解决决策问题的方法，是一种定性与定量

分析相结合的多目标决策分析方法。它将决策者对负责对象的决策思维过程系统化、模型化、数学化，可用于求解多目标、多准则问题，近年来在生命周期评价中获得了广泛的应用。层次分析法具体过程是根据问题的性质以及要达到的目标，把复杂的环境问题分解为不同的组合因素，并按各因素的隶属关系和相互关系程度分组，形成一个不相交的层次，上一层次对相邻的下一层次的全部或部分元素起着支配作用，从而形成一个自上而下的逐步支配的关系。

按重要性标度的方法，将不同的环境因子的生态重要性进行标度，结果见表6-9(邓南圣，王小兵，2003)。

表 6-9　相对重要性标度及其描述

重要性程度 a_{ij}	定义描述
1	相比两因素同等重要
3	一因素比另一因素稍微重要
5	一因素比另一因素明显重要
7	一因素比另一因素强烈重要
9	一因素比另一因素绝对重要
2，4，6，8	两标度之间的中间值
倒数	如果 A_i 比 A_j 得 a_{ij}，则 A_j 比 A_i 得 $a_{ji}=1/a_{ij}$

层次分析法适合处理那些难以量化的复杂问题，并以其系统性、灵活性、实用性等特点特别适合于多目标、多层次、多因素的复杂系统的决策，且在决策过程中，决策者直接参与决策，决策者的定性思维过程被数学化、模型化，有助于保持思维过程的一致性。尽管层次分析法还是基于主观判断的基础上，但系统方法的使用大大减少了主观偏差。

层次分析法的主要优点是将决策者的定性思维过程定量化，但由于评价对象是个复杂的系统，专家们在认识上存在不可避免的多样性和片面性，即使有九个指标也不能保证每个判断矩阵具有完全一致性，因此必须通过一致性检验检查各个指标的权重之间是否存在矛盾之处。

一致性检验依据的是矩阵理论，下面举例说明步骤：

(1)计算判断矩阵的最大特征根 λ_{max}

各影响类型向对重要性标度组成的判断矩阵为

$$A = \begin{pmatrix} 1 & 3 & 4 & 5 & 7 & 8 & 8 \\ 1/3 & 1 & 2 & 3 & 5 & 6 & 4 \\ 1/4 & 1/2 & 1 & 2 & 4 & 5 & 2 \\ 1/5 & 1/3 & 1/2 & 1 & 3 & 4 & 5 \\ 1/7 & 1/5 & 1/4 & 1/3 & 1 & 2 & 2 \\ 1/8 & 1/6 & 1/5 & 1/4 & 1/2 & 1 & 3 \\ 1/8 & 1/4 & 1/2 & 1/5 & 1/2 & 1/3 & 1 \end{pmatrix}$$

由 Matlab 软件求得该矩阵的 λ_{max} 和特征向量 W。

(2) 对得出的 λ_{max} 进行一致性检验

$$CI = (\lambda_{max} - n)/(n - 1) \tag{6-5}$$

计算随机一致性比率 CR：

$$CR = CI/RI \tag{6-6}$$

式中，RI 为平均一致性指标，是多次（大于 500 次）重复进行随机判断矩阵特征值的计算后取算术平均值得到的。当 CR<0.10 时，判断矩阵具有满意的一致性，否则应予以调整。

各环境影响类型权重系数确定后再与清单分析所得的各环境要素的归一化的结果相乘就可以得到各环境要素对环境的"贡献量"，这些环境影响量纲为一，故它们之间可以相互比较。

由于影响评价是把环境负荷转换成环境影响，它是生命周期评价四步中最具有挑战性的一步，在这一过程中还存在一些问题。影响评价每一过程中存在的问题如图 6-12 所示。

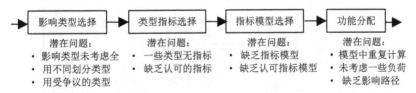

图 6-12　影响评价中存在的潜在问题(Reap et al.，2008)

四、改善评价

生命周期评价的目的，不管是从企业角度还是从政府角度来讲，都不外乎是为了获得更好的经济效益、环境效益和社会效益，而作为生命周期评价的最后一个阶段，它的作用就是将清单分析和影响评估的结果进行综合，使清单分析结果与确定的目标和范围相一致，以便对产品的现有设计和加工工艺进行分析，做出整个生产周期的评价结论，提出一些资源消耗和污染排放的结论和建议(如改变包装结构、改进工艺等)，以利于减少环境污染负荷和资源消耗。结论和建议将提供给 LCA 研究委托方作为做出决定和采取行动的依据，LCA 完成后，应该撰写和提交 LCA 研究报告，还应组织评审，评审由独立于 LCA 研究的专家承担，评审主要包括以下一些要点：

1) LCA 研究采用的方法是否符合 ISO 14040；

2) LCA 研究采用的方法在科学和技术上是否合理；

3) 所采用的数据就研究目标来说是否适宜和合理；

4) 结果讨论是否反映了原定的限制范围和研究目标；

5) 研究报告是否明晰和前后一致。

结果解释发生在生命周期的各个阶段，如果两个可供选择的产品相互比较，并且其中一个产品消费较多的材料和资源，那么结果解释就会单纯基于清单分析进行总结。然而一个实行者还想从影响类型来进行比较，尤其在供选择的产品之间存在权衡，或者在一个单纯的生命周期研究中值得考虑优先方面时。例如，在一个生命周期中，CO_2 排放可能较另一个指标对气候变化影响更大，但是另一指标包括了更多的杀虫剂并对毒物学有更大影响。这样，决策者就会需要更多的信息来决定两者不同之处中何者应优先考虑。这个步骤通常是一个选择的过程，但是需要提醒注意的是，结果解释不仅要考虑到自然科学，还要依据社会科学和经济学。

图 6-13 表示了生命周期评价解释阶段的要素与其他阶段之间的关系。目的与范围的确定和解释阶段构成了生命周期评价研究的框架，而清单分析和影响评价则提供了有关产品系统的信息。

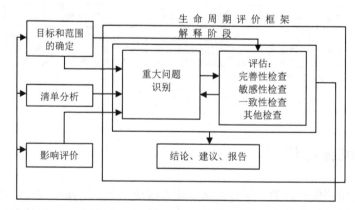

图 6-13 生命周期评价解释阶段的要素与其他阶段之间的关系(杨建新，2002)

第三节 简化生命周期评价

生命周期评价按其复杂程度可以分为三类：①概要型 LCA（或称"生命周期思想"）：根据有限的，通常是定性的清单分析评估环境影响。因此，它不宜作为市场或公众传播的依据，但可帮助决策人员认识哪些产品在环境影响方面具有竞争和优势。②简化型 LCA（或称速成型 LCA）：它涉及全部生命周期，但仅限于进行简化的评价，如使用通用数据（定性或定量）、使用标准的运输或能源生产模式，着重于最主要的环境因素、潜在环境影响、生命周期阶段或 LCA 步骤，同时给出评价结果的可靠性分析。其研究结果多数用于内部评估和不要求提供正式报告的场合。③扩展型 LCA：包括目的和范围确定、清单分析、影响评价和结果解释四个阶段。常用于产品开发、环境声明（环境标志）、组织的营销和包装系统的选择等。

简化生命周期评价（streamlined life cycle assessment, SLCA）是一种有目的地对生命周期评价进行某种程度简化的方法。如图 6-14 所示，这些评价技术构成了一个连续的方法体系，其详细程度和实施成本从左到右依次减少。其中，扩展型生命周期评价（extensive LCA）的区域是那些详细、定量的生命周期评价，而生态概要型生命周期评价（ecoprofile LCA）通常是定性地评估环境影响，较为理想的生命周期评价应落在简化型生命周期评价范围内。

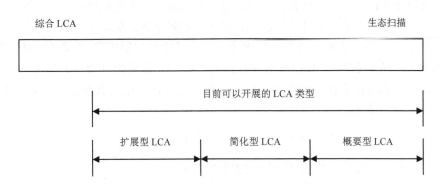

图 6-14　LCA / SLCA 的连续区间（Graedel，Allenby，1995）

简化生命周期评价的方法主要有简式生命周期评价矩阵、目标图，下面分别加以介绍。

一、简式生命周期评价矩阵

在完成目标界定及清单分析后进行的应是影响评价。根据产品的特性，现介绍一种对影响评价使用的分析方法——简式生命周期矩阵评价方法。

简式生命周期矩阵评价方法是以生命周期评价方法学为基础，评价产品的环境性能、认证产品的环境标志的一种半定量的方法。这种方法作为质的描述，相对量的描述更具有优势，避免了量化数据可能的相互矛盾以及不能独立使用。量化数据通常认为是特定场合的，仅对室内研究有效，在进行整体评价，定性的方法还是适用的。简式生命周期矩阵分析评价产品生命周期过程中最重要的环境影响阶段及环境影响因素。

简式生命周期矩阵将生命周期与环境影响类型进行简化后组合成为二阶矩阵。其中，一维代表某产品生命周期的 5 个阶段：原材料获取、产品生产、产品包装运输、产品使用、废物回收和处置。另一维代表环境要素：资源消耗、大气污染、水污染、固体废弃物、噪声污染。评定者研究分析上述生命周期 5 个阶段的环境影响，并根据每个元素对环境影响程度不同划分为 5 个等级，给予每个元素一个数值(以 0，1，2，3，4，5 表示)。其中，对环境影响最大，取数值 5；对环境影响最小，取数值 0。对多个评定者的评价分值，以其算术平均值或中位数作为最后分值。以评定者给出的评价值代表在产品生命周期评价中，生命周期影响评价阶段完成量化工作后得到的结果。最后对矩阵中的每个元素值累加求和，以各个元素分值的累加值作为产品的环境性能综合指数，也就是评价环境标志的依据。

为了便于各个分值之间的相互比较，将简式生命周期矩阵(表 6-10)中各个元素的评分值按生命周期阶段(横向)进行归一化，归一化后的分值作为标准分值 S_{ij}。其中，i，j 为各元素在矩阵中的下标。将每一个标准分值与其对应的权重 a_j 的乘积作为加权分值 M_{ij}：

$$M_{ij}=S_{ij}\times a_{ij} \quad (i=1, 2, 3, \cdots, 5; j=1, 2, 3, \cdots, 5) \tag{6-7}$$

式中，a_j 为该分值所对应的环境影响类型的权重。

表 6-10　产品的简式生命周期评价矩阵

生命周期	环境影响类型				
	资源消耗	健康危害	富营养化	固体废弃物	噪声污染
原料获取	(1，1)	(1，2)	(1，3)	(1，4)	(1，5)
产品生产	(2，1)	(2，2)	(2，3)	(2，4)	(2，5)

生命周期	环境影响类型				
	资源消耗	健康危害	富营养化	固体废弃物	噪声污染
包装运输	(3, 1)	(3, 2)	(3, 3)	(3, 4)	(3, 5)
产品使用	(4, 1)	(4, 2)	(4, 3)	(4, 4)	(4, 5)
回收处置	(5, 1)	(5, 2)	(5, 3)	(5, 4)	(5, 5)

对表中的所有分值进行累加，最后得到该产品的环境综合指标 I：

$$I = \sum\sum M_{ij} \tag{6-8}$$

环境综合指标 I 值作为产品是否可授予环境标志的依据。根据"环境危害愈大，则分值愈高"的评分原则：I 值愈大，说明评价对象的环境危害愈大；反之，愈小。

由表 6-10 可知，为了计算出综合环境影响指标，必须求出各环境影响指标的权重系数 a_{ij}。采用层次分析法来计算权重。

二、目标图

矩阵法为产品设计提供了一个有效的整体评价方法，而目标图即靶图（target plot）则可以更简洁地展示其环境特征。

目标图（靶子）是由表示 5 个不同权值的 5 个半径不同的同心圆和由内圆等距离引出代表矩阵元素个数的 25 条射线组成（其相隔的角度为 360°/25＝14.4°）。每条射线和 5 个圆周交点就表示该射线所代表的矩阵元素可能具有的权值，外圆与射线交点标志为 0 分，依此类推，内圆与射线交点为 4 分。根据产品生命周期 5 个阶段 5 个环境影响类型的评分值在图上找到标点，用实心点标出，如图 6-15 所示。由目标图可以看出，对环境危害较少的产品，目标图就显示出许多圆点都聚在最内层圆心中。反之，容易从目标图挑出远离圆心的标点，找出产品生命周期的主要环境影响，并标记改进目标。

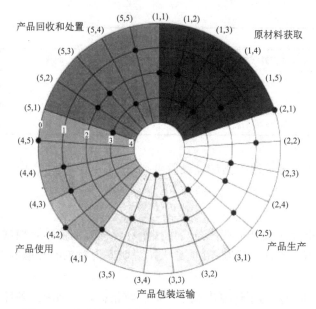

图 6-15　生命周期评价靶图（Graedel, Allenby，1995）

第四节　生命周期评价案例——以建筑物为例

通过实施 ISO 14000 国际环境管理标准，LCA 的应用已遍及社会、经济的生产、生活的各个方面。建筑业作为我国国民经济的支柱产业，在创造经济价值和解决人们的生活居住问题的同时，也造成了大量的环境污染。本节以生命周期评价在建筑物上的应用为例，介绍生命周期评价的应用方法。

建筑物的生命周期评价就是运用生命周期评价方法，对建筑物目标及系统范围界定，对生命周期各阶段进行清单分析、影响评价及结果解释，对建筑产品系统的规划设计、施工建造、运营维护和拆除回收整个生命周期阶段的资源消耗、生态影响及人类健康等进行评价，从而寻找改进的途径和方法。

通过实施 ISO 14000 国际环境管理标准，生命周期评价的应用已遍及社会、经济的生产、生活的各个方面。本节以生命周期评价在建筑物上的应用为例，介绍生命周期评价应用方法的主要过程。

一、建筑物生命周期评价目的和范围的确定

建筑物生命周期评价的主要目的在于通过对建筑物整个生命周期各个环节环

境影响大小的定量分析，找出建筑物生命周期中对环境影响最大的阶段或影响类型，寻求变革生产工艺的出发点和实行生态设计的现实依据，从而改善整个建筑产品系统的环境性能。

根据建筑产品的特点，将建筑物的生命周期分为四个阶段，包括规划设计、施工建造、运营维护、拆除回收。这些阶段都涉及资源消耗、大气污染、水污染、固体废弃物、噪声污染。考虑到规划设计阶段本身未产生实质性资源消耗与环境污染，结合研究目的与数据可获得性，可不将此阶段纳入评价范围。建筑物生命周期系统边界如图 6-16 所示。

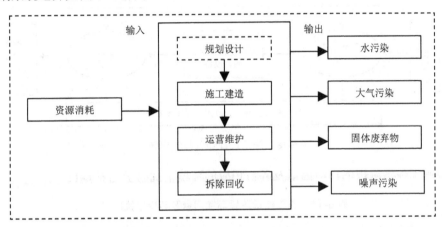

图 6-16　建筑物的生命周期系统边界

二、清单分析

对建筑物而言，不仅要消耗水、水泥、玻璃、木材、钢材等资源，消耗电、煤等能源，而且要排放废水、噪声、废气、固体废弃物等污染物。对于建筑的清单分析有一个范围，如图 6-17 所示。

图 6-17　建筑物生命周期清单分析范围

（一）数据收集

数据收集涉及研究范围的各个阶段乃至整个过程，清单分析所需的数据绝大部分可从施工图纸和决算书中直接得到，不能直接得到的可通过估算获得。因为建设项目的行业类别很多，同一行业的建设项目差异也很大，不但排放的污染物有差别，而且污染物的排放量也有很大差异。因此，很难有统一的分析方法。

建筑物各阶段的数据调查情况如图 6-18 所示。

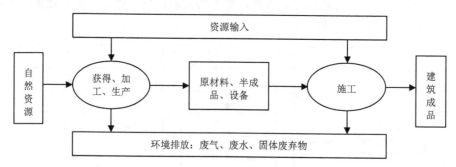

图 6-18　施工过程输入与输出转换

施工建造阶段的环境因素及各自相应的环境干扰因子见表 6-11。

表 6-11　施工建造阶段环境因素及环境干扰因子

环境因素	环境干扰因子
资源消耗	水、电、煤、泥沙、砖、钢材、玻璃、木材
大气污染	CO_2、CH_4、SO_2、N_2O、CO、TSP
水污染	BOD、COD、SS
固体废弃物	泥沙、混凝土、旧木材、钢筋废料、纸、玻璃、塑料
噪声污染	白天噪声声级、夜间噪声声级

运营维护阶段的环境因素及各自相应的环境干扰因子见表 6-12。

表 6-12　运营维护阶段环境因素及环境干扰因子

环境因素	环境干扰因子
资源消耗	水、电、煤
大气污染	CO_2、CH_4、SO_2、N_2O、CO、CH_2O、NH_3、C_6H_6
水污染	BOD、COD、SS、动植物油、N
固体废弃物	纸、废弃包装物料、玻璃、塑料
噪声污染	白天噪声声级、夜间噪声声级

拆除回收阶段的环境因素及各自相应的环境干扰因子见表6-13。

表 6-13 拆除回收阶段环境因素及环境干扰因子

环境因素	环境干扰因子
资源消耗	能源消耗
大气污染	TSP
固体废弃物	泥沙、混凝土、旧木材、钢筋废料、砖、纸、玻璃、塑料
噪声污染	白天噪声声级、夜间噪声声级

(二)数据计算

数据收集后，要根据计算程序对该产品系统中每一单元过程和功能单位求得清单结果，计算应以统一的功能单位作为该系统所有单元过程中物、能流的共同基础，求得系统中所有的输入和输出数据。

(三)清单分析结果

清单分析的结果常常列为一种清单表的形式，来证实和说明生命周期清查的重要信息。建筑物生命周期清单分析结果如表6-14所示。

表 6-14 建筑物的简式生命周期评价矩阵

生命周期	环境要素				
	资源消耗	大气污染	水污染	固体废弃物	噪声污染
施工建造	(1, 1)	(1, 2)	(1, 3)	(1, 4)	(1, 5)
运营维护	(2, 1)	(2, 2)	(2, 3)	(2, 4)	(2, 5)
拆除回收	(3, 1)	(3, 2)	(3, 3)	(3, 4)	(3, 5)

三、影响评价

影响评价按分类、特征化和量化的"三步走"程序如下：

(一)分类

结合建筑物施工建造、运营维护及拆除回收阶段的实际情况及生命周期影响评价影响类型选取的原则，根据目标和范围界定所确定的系统边界及清单分析所提供的数据清单，主要选择资源消耗、全球变暖、富营养化、健康危害、酸化、固体废弃物、噪声作为建筑物生命周期阶段的主要环境影响类型。建筑物生命周期过程中的环境影响影响按下列方式归类。

资源消耗物质：水、电、煤、混凝土、泥沙、砖、钢材、木材、玻璃、塑料。

全球变暖干扰因子：CO_2、CH_4、N_2O、CO，主要是建筑物施工建造过程中产生的各种温室气体的排放。

富营养化干扰因子：BOD、COD、SS、动植物油、N。

健康危害干扰因子：TSP，主要是指空气污染物中的颗粒污染物。

酸化干扰因子：SO_2、NH_3，由于酸性物质进入环境，使自然环境的酸度升高（即 pH 值降低）的作用和过程即为酸化。

固体废弃物物质：主要为泥沙、混凝土、旧木材、钢筋废料、砖、纸、玻璃、塑料等。

噪声干扰因子：白天噪声声级、夜间噪声声级。在建筑工程的范畴上，量度建筑噪声的单位为等效连续声级 L_{eq}，这是一个常用的噪声度量单位，并通用于国际声学上用作表示噪声的大小。

接下来，是要找出在清单分析中系统输入与输出与影响分析的对应关系，分类在很大程度上依赖于清单分析的项目是属于输入还是输出。某个清单分析项目可能有多重性质，而且可能有多重影响，见表 6-15 所示。

表 6-15　分类的清单项目

环境干扰因子	环境因素	影响类型
施工建造阶段		
水、电、泥沙、混凝土、砖、钢材、玻璃、木材、塑料	资源消耗	资源消耗
CO_2、CO、CH_4、N_2O	大气污染	全球变暖
COD、BOD、SS	水污染	富营养化
TSP	大气污染	健康危害
SO_2	大气污染	酸化
泥沙、混凝土、旧木材、钢筋废料、砖、纸、玻璃、塑料	固体废弃物	固体废弃物
白天噪声声级 夜间噪声声级	噪声	噪声

续表

环境干扰因子	环境因素	影响类型
运营维护阶段		
水、电、煤	资源消耗	资源消耗
CO_2、CO、CH_4、N_2O	大气污染	全球变暖
BOD、COD、SS、动植物油、N	水污染	富营养化
CH_2O、C_6H_6	大气污染	健康危害
纸张、废弃包装物料、塑料、玻璃	固体废弃物	固体废弃物
白天噪声声级 夜间噪声声级	噪声	噪声
拆除回收阶段		
能源	资源消耗	资源消耗
TSP	大气污染	健康危害
泥沙、混凝土、旧木材、钢筋废料、砖、纸、玻璃、塑料	固体废弃物	固体废弃物
白天噪声声级 夜间噪声声级	噪声	噪声

(二)特征化

根据各环境干扰因子的特征化因子(EF)及其排放量便可确定每种污染类型的环境影响潜力。

建筑物系统环境影响负荷统计见表 6-16。

表 6-16 建筑物系统环境影响负荷统计

影响类型	环境干扰因子	重量	EF	EP	总 EP
资源消耗	水		1.818		
	电		0.067		
	煤		1		
	混凝土		0.042		
	泥沙		0.038		
	砖		0.015		
	钢材		0.029		
	木材		0.022		
	玻璃		0.031		
	塑料		0.009		

影响类型	环境干扰因子	重量	EF	EP	总 EP
全球变暖	CO_2		1		
	CO		2		
	CH_4		25		
	N_2O		320		
富营养化	BOD		1.79		
	COD		0.23		
	SS		0.85		
	动植物油		1.82		
	N		4.43		
健康危害	TSP		5.2		
	CH_2O		0.421		
	C_6H_6		0.189		
酸化	SO_2		1		
	NH_3		1.88		
固体废弃物	废泥沙		40		
	废混凝土		38		
	废旧木材		43		
	钢筋废料		150		
	废砖		42		
	废纸		75		
	废玻璃		100		
	废塑料		120		
噪声	白天噪声声级		2		
	夜间噪声声级		1		

(三)量化

量化评价包括标准化和加权两个步骤。

1. 标准化

如选择 1990 年中国各项环境要素排放总量，用于前述相同的特征化因子特征化后的量定为基准值，采用的是标准人当量基准，各基准值见表 6-17 所示。

表 6-17　1990 年中国各环境要素基准值

影响类型	资源消耗	全球变暖	富营养化	健康危害	酸化	固体废弃物	噪声
单位	kg 煤/ (人·a)	kgCO$_2$eq/ (人·a)	kgNO$_3^-$eq/ (人·a)	kg 烟灰/ (人·a)	kgSO$_2$eq/ (人·a)	kg/ (人·a)	dB(A)
基准值	574	8700	59	18	35	291	50

2. 加权

可采用层次分析法来计算权重。根据表 6-17 所示重要性标度的方法，参考了相关文献及工程领域诸多专业人员的意见，可以对建筑物环境影响类型——资源消耗(RU)、全球变暖潜力(GW)、富营养化潜力(EU)、健康危害(HTI)、酸化潜力(AC)、固体废弃物(SW)、噪声(US)的生态相对重要性进行判断，判断情况见表 6-18。

表 6-18　建筑物环境影响类型相对重要性标度

	RU	GW	EU	HTI	AC	SW	US
RU	1	3	4	5	7	8	8
GW	1/3	1	2	3	5	6	4
EU	1/4	1/2	1	2	4	5	2
HTI	1/5	1/3	1/2	1	3	4	5
AC	1/7	1/5	1/4	1/3	1	2	2
SW	1/8	1/6	1/5	1/4	1/2	1	3
US	1/8	1/4	1/2	1/5	1/2	1/3	1

再通过一致性检验检查各个指标的权重之间是否存在矛盾之处。一致性检验依据的是矩阵理论，步骤如下。

(1)计算判断矩阵的 λ_{max}

各影响类型相对重要性标度组成的判断矩阵为

$$A = \begin{pmatrix} 1 & 3 & 4 & 5 & 7 & 8 & 8 \\ 1/3 & 1 & 2 & 3 & 5 & 6 & 4 \\ 1/4 & 1/2 & 1 & 2 & 4 & 5 & 2 \\ 1/5 & 1/3 & 1/2 & 1 & 3 & 4 & 5 \\ 1/7 & 1/5 & 1/4 & 1/3 & 1 & 2 & 2 \\ 1/8 & 1/6 & 1/5 & 1/4 & 1/2 & 1 & 3 \\ 1/8 & 1/4 & 1/2 & 1/5 & 1/2 & 1/3 & 1 \end{pmatrix}$$

可以由 Matlab 软件求得矩阵的 λ_{max}=7.584，特征向量为 W=(0.822，0.422，0.277，0.219，0.100，0.085，0.071)^T。

(2)对得出的最大特征根 λ_{max} 进行一致性检验

$$CI=(\lambda_{max}-n)/(n-1)=(7.584-7)/(7-1)=0.097$$

计算随机一致性比率 CR：

$$CR=CI/RI=0.097/1.32=0.073$$

式中，RI 为平均一致性指标。根据表 6-19(李启明，2003)取 RI 值。

表 6-19　平均一致性指标

n	2	3	4	5	6	7	8	9	10	11	12
RI	0.00	0.58	0.90	1.12	1.24	1.32	1.41	1.45	1.49	1.52	1.54

当 CR<0.10 时，判断矩阵具有满意的一致性；否则，应予以调整。因此，结果表明，矩阵具有满意的一致性，符合 AHP 要求。

由特征向量得出各环境影响类型的相对权重：

$$W(j) = W(i)/\Sigma W(j)$$

W_{RU}=0.412，W_{GW}=0.211，W_{EU}=0.139，W_{HTI}=0.110，W_{AC}=0.050，W_{SW}=0.043，W_{US}=0.035。

各环境影响类型权重系数确定后再与清单分析所得的各环境要素的归一化的结果相乘就可以得到各环境要素对环境的"贡献量"，这些环境影响量纲为一，故它们之间可以相互比较。

四、结果解释

结果解释主要是识别、评价并选择减少建筑物环境影响或负荷的方案，在于通过建筑物生命周期过程的资源和废物的输入、输出的考察和分析，提出一些资源消耗和污染排放的改进措施，以利于减少环境污染负荷和资源消耗。为了实现建筑业的可持续发展，应在建筑物整个生命周期中分析影响环境的各种活动、各种因素，并在此基础上做出相应的变革。

参 考 文 献

邓南圣，王小兵. 2003. 生命周期评价. 北京: 化学工业出版社

王寿兵，吴峰，刘晶茹. 2006. 产业生态学. 北京: 化学工业出版社

夏青，于洁等. 2004. ISO 14020 系列国际标准教程. 北京: 中国环境科学出版社. 192~220.

杨建新，王如松. 生民周期评价的回顾与展望. 环境污染治理技术与设备, 1998, 6(2): 21~28

杨建新，徐成. 2002. 产品生命周期评价方法及应用. 北京: 气象出版社

Azapagic A. 1999. Life cycle assessment and its application to process selection, design and optimization. Chemical Engineering Journal, 73(1): 1~21

Gamage G B, Boyle C, McLaren S J et al. 2008. Life cycle assessment of commercial furniture: a case study of Formway LIFE chair. International Journal of Life Cycle Assessment, 13(5): 401~411

Graedel T E, Allenby B R. 1995. Industrial Ecology. New Jersey: Prentice Hall

ISO (International Organisation for Standardisation). 1997. ISO 14040. Environmental Management: Life Cycle Assessment—Principles and Framework. Geneva: ISO

Pennington D et al. 2004. Life cycle assessment Part 2: current impact assessment practice. Environmental International. 30(5): 721~739

Rabitzer G et al. 2004. Life cycle assessment Part 1: framework,goal and definition, inventory analysis. and applications. Environment International, 30(5): 701~720

Reap J et al. 2008. A survey of unresolved problems in life cycle assessment. Part 2: impact assessment and interpretation. Life Cycle Assess. 13: 374~388

第七章　生态效率

第一节　生态效率的内涵

一、生态效率概念发展

"生态效率"译自英文的 eco-efficiency。其中，eco 既是生态学 ecology 的词根，又是经济学 economy 的词根；efficiency 有"效率"、"效益"的含义。在我国常译为生态效率或生态经济效率。两者组合意味着应该兼顾生态和经济两个方面的效率，促进企业、区域或者国家的可持续发展。

生态效率(eco-efficiency)一词最早是在 1990 年由德国学者 Schaltegger 和 Sturm 在学术界提出。1992 年，世界可持续发展商业委员会(World Business Council of Sustainable Development，WBCSD)在其递交给里约地球峰会的文件《改变航向：一个关于发展与环境的全球商业观点》中，将生态效率作为一种商业概念加以阐述："生态效率是通过提供能满足人类需要和提高生活质量的竞争性定价商品和服务，同时使整个寿命周期的生态影响与资源强度逐渐减低到一个至少与地球的估计承载能力一致的水平来实现的。"

1998 年，经济合作与发展组织 (Organisation for Economic Co-operation and Development，OECD)将这个概念扩大到政府、工业企业以及其他组织，将生态效率定义为"生态资源满足人类需要的效率"，它是一种产出与投入的比值。其中，"产出"指一个企业、行业或整个经济体提供的产品与服务的价值，"投入"指由企业、行业或经济体造成的环境压力。

此后，欧洲环境署(The European Environment Agency，EEA)将生态经济效率作为一种战略目标，把生态效率定义为："生态效率是从更少的自然资源中获得更多的福利。"(EEA 的生态经济效率概念见图 7-1。)国际金融公司环境金融组(Environmental Finance Group-International Finance Corporation，EFG-IFC)等组织也从不同角度对生态效率的定义进行了研究(表 7-1)。

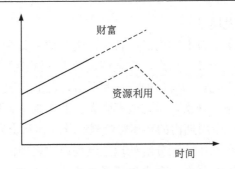

图 7-1　EEA 的生态经济效率概念

表 7-1　生态效率的各种定义

组织名称(organizations)	定义(definition)
WBCSD	通过提供具有价格优势的服务和商品，在满足人类高质量生活需求的同时，把整个声明周期中对环境的影响降到至少与地球的估计承载力一致的水平
OECD	生态资源满足人类需求的效率
EEA	以最少的自然界投入创造更多的福利
巴斯夫集团 （BASF）	通过产品生产中尽量减少能源和物质的使用以及尽量减少排放以帮助客户保护资源
EFG-IFC	通过更有效率的生产方式提高资源的可持续性
联合国贸易与发展会议（United Nations Conference on Trade and Development ，UNCTAD）	增加(至少不减少)股东价值的同时，减少对环境的破坏
澳大利亚环境、水、遗产和艺术部 Department of the Environment, Water, Heritage and the Arts（Australian Government）	用更少的能源和自然资源提供更多的产品和服务
加拿大工业部 （Industry Canada）	一种使成本最小化和价值最大化方法

关于生态效率概念的界定，尽管存在不同的表述方式，但从总体上看，其基本思想是一样的：即在最大化价值的同时，最小化的资源消耗、污染和废物。简单说来，就是"影响最小化，价值最大化"。

二、生态效率的内涵

生态效率是一种同时考虑经济效益和环境效益的概念。生态效率已被经济合作与发展组织确认是所有环保理念中最有效的观念，它将可持续发展的概念融入企业和产品的整个生命周期，力求通过改变传统的产品生产和企业管理，最大限度地提高资源投入的生产力，降低单位产品的资源消耗和污染物排放，以期实现经济和社会的可持续发展。

生态效率具有以下三方面的内涵：首先，生态效率集企业经济绩效和环境绩效目标于一身，作为一个商业概念，它强调以较少资源投入和较低成本创造较高质量的产品，提供具有竞争力价格的产品和服务，因此代表了企业获得经济效益和环境效益的双赢状态；其次，生态效率强调企业在制造数量更多、品质更好的商品时，将产品整个生命周期内的环境影响最小化，即从资源开采、运输、制造、销售、使用、回收、再利用、到分解处理全过程内，将能源和原材料的使用以及废弃物和污染的排放降至最低，至少也要降至环境承载力之内；最后，生态效率为工商界和企业界提供了一个将自身纳入可持续发展议程中去的重要机会，将可持续发展具体化为企业自身的目标，工业企业的生态效率是实现整个社会可持续发展的重要手段和工具。

生态效率不是一个绝对值，这个概念将随着革新、客户价值和经济行政手段的发展而发展，它代表一种努力的方向。

三、生态效率与其他相关概念的区别与联系

（一）生态效率与经济增长的关系

经济增长模型是关于经济增长要素及其相互关系的研究，是人们根据各自不同的认识将各种增长要素组合在一起，并同经济增长的速度联系起来的理论表述。从经济增长模型的形成与演化过程来看，无论是哈罗德·多马模型，还是新古典与剑桥经济增长模型，都将影响经济增长的要素归结于劳动、资本和技术进步，根本未考虑资源环境对经济增长的作用。实际上，在生态经济系统中资源环境对经济增长发挥着非常大的作用。由经济增长函数 $Y=f(L，K，N)$ 可以看出在经济增长中有三种效率，即劳动效率、资本效率、生态效率。用 C-D（Cobb-Douglas）生产函数形式对经济增长的影响因素进行分析，其表达式为

$$Y=A\,L^{a}K^{b}N^{c} \tag{7-1}$$

式中，Y 为经济增长；L 为劳动投入；K 为资源投入；a、b、c 分别为 L、K、N 的弹性系数。经过取对数，求导得

$$\frac{\alpha\frac{\Delta L}{L}}{\frac{\Delta Y}{Y}}+\frac{\beta\frac{\Delta K}{K}}{\frac{\Delta Y}{Y}}+\frac{\gamma\frac{\Delta N}{N}}{\frac{\Delta Y}{Y}}=1 \tag{7-2}$$

$$\delta_{L}+\delta_{K}+\delta_{N}=1 \tag{7-3}$$

其中，δ_L、δ_K、δ_N分别为劳动效率、资本效率、生态效率，劳动效率+资本效率+生态效率=1。

由 7-3 式可以看出，在经济增长中，生态效率与劳动效率、资本效率一样有着非常显著的贡献。但传统的经济系统却倾向于从可获取的资本与劳动力中获取最大可能的利润。它将资本与劳动力的生产率最大化，用资源环境表示的原材料在产品与服务的最终价格中显得关系不大。因此，在传统的经济发展模式中，生态效率并没有最大化，提高生态效率对实现经济可持续增长的贡献尚有很大的潜力可挖。

传统工业活动是在工业革命以来所形成的发展观范式（paradigm）主导下的发展模式，以追求纯粹的经济效率为最高目标，产业过程中的废弃物制造者被允许承担较低的处理成本。显然，单纯追求经济效率不能有效引导可再生资源利用与资源回收利用。中国环境资源条件需要实现环境功能非减的现代化，即追求经济增长速度与资源消耗速度的"脱钩"，最大限度利用进入系统的物质和能量，提高资源利用率，最大限度地减少污染物排放，提升经济运行质量和效益，即在经济增长和社会福利不断提高的情况下，力求使物质的消耗出现增长缓慢、零增长甚至负增长，要实现这一目标就需从产业层面进行生态转型。工业生态转型的核心内容就是生态效率的创新，把产品生产工艺改进得更好，以生态和经济上最合理的方式利用资源。图 7-2 表示人类社会工业发展各阶段与资源环境管理方式相应的生态效率的变化历程。

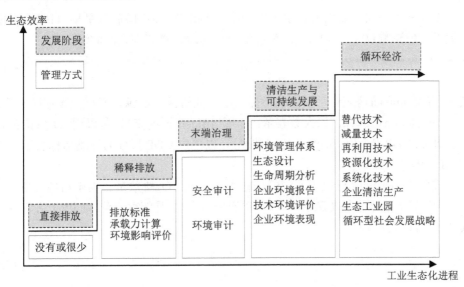

图 7-2　工业发展各阶段与环境管理方式相应的生态效率的变化

(二)生态效率和环境负荷的关系

要使生态经济系统达到最佳的生态经济效率需要将环境状况和经济发展联系起来,从理论上探讨经济系统与环境之间的关系规律才更有意义。

1. 自然资源生产率(生态效率)

生态效率的最早提法是自然资源生产率,自然资源生产率 E 是经济社会发展的价值量(即 GDP 总量)和自然资源 N(包括能量物质资源与生态环境资源)消耗的实物量比值。

$$E = \frac{\text{GDP}}{N} \tag{7-4}$$

根据式 7-4,可以进一步给出能量物质资源生产率相关指标:单位能耗的 GDP(能源生产率)、单位土地的 GDP(土地生产率)、单位水耗的 GDP(水生产率)和单位物耗的 GDP(物质生产率);生态环境资源生产率相关指标:单位废水的 GDP(废水排放生产率)、单位废气的 GDP(废气排放生产率)和单位固废的 GDP(固废排放生产率)。通过这些指标可具体计算出一个国家或地区的自然资源生产率。

2. IPAT 主方程式

美国斯坦福大学著名人口学家埃利希 (Paul R.Ehrlich)教授最早 (1971)提出的关于环境影响(I)、人口(P)、富裕度(A)和技术(T)三因素间的恒等式:

$$I = P \times A \times T \tag{7-5}$$

式中,I 即 impact(影响), 以环境指标表示, 如资源、能源、消耗、废物排放等;P 即 population(人口),以人数表示;A 即 affluence(财富),可以用人均 GDP 表示,即 $A=\text{GDP}/P$;T 即 technology(技术),以单位 GDP 形成的环境指标表示,即 $T=1/\text{GDP}$。

式(7-5)左边的 I 可以用不同的指标表示,如 CO_2 排放量、物质消耗总量等。

如果以 E 表示自然资源生产率,可以看出,E 与 T 是倒数关系。则 IPAT 方程——式(7-5)可以表示为

$$I = \frac{P \times A}{E} \tag{7-6}$$

由式(7-6)可知,生态效率 E 与环境负荷 I 之间的关系呈反比:生态效率提高,则意味着环境负荷的降低;反之,如果生态效率降低,则意味着环境负荷的加重。

3. "脱钩"条件

运用 IPTA 方程或它的派生方程,研究环境负荷或资源消耗与 GDP 增长"脱钩"(无论 GDP 怎样增长,环境负荷或资源消耗也不会上升)的条件。

设基准年份的人口、GDP 和生态效率分别为 P_0、A_0 和 E_0,GDP 和 P 分别以年增长率 g 和 r 按指数增长,研究表明有如下结果:

情景一:环境负荷保持不变。

按式(7-6),得基准年环境负荷:

$$I_0 = \frac{P_0 \times A_0}{E_0} \tag{7-7}$$

设第 n 年,环境负荷为 I_n,生态效率为 E_n,则按式(7-7)得

$$I_n = \frac{P_0(1+r)^n \times A_0(1+g)^n}{E_n} \tag{7-8}$$

由于 $I_0 = I_n$,则得

$$\frac{E_n}{E_0} = (1+r)^n \times (1+g)^n \tag{7-9}$$

式(7-9)说明,当环境负荷保持不变时,若人口按年增长率 r 增长,GDP 按年增长率 g 增长,则生态效率则需提高 $(1+r)^n \times (1+g)^n$ 倍才能使经济和环境相协调。此时,生态效率的提高主要取决于人口和 GDP 的增长率,并与之成正比。

情景二:环境负荷上升 t_0。

按式(7-9),得第 n 年的环境负荷为

$$I_n = I_0(1+t)^n \tag{7-10}$$

进一步可得

$$\frac{P_0 \times A_0}{E_0}(1+t)^n = \frac{P_0(1+r)^n \times A_0(1+g)^n}{E_n} \tag{7-11}$$

$$\frac{E_n}{E_0} = \frac{(1+r)^n \times (1+g)^n}{(1+t)^n} \tag{7-12}$$

式(7-12)说明,当环境负荷上升 t 时,若人口按年增长率 r 增长,GDP 按年

增长率 g 增长，则生态效率需提高 $(1+r)^n \times (1+g)^n/(1+t)^n$ 倍才能使经济和环境相协调。此时，生态效率的变化与人口和 GDP 的增长率及环境负荷的上升有关。由于我国将控制人口增长定为长期执行的国策，可将人口增长率视为常量，则生态效率则主要与 GDP 的增长率及环境负荷的上升有关，可以出现以下三种情况：

1) $t>g$，环境负荷 I_n 上升率超过 GDP 增长率 g，则生态效率 E_n 下降，生态经济系统呈恶化的趋势。

2) $t<g$，环境负荷 I_n 上升率与 GDP 增长率同步，则生态效率 E_n 的提高与人口增长率 r 相等，表现为传统的经济的增长模式。

3) $t=g$，环境负荷 I_n 上升率低于 GDP 增长率 g，则生态效率 E_n 会获得较大的提高，环境负荷与经济增长脱钩，生态经济系统呈良好发展的态势，这是循环经济发展的目标。所以，$t=g$ 是环境负荷的转折点，即生态效率增长率的转折条件为：$t=g$。这也表明，GDP 增长愈快，愈不易实现环境负荷或资源消耗与 GDP 之间的"脱钩"。

(三)生态效率和环境库兹涅茨曲线的关系

库兹涅茨曲线是诺贝尔经济学奖获得者库兹涅茨于 1955 年在研究收入差异随人均财富增加的研究中提出的，即以人均收入为横坐标，以收入差异为纵坐标，收入差异随着经济的增长表现出先逐渐增大，到达顶点后再逐渐缩小的总体规律，该图呈现出倒 U 形曲线分布。根据目前世界各国的经济与环境状况，在经济发展过程中，存在着随人均收入的提高环境先恶化后改善的情况，经济学家格罗斯曼（Grossman，1990）在环境经济学研究中，首次提出了环境库兹涅茨曲线（EKC）概念，并得到了帕约托和科恩等的证实，即环境质量的变化会随着经济的增长，呈现出先恶化后好转的倒 U 形变化规律。环境库兹涅茨曲线（EKC）的数学表达式为

$$Z = m-n(x-P)^2 \tag{7-13}$$

式中，z 为环境恶化程度；x 为人均 GDP；m 为环境阈值，$m>0$；n, p 是非负参数。

后发展国家的任务就是在考虑发展总效益的前提下，降低 EKC 的弧度，在倒 U 形曲线上找到一条水平的通道，从而实现经济与资源环境双赢的目标。在图 7-3 中，横轴表示经济发展，纵轴表示资源消耗，M 表示环境资源阈值，曲线 A 为一些发达国家的发展经验，提高生态经济效率的目标就是使曲线 A 不断平缓，如曲线 B 和曲线 C。发达国家的经济发展和资源消耗过程可以分为三个阶段：

第一阶段为工业化阶段：环境负荷不断上升，资源消耗加快，生态经济效率低下。

第二阶段为大力补救阶段：由于开始注重对资源环境的价值并采取相应的防

治和补救措施，环境负荷以较慢的速度上升。

第三阶段为远景阶段(尚未实现)：强调人与自然协调、持续发展、调整自身的发展模式和行为方式，使环境负荷不断下降，直到较低的程度。

发达国家经济发展历程表明，工业化阶段是环境负荷逐步产生并加快的起始阶段。由图 7-3 可以看出，发达国家经历了片面追求经济利益最大化，当环境负荷达到高峰后，经过协调人与自然的关系并采取补救和防治措施使之逐步下降这样一个过程。发展中国家虽然起步较晚，经济水平落后，至今仍在工业化的发展过程中。但是发达国家的历程已经显示了人类发展与生态环境关系协调的进步规律，可持续发展是人类在曲折中探索、总结的结果。因此，正处在快速发展的工业化进程中的发展中国家若继续沿袭发达国家的片面追求经济发展的观念，必然会沿袭他们曾经历的先达到环境负荷的顶峰后再被动采取治理措施，使环境负荷逐步回落的老路。发展中国家应在图 7-3 所示的"环境高山"上选择走一条穿越 A 曲线的隧道，这条隧道可在曲线 B 和曲线 C 之间进行选择，这样就避免重蹈发达国家翻越"环境高山"的覆辙。这样在工业化过程中就可以取得经济增长提高和环境负荷降低的经济和环境双赢的结果，从而实现较高的生态经济效率。毫无疑问，这是发展中国家在工业化进程中的最佳选择。

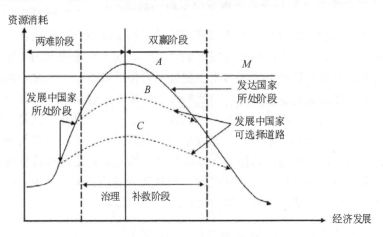

图 7-3　资源消耗与经济发展的关系

(四)生态效率与物质减量化的关系

生态效率的这些目标与物质减量化目标在本质上是一致的，生态效率与物质减量化的关系是：

第一，生态效率是物质减量化的目标。以资源利用效率最大化为目标，要求通过发展物质减量化和再资源化技术，提高物质、产品之间的转化效率，提升资源利用效率，降低输入和输出经济系统的物质流；以物质循环利用率最大化为目标，强调构筑从废弃物到再生资源的反馈式流程，形成共享资源和互换副产品的产业(企业)共生组合，建立"经济食物链"和循环链，通过系统内部相互关联、彼此叠加的物质流转换和能量流循环，最大限度利用进入系统的物质和能量，降低对自然资源和环境的影响。

第二，物质减量化是提高生态效率的有效手段。生态工业中物质减量化的概念是指通过小型化、轻型化、使用循环材料和部件以提高产品寿命，在相同或者甚至更少的物质基础上获取最大的产品和服务，或者在获取相同的产品和服务功能时，实现物质和能量的投入最小化，这实际上就是生态效率最大化，在经济运行的输入端最大限度地减少对不可再生资源的开采和利用，尽可能多地开发利用替代性的可再生资源，减少进入生产和消费过程的物质流和能源流，以不断提高资源生产率和能源利用效率。

(五)生态效率与循环经济的关系

生态效率与循环经济在根本目的、主要目标和内涵上是一致的。

1. 生态效率与循环经济在根本目的上的一致性

生态效率与循环经济都是人类探索可持续发展实现途径的产物。生态效率的提出与循环经济逐渐成为国际社会发展的潮流在时间上也是吻合的，根本目的都在于促进人类可持续发展。生态效率主要针对可持续发展三个维度中的经济和环境两个方面，在最优的经济目标和最优的环境目标之间建立一种最佳链接，实现经济与环境的双赢，而不涉及社会可持续发展，这与循环经济特别是我国循环经济的二维定位是一致的。不过，生态效率最初主要针对企业，旨在引导企业从生态环境保护出发，来提高经营绩效与竞争优势，推动企业走向可持续发展，这与生态效率主要由 WBCSD 推动是相关的，但从其发展趋势来看，生态效率开始面向区域和国家层面，其涵盖的范围与循环经济逐步趋同。

2. 生态效率与循环经济在主要目标上的一致性

两者的目标都是要求发展经济，都要求在提高人们福利或者生活质量的同时，减少资源消耗和污染排放。

具体来说，生态效率的主要目标有三个：一是降低资源消耗，即使能源、原料、水和土地利用最小化，增强可循环性和产品耐用性，使物质闭路循环。二是减少对自然界的影响，即使废物、废水、固体废弃物排放和有毒物质扩散最小化，促进可再生资源的持续利用。三是提高产品或服务价值，即重在通过产品功能性、灵活性和模块化改进为消费者提供更多的便利，提供额外的服务、关注满足消费者实际需求的功能性需要，从而尽可能降低物质和资源使用量。这与循环经济按照 3R 操作原则从源头开始全过程、多层次、多途径地减少资源能源消耗、污染排放，使资源能源得到合理、高效、持久的利用，将经济活动对自然环境的影响降低到尽可能小的程度，彻底改变以"大量生产、大量消费和大量废弃"为特征的传统线性经济增长模式的目标是一致的。

3. 生态效率与循环经济在内涵上的一致性

生态效率的原意不仅含有兼顾经济与生态两方面效益之意，而且含有企业借对生态环境的保护来提高经营绩效与竞争优势之意。它以"以少生多"和提高资源生产率的理念为基础，鼓励企业创新，使企业更具有竞争力。所谓以少生多，就是以消耗更少的资源，来创造更多的价值，它所关注的是资源生产率而不是劳动生产率。显然，生态效率的基本内涵与循环经济的核心内涵，即资源的高效利用和循环利用在本质上是一致的。循环经济倡导尊重生态规律和经济规律，在"资源—生产—再生资源"物质循环模式下发展经济。面对人类经济的演化已经从人造资本是经济发展限制因素的时代进入到剩余的自然资本是限制因素的时代，循环经济同样强调关注资源生产率，而不是劳动生产率。

4. 生态效率与循环经济之间的不同点

生态效率与循环经济之间的主要差异在于切入的角度不同。生态效率强调经济上的效率，同时兼顾环境效益；而循环经济首先强调环境效益，同时考虑经济效益。在实际操作中，其优先性不同。生态效率是对经济效率和环境效率的有机整合，是一种效率上的革命；而循环经济是一种符合可持续发展战略的发展模式，是对以"资源—产品—废弃物"为特征的传统线性增长模式的根本性变革。应该说，循环经济含有更丰富的内容。

5. 生态效率可作为度量和评价循环经济发展水平的核心标准

循环经济的根本目的在于协调经济发展与生态环境保护之间的关系，促进经济、环境可持续发展，具体表现为提高生态效率和物质循环利用率、资源消耗和污染排放减量化。循环经济发展的状态大体可用以下函数形式表达：

$$S(C) = (E, R, T_R, T_P,) \tag{7-14}$$

式中，$S(C)$ 为循环经济发展的状态；E 为生态效率；R 为物质循环利用率；T_R 为资源消耗量；T_P 为污染物排放量。

生态效率与循环经济在根本目的、主要目标和内涵上的高度一致性及其定义本身所具有的易于量化的特性决定了可以将其作为度量和评价循环经济发展水平的核心标准，并以此为基础，衍生出资源生产率等一系列指标，建立循环经济评价指标体系。

(六)生态效率与清洁生产的关系

生态效率和清洁生产都关注企业生产过程中的经济与环境效益。按照《中华人民共和国清洁生产促进法》定义，清洁生产指"不断采取改进设计、使用清洁的能源和原料、采用先进的工艺技术与设备、改善管理、综合利用等措施，从源头削减污染，提高资源利用效率，减少或者避免生产、服务和产品使用过程中污染物的产生和排放，以减轻或者消除对人类健康和环境的危害"，可以看出，清洁生产更关心污染的源头削减和过程控制方法，优先考虑环境效益，同时评价经济成本，而生态效率则强调经济效益，同时兼顾环境效益。

也就是说生态效率与清洁生产作为当今环保战略的主要发展方向，都是对传统环保理念的冲击和突破，目标都是提高环保对经济发展的指导作用。生态效率强调经济上的效率，同时兼顾环境效益；清洁生产则首先强调环境效益，同时考虑经济效益。但二者均希望将利益最大化，其最终目的是为达到"可持续发展"境界。因此，生态效率与清洁生产在实际操作中优化性或有不同，但其最终目的则是一致的。

第二节　生态效率环境管理

从生态经济效率的内涵可知，它既是一种战略(管理方式)，又是一种衡量自然生态资源的使用和各种经济活动之间关系的指标体系。

一、生态效率的管理哲学

生态效率是一种全新的环境方式，它是可持续发展概念在实践中具体应用的成功范例。企业要获得可持续的发展，在管理中就必须考虑其行为对雇员、客户、供应商、社区以及环境的影响。成功的企业通过生产高质量产品获得利润的同时，往往使用较少的自然资源并对环境造成最小的影响，这就是生态效率理念。所以，从经营管理哲学的角度，生态效率使企业更具有竞争力，更积极创新，并更具有环境意识。

生态效率还包含了其他相关环境理念的内涵。生态效率将产品的设计、开发视为减少原材料与能源消耗的一种方式，与"生态设计"的思想相通；生态效率强调降低产品"从摇篮到坟墓"所有生产、运输、销售、服务、废弃等过程中所使用的原材料、能源和产生的废弃物对环境造成的影响，符合"生命周期评价"的基本思想；在"全面质量管理"的策略下，最佳的企业能够将废品率降至最低，而以最低的成本获得最高的产品与服务质量，与生态效率有共同逻辑的理念；可见，生态效率与上述各环保理念在本质上是相通的，而且凌驾于它们之上，是实现可持续发展的一个整合性理念。所以，生态效率成为WBCSD推动企业走向可持续发展而大力提倡的基本理念。

二、生态效率环境管理的实施

对生态效率概念和指导思想的理解及OECD生态效率环境管理经验的借鉴，都有益于我国对推行生态效率环境管理进行的探索。

(一)战略

WBCSD已率先制定了一个提高生态效率的商业战略，它包括：①设定指标和目标；②通过技术、组织模式和思维方式的革新来达到这些目标；③在线监测并随时修改战略。

这些战略已经被政府、社区组织和私人企业业主所采用，并且这些指标、目标、革新和监测方法很有潜力，但对不同的实施者有着不同的意义。这些战略融合了环境政策中其他方法与内容的特征。这些特征同样包括在污染防治、清洁生产、生命周期管理以及环境管理体系等环境政策中。而生态效率还凌驾于其之上，有其社会优越性，它更强调了人类需求与生活质量，它不仅仅注重社会与经济的"双赢"战略，更是把环境、经济与社会统筹考虑，体现三者共同受益的"三赢"思想。

(二)目标

WSBD将生态效率具体化为7个要素：①产品与服务的原材料消耗强度最小化；②产品与服务的能源消耗强度最小化；③有毒物质扩散最小化；④提高原材料的循环利用率；⑤最大限度地利用可再生资源；⑥延长产品的使用寿命；⑦增加产品与服务的服务强度。以上要素已经包含了生态效率的各种发展指标，为生态效率提供了量化标准。

在企业水平，生态效率的目标是：①产品与服务的价格具有竞争力；②满足人类需求提高生活质量；③积极减少整个生命周期中的资源强度；④最大限度地减少地球的承载力。这些目标同样强调了更广泛的社会目标与环境约束力，它同时要求社会的介入，要求政府、消费者与供应者之间共同合作，这才更有利于经济的可持续发展。

(三)措施

1. 国家层面

在社会范围内进行宣传教育与思想变革，这包括产品生产、公众消费、生活方式、思维方式等经济、环境、社会各个方面的深刻变革，营造一个有利于生态效率发展的宏观大环境。有关政府部门应该引导企业把生态效率理念融入企业的组织文化和内部激励系统中，引导消费者在选择商品时以其生态效率作为判断价值的标准，并且转变拥有产品的观点，购买产品服务。

政府应该对生态效率型企业进行政策引导与扶持。政府应提供给企业资源保护、污染防治、技术进步、公司组织等方面的市场引导，在现行税制中添加诸如环境污染(水污染、空气污染等方面)税费和其他资源税的开征等惩罚措施，同时采用激励措施对积极开展生态效率实践和创新的企业在绿色奖赏(如环境标志，ISO 14000 等)、环境税费等方面予以支持。政府还应鼓励科研机构、非政府组织、企业等联合起来，对实施生态效率的关键性产品创新、资源回收利用及再生等技术进行攻关，并对技术创新进行快速的检验、证实及商业化。

与企业息息相关的金融市场应该重视企业的环境绩效，将生态效率列入企业财务价值的评估当中，使之成为贷款或其他信用行为的基准之一。另外，金融机构作为大规模投资创新技术和产品设计的主体，要对生态效率型项目有所支持，推动其研究与应用。

完善一套生态效率指标体系并进行评估。企业界必须用投资人、分析家、银行业、保险公司、会计师和评估师所能理解的方式来说明其经济绩效和环境绩效，使金融业、企业、政府和其他利益相关者可以用一套通用的生态效率指标来判断一家公司的投资风险、环境风险、价值和市场潜能。另外，监测绩效和设定目标都要求对企业生态效率进行量化和评估，因此必须建立起一套适合工业企业使用的生态效率测评指标，从生态效率角度衡量企业的经济和环境绩效。

2. 企业层面

企业建立起一套适合企业自身生态经济效率实施的框架，以最终达到使企业生态经济效率持续提高的目的(图 7-4)。

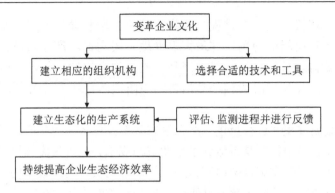

图 7-4 企业生态效率的实施框架

变革企业文化。企业内部要树立起以生态环境保护理念为核心的价值观，包括：①寻找并确定变革的支持者；②确定并消除变革的阻碍；③寻找一些介绍新技术、新工具和新系统的方法；④以员工的文化和兴趣为目标，为新的措施、新的变革找到强有力的理论基础；⑤选择合适的培训场所实施培训计划；⑥建立生态环境保护业绩与个人绩效考核挂钩的奖惩机制。

建立相应的组织结构。①企业内部建立一个负责实施生态效率的专门的组织机构，同时各部门都有进行环保规划的人员，这些人尽可能从本部门的技术人员中而非环境专家中选取，为本部门活动订立符合生态环境保护规划的政策，并进行监督，将信息反馈给负责生态效率的机构，由本机构进行综合环境影响评价及研究改进对策；②企业外部有一个独立的第三方组织与企业内部的环保部门合作，传递生态学技术和操作方法。企业一贯相信有能力的组织之间的联合，独立的第三方必须有足够的信誉度。

选择合适的技术与工具。①建立易于评价及反馈的可持续性指标——指标在设计上必须能够将尽量多的信息转变为有意义的参数，利用指标进行计算时，能显示中期和长期的影响，指标的设计便于公众理解。②采用环境设计和生命周期评价方法。环境设计包括使环境成本降至最低的环境技术的选择，同时考虑一些与环境保护有关的生产技术标准。生命周期评价贯穿于产品、工艺和活动的整个生命周期，包括原材料提取与加工；产品制造、运输及销售；产品的使用、再利用和维护；废物循环和最终废物弃置。③建立绿色结算体系。从管理上将实际存在的环境花费考虑在成本内，找出成本支出的原因，进行合理的成本核算管理。

建立生态化生产系统。①企业生产过程强调节约原材料和能源的使用量和耗散量、消除有毒原材料或减少排放物和废物的数量和毒性。选择无污染或少污染的原材料、能源、先进工艺和设备，替代污染严重的原材料、能源、落后工艺和设备；积极开展生产过程中的物料回收利用和循环使用。②技术和产品设计注重减少对材料的使用，并最大限度地利用它们。产品的设计以降低环境成本、实现效益增长为目标，贯穿产品的整个生命周期，从产品研发阶段、产品生产阶段、产品使用阶段到产品消费结束阶段考虑生产资源循环利用和废弃物管理问题。

评估、监测进程并进行反馈。结合生态效率指标体系对生产过程进行评估，看产品从设计到使用结束是否达到了预期节约成本、改善生态环境的目的以及是否在生态经济效率的实施框架内有效进行。由专门负责生态效率的企业内部组织机构将信息反馈给决策制定者，以便做出更好的实施决策。

三、生态效率管理的国外实践

用生态效率指导企业的发展，已经得到很好的效果，典型应用案例如下：

(一)德国大众汽车——为生态效率目标设计产品

德国大众汽车公司在 1999 年推出了生态效率型轿车 Lupo，该车型的设计在整个生命周期内进行优化，除了车轮之外的所有部件都重新设计，整个车身都采用循环使用的材料，汽车经废弃物和污染减量化处理，使用到年限时，支持简易拆卸和循环使用过程处理。Lupo 汽车不仅在使用时耗能少(每 100km 省油 3L)、排放尾气少，而且驾驶舒适、价格便宜，深得广大消费者的喜爱。

(二)克罗地亚的 Lura 集团——副产品也创造商业价值

作为克罗地亚著名的奶制品集团公司，Lura 公司实施生态效率战略时，开展了一个对废水进行闭环系统纯化工程，将淤泥治理成一种混合肥料，由残余淤泥、未成熟肥料、树皮和锯屑组成。该纯化工程每天处理 7 吨淤泥，公司不仅不用再缴纳废水排放费，还因出售这种混合肥料的获益而将该工程的投资回收期缩短到 18 个月。该生态效率工程不仅全面改善了公司的环境绩效，也扩大了公司的业务范围，为公司带来了新的收益，也为社会提供了新的就业机会。

(三)葡萄牙的 Parmalat 公司——生态效率措施有效地节约了成本

Parmalat 公司生产各种牛奶和果汁，是享誉全球的著名企业，该公司已经建立了环境管理系统，通过了 ISO9002 和 14001 验证。该公司参与 WBCSD 在欧洲的一个生态效率计划，和当地的另外 9 家公司一起，首先系统分析了在公司运作水管理系统措施、废水减量、原材料和能源损失等方面的生态效率提高机会，识别出了 80 多个清洁生产、质量控制和维持的机会，并转化成 58 个具体生态效率提高措施，以此将原材料损失由原来的 2%降低到 1%，并且将生产工艺中的用水量由 4t 减少到了 3t，减少废水排放 2.5t。这些措施带来的成本节约每年都比措施本身所需成本高出 3 倍。这 10 个公司的联合计划不仅使本公司受益，还为当地的可持续发展做出了贡献。

通过以上案例，可以得出以下结论：①生态效率通过降低企业成本、避免不必要的成本、改善企业品牌形象、建立新的竞争优势、提高利润，使企业有效改善经济和环境绩效，在竞争中立于不败之地。②生态效率不仅限于一种或几种特定的生产和管理方法，它有着广泛的运用价值。每个企业根据自身情况，找出生态效率提高的最大机会，针对产品生命周期上不同的环节和侧面，将生态效率应用到各种核心商业运作环节，如企业战略、产品开发、销售和市场、供应链管理、获取、资金使用、与投资者和金融市场之间的相互作用等。③生态效率工具和生态效率评价指标体系在企业实施过程中必不可少。生态效率工具如环境管理系统、完全管理系统、生命周期工具、环境供应链管理、环境设计和产品治理等，帮助企业搜集数据，然后通过生态效率评价指标(通常分为通用指标、企业核心指标和辅助指标等)，从不同侧面反映企业的经济和环境效益，对监测生态效率的进行起到良好的指导作用。④企业实施生态效率的具体程序可以用 PDCA 循环表示：计划(plan)—行动(do)—检查(check)—执行(act)。⑤生态效率的长足发展离不开政府的支持。各地政府不断改革法规政策，重新设定环境政策框架，建立起基于市场的机制以鼓励企业改善其环境绩效，采用一系列经济激励机制和奖励措施如税收优惠、补助金、排放物交易机制等来鼓励企业积极开展生态效率创新和实践。

国外企业实施生态效率的具体程序可以用 PDCA 循环表示(图 7-5)。

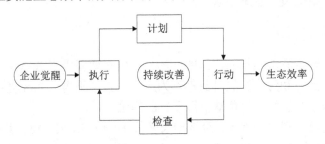

图 7-5　国外企业的 PDCA 循环模型

第三节　生态效率的度量

一、生态效率指标

生态效率最初是作为一种管理哲学，在发展过程中逐步具体化，生态效率本身也存在量化的问题。

生态效率指标就是通过对环境绩效的评估供管理者制定环境目标，提出改进方案，作为经营管理借鉴的指标，它是企业决策的重要工具，同时也是企业之间进行环境绩效比较的工具。推行落实生态效率首要的前提在于建立清楚且可度量的生态效率指标，来衡量在管理过程中目标的达成率，以便使其发挥最大的潜能。

(一)指标的基本形式

可持续发展是一个减物质化的过程，不仅在经济活动输出端减少废水、废气、固废等排放量，而且能在输入端降低水资源、能源、土地、材料的消耗量，使环境改善和降低成本携手并进。生态效率指标是一种相对的指标，是一种衡量自然生态资源的使用和各种经济活动之间关系的方法体系。

$$生态效率 = \frac{经济指标}{环境指标} \tag{7-15}$$

环境指标包括资源能源的投入和污染物的排放。人类对环境的压力体现在两个方面：一是消费与生产总量对环境的影响，另一个是单位生产与消费对环境的影响，生态效率的概念着重于后者。

(二)指标的优点

1)把环境因素看成是投入成本的一部分：生态效率重点考虑经济发展的环境代价，把资源能源和污染物的排放都作为成本因素，不再认为环境是可以无限利用的资源，符合经济学中对稀缺资源配置的理论。

2)强调资源生产率的提高：经济增长函数 $Y=Af(L, K, N)$。其中，Y 为经济增长；A 为科技进步；L 为劳动力；K 为资本；N 为自然资源。在工业化的 150 多年中，科学技术、劳动生产率和资本生产率都有了几十倍的提高，但对自然资源的利用效率远没有达到这一水平。提高资源生产率是实现可持续发展的唯一途径。

3)利于提出改善措施：生态效率总是与经济结构、生产方式以及技术进步有密切关系，且分项指标含义明确，便于找出发展的薄弱环节和制约因素，从而有针对性地提出改善的措施和建议。

二、生态效率指标体系功能

生态效率指标体系主要有以下三个方面的功能：一是描述和反映任何一个时点上（或时期内）各方面经济与环境的水平或状况；二是评价和监测一定时期内经济与环境变化的趋势及速度；三是综合衡量经济与环境各领域之间的协调程度。它可以使政府确定提高资源利用效率和控制污染物排放的优先顺序，同时给决策者一个了解和认识工业生态环境进程的有效工具。

目前确定的生态效率指标的方法是：①定义指标原则；②指标分类；③定义核心指标和附属指标。

指标是一种定量化的信息，可以帮助人们理解事物是如何随时间变化的，同时指标还要能够反映公共政策问题，如政策的作用和效果。因此，生态效率指标体系的设立原则主要有：良好的政策相关性、易于分析、可测定性和可比性、科学性和系统性、技术可行性（包括数据的准确程度和可获得性，数据的分类原则，清晰度与应用程序等）等，要避免选择含糊的或可能导致反面结果的参数。

1）联合国国际会计和报告标准（UNCTCIS）推荐了初级能源消耗量增加值、用水量增加值、气体排放量增加值、固体和液体废物量增加值、臭氧层气体排放量增加值五项生态效率指标，具体见表7-2。

2）在加拿大"环境与经济国家圆桌会议"（NIZTEE）的支持下，由八个公司设计并实验了生态效率指标：能源强度指标、原材料强度指标以及相应的污染物排放指标。其中，能源强度指标指每单位产品生产与服务运输所消耗的所有能源量，包括7个附加指标；原材料强度指标指单位产出（产品和副产品）的原材料直接利用量、单位产出的所有材料（直接和非直接原料）利用量，参与的企业有加拿大铝业公司等。

表 7-2 联合国国际会计和报告标准推荐的生态效率指标

生态效率指标	对应的环境问题	可从经济财务角度进行评估的环境效率
初级能源消耗量增加值	不可再生能源的耗竭	不可再生能源的耗竭能源成本附加值
用水量增加值	淡水资源的耗竭	水成本附加值
气体排放量增加值	全球变暖导致全球变暖	
固体和液体废物量增加值	固体和液体废弃物排放量	固体和液体废物成本附加值
臭氧层气体排放量增加值	臭氧层损耗破坏	

3) WBCSD 制定的衡量企业生态效率的指标：生态效率＝产品或服务的价值/环境影响，其中分子可采用产品或服务的数量、功能、价值等指标，分母环境影响应考虑整个生命周期过程，可采用能耗、物耗、水耗、温室气体排放以及臭氧层耗竭气体排放等指标，这一指标体系已被日本丰田、德国大众等著名公司采用。

4) 日本工业环境管理协会(JEMAI)制定了一套生态效率指标：企业的生态效率＝销售额/环境影响，已被索尼、佳能等公司采用，产品的生态效率＝产品的价值/环境影响，已被松下、三菱等公司采用。

5) 联合国贸易和发展会议(UNCTAD)发布一套衡量企业生态效率的指标：生态效率＝环境影响净效益增加，分子可采用水耗、温室气体排放、能源需求、臭氧层耗竭物质排放以及废物量等指标，分母可采用净增加值、税收等指标。这一指标体系已被世界著名的汽巴精化有限公司应用。

6) 德国环境经济账户中的生态效率指标：德国环境经济账户背景中的生态效率指标，与经济输入要素劳动力和资本的生产率设计方式一样，并且都是为国家(宏观)层次专门设计的效率度量指标。在德国环境经济账户中设计的宏观层次生态效率指标共有 6 个，每个指标的分子采用 GDP(不变价)，分母采用 6 种不同的输入经济系统的自然要素(表 7-3)。此外，还把传统的劳动生产率和资本生产率与各种自然要素的生态效率进行比较。

表 7-3　德国环境经济账户中用于表示生态效率的自然输入要素

输入要素类别	具体输入要素	选用指标
自然作为资源来源	土地	土地使用：建成土地和交通土地
	能源	能源消耗：初级能源消耗量
	水	水消耗：从自然提取的水的数量
	原材料	原材料消耗：从国内提取的无机原
自然作为废弃物和污染物的排放池	温室气体	材料和进口无机产品的数量
	酸性气体	温室气体排放量：CO_2 当量
相比较使用的经济要素	劳动力	酸性气体排放量:酸性气体当量
	资本	劳动总量：工作总小时数

三、工业生态效率指标的内容

工业生态效率的指标体系包括三个方面：能源强度指标、原材料强度指标和污染物排放指标。

(一)能源强度指标

对能源强度来说,被选择的最小化指标是指每单位产品生产与服务、运输所消耗的所有资源量,因为公司的财政标准是以销售额和资本增加额来衡量的。

其中,7个主要指标是:①能源运输与消耗,包括能源运输过程中的能源损失量;②能源运输与消耗,包括能源运输过程中的能源损失量以及运输消耗的能源;③在产品生命周期使用阶段能源的消耗;④附加在制造过程中的原材料使用消耗的能源以及服务运输中消耗的能源;⑤在处置产品过程中的能源消耗;⑥产品整个生命周期的能源消耗;⑦与温室气体排放有关的能源消耗。

(二)原材料强度指标

企业对原材料强度验证了两个基本的最小化指标和一个附加指标。第一个最小化指标把在产品和副产品中的所有原材料的直接利用与产品与副产品的总产出进行了比较。第二个最小化指标包括了所有非直接原料。在这些指标当中,产品与副产品的包装原材料都被看做是原材料。

在原材料强度指标实际应用过程中,应注意以下几个问题:第一,一个原材料强度指标对服务行业可能并不相关或没有意义,而在钢铁汽车等制造业中的原材料强度指标比在集装和包装产业中更有用。第二,产品组分的变化会对公司的原材料强度指数有所影响,但并不影响整个产品水平上原材料效率的提高。第三,一个工厂里大量地使用某种特殊物质,比如说某种气体或某种溶剂时,考虑原材料强度指标一定要注意选择合适的可以反映实际情况的原材料。第四,水有其特殊的作用,它可以被转移成另一种状态而没有被破坏。包括在产品中的水,不应该在指标中计算,也不能计算在投入和产出中。

(三)污染物排放指标

设计污染物排放指标时必须注意公众广泛关注的污染物排放,选择的排放指标必须密切与环境质量和公众健康联系紧密。如大气污染物排放,水污染物排放等。

对污染物排放指标来说有三个重要问题:第一,要满足使用者科学性与实用性的需要;第二,当考虑与污染排放相关的产品产出或价值增加的生态效率指标类型时,许多用户很可能需要排放的绝对度量数据,却忽略了单位产出释放量的提高;第三,指标的设计与决定原则要明确区分直接作为污染物释放到环境中的非生产性产出与由于管理及措施方法等原因最终产生了污染的非生产性产出。

四、生态效率的测度方法

生态效率的概念和内涵以及所采用的计算指标和方法与其评价的尺度和评价的目的有着非常密切的关系。在实践中，有两种生态效率的计算尺度，计算结果存在差异，将影响到政府管理政策的制定和企业内部调整如何综合两种尺度上的生态效率的计算。生态效率测度方法要求既能全面地考虑产品的影响，又要有较大的可行性。

（一）价值和影响比值计算方法

虽然生态效率的定义各不相同，但是都涉及经济价值和环境影响两个方面。因此在具体计算中，大都以经济价值与环境影响比值的方式出现，如单位环境影响的生产价值、单位环境改善的成本、单位生产价值的环境影响、单位成本的环境改善等。目前普遍接受的计算公式由 WBCSD 提出：

$$生态效率 = \frac{产品或服务的价值}{环境影响} = \frac{产品或服务的增量}{环境影响的增量} \tag{7-16}$$

产品或服务的价值和环境影响数值的确定仍然没有统一的方法，部分原因在于生态效率计算目标的差异。例如，当以促进企业内部可持续发展的管理为目标时，强调可行性，以评价企业的外部表现为目标时，则主要考虑产品或者服务在整个生命周期中的表现。

1. 经济价值的计算

适当的经济指标，可以用来表征所研究企业或者行业乃至区域的产品或者服务的经济价值。WBCSD 把产品或服务的生产总量或销售总量(quantity product service/produced or sold)和净销售额(net sales)作为一般性经济指标，增加值(value added)作为备选指标。以上指标均选择了可得性较强的企业财务指标，然而在面向整个行业乃至区域的生态效率计算时，要考虑的因素则比单纯的企业内部管理复杂得多。

目前产品或服务价值的计算主要有两类方法：成本效益分析(cost-benefit analysis，CBA)和生命周期成本分析(life cycle costing，LCC)。LCC 计算了产品的整个生命周期内市场相关成本和收益，而 CBA 则除了市场相关成本和收益外，还包括环境外部性经济成本，但是环境外部性成本的量化方法仍未成熟。从经济学角度出发，经济价值计算中应该采用机会成本，而不是已支付成本，而且长期来看，应当重视净现值的折算。

2. 环境影响的计算

ISO 14031 标准中环境表现评价参数的选择方法已广泛应用于生态效率计算。按照该标准的定义，环境表现参数是表达一个组织环境表现相关信息的特定形式，它包括管理表现参数和运行表现参数，一般意义上的环境影响属于运行表现参数的范畴。运行表现参数则需要考虑以下因素：材料、能源和服务的输入；运行所需的设施、设备状况；所产生的产品、服务、废物和排放物。

(二)其他计算方法

数据包络分析(data envelopment analysis，DEA)以"相对效率"概念为基础，根据多指标投入和多指标产出对相同类型的决策单位(企业或者企业内部门)进行相对有效性或效益评价的一种系统分析方法。

采用 DEA 方法计算生态效率时，通常是针对同行业的一组企业，将其经济指标和环境指标分为输入和输出两类，本着输入最小化和输出最大化的原则，使用数学规划模型来求取所评价企业在该行业中的相对生态效率。若输出中含有污染物，则需要将其最小化，此时的输出称为非期望输出(undesirable output)。非期望输出的问题一般通过函数变换和模型修正来解决。

DEA 方法优点在于可以有效地减小环境指标赋权方法的主观性影响，因为它摒弃了传统主观的赋权方法，采用统计学方法自动赋权；但 DEA 模型需要大量的可靠数据和参考样本，所涉及的环境影响种类则受到数量限制。

(三)生态效率的计算方法有待进一步探索和研究

首先，产品或者服务的经济价值和环境影响都具有一定的时间效应。经济价值的时间效应目前多使用折现率来解决。对环境影响的时间效应关注较少。在生态效率计算中，考虑环境影响的时间效应将是一个迫切需要解决的问题。

其次，在选择计算方法时，DEA 方法因为其客观性强成为应用的热点，但 DEA 方法的结果对数据的精度非常敏感，不同的 DEA 计算模型所得出的结果差别很大，如何选择和改进 DEA 模型需要进一步研究。同时，考虑到时间效应，DEA 方法也应该引入时间动态模型。

最后，在中小企业层次上开展生态效率分析面临数据短缺和方法创新的挑战。生态效率目前虽然已广泛应用于企业、行业以及区域产业系统等层面上，但在应用于中小企业时，往往由于其规模较小，缺乏环境战略和环境统计数据，现有的生态效率计算方法难以推行。因此，更实用的生态效率计算方法函待开发。

第四节　生态效率的应用

　　生态效率概念和方法在实践中得到了大量应用，由于研究对象层次的差别和研究目的不同，应用生态效率分析方法也各有差异。目前主要在企业、行业、产品、区域等层面开展。

一、企业生态效率分析

　　目前生态效率的应用在各个层面展开，但主要在企业层面，有三个原因：第一，提出并积极推行生态效率的 WBCSD 本身由 120 个世界著名工商企业组成；第二，在实践中实施生态效率的企业所属国家，主要的生产与服务组织均实行企业化运作，使得生态效率的实践也更多地集中在企业；第三，在一个企业内实施彻底的原则，尤其是实施基于环境保护的生产者责任延伸原则的做法，比较适用于经济实力雄厚的经济体。

　　在企业层面上，生态效率计算方法因企业规模的不同而有所区别。大型企业管理完善，环境数据全面，因而他们可以自行开发或者利用相关研究机构开发的方法，计算和分析自身的生态效率以有效提高企业的可持续发展水平。例如，以化学药品、塑料制品、农产品、精细化工产品、原油以及天然气为主要产品的德国 BASF，从 1996 年起将生态效率评价作为保证企业持续发展的战略工具，研发出用生态效率评价产品生命周期的一整套方法和名为"生态效率管理"的应用软件，迄今已做过 220 项分析。该软件从六个方面评价企业的生态效率：原材料消耗，能源消耗，土地使用，空气、水和固体废物的排放，有毒物质的使用和排放，材料滥用和潜在的风险。此外，生态效率也常被大型企业用来对所要采用的新技术进行环境和经济评估。

　　相对大型企业而言，中小企业规模小，排污量小，但数量众多、成分复杂，在区域排污总量中相当比重。因此，中小企业生态效率的计算与评价方法同样需要进行深入研究。占据目前加拿大已经开发了适用于评价中小企业生态效率的指标与方法。

二、行业生态效率分析

　　目前行业生态效率的指标和分析方法不尽相同，仍需要进一步的探索。不同行业在环境指标与经济指标上往往不同。

在巴西一个公路运输行业生态效率评价的项目中，特别关注了能源消耗与大气污染，环境指标采用了总能源消耗、可再生能源消耗、气体排放、大气污染物排放等，经济指标则采用相应的折现后年际成本。而在加拿大食品和饮料行业生态效率评价计划中，除了能源消耗、温室气体排放、水资源利用和排放等常用环境指标外，还包括固体有机废物和包装废物等指标。在评价德国洗衣机行业生态效率时，专家利用生命周期成本方法来核算实际成本。环境指标包括初级需求量、金属资源需求量、全球变暖潜力、酸化潜力、富营养化潜力、光化学臭氧潜力等。权重确定使用了类似于政策目标距离法的生态等级(eco-grade)方法。

以上案例都是通过行业的平均值，来评价整个行业的生态效率，然而要对行业内具体企业进行优化提高，则需要对同行业中不同的企业进行评价比较，找出其弱点所在。以相对效率概念为基础的 DEA 方法在同行业的不同企业的相对生态效率分析得到广泛应用。

应用 DEA 模型计算生态效率时，各种方法的主要区别在于对非期望输出处理方法型组合的差异：一是把非期望输出通过单调递减函数进行变换，作为期望输出来对待，仍然使用普通 DEA 模型。二是仍然使用非期望输出的原数据，但对所使用 DEA 模行相应修改来达到目的。DEA 模型方法在生态效率计算中的最大优势在于，在对各类环境影响赋权时，它摆脱了传统方法的主观性，使用统计学方法让数据自己"说话"，得出所研究对象的相对生态效率的大小。因此 DEA 模型适合于评价同行业中不同企业的生态效率。

三、产品生态效率分析

随着社会对生产者责任制和产品末端环节的环境绩效的日益关注，产品的生态效率研究渐渐从企业的生态效率研究中分离出来，并延伸到与产品生产有关的一切环节，包括生产技术、废旧产品的处理等。

生态效率概念的应用可以从能源、材料等方面延长到产品的使用效率，缓解处理废旧电器给社会带来的压力。在这样的背景下，现有的产品生态效率评价以电子产品为主。1998 年，欧盟颁布《废旧电子电器回收法》。从 2005 年 8 月开始，欧盟的《报废电子电气设备指令》(WEEE 指令)开始正式实施，规定生产商、进口商和经销商负责回收、处理进入欧盟市场的废弃电器和电子产品。美国在 20 世纪 90 年代初就对废旧家电的处理制定了一些强制性的条例，另外，美国各州也根据需求，制定州内相关的法律条例，严格控制废旧电器的处理。

四、区域生态效率分析

生态效率在区域尺度上的应用仍在探索中，目前并无普遍认可的方法，对于区域生态效率的含义与计算方法尚缺乏深入的探讨。

生态效率概念来自于产业界，没有包括考察区域发展可持续性所需的社会发展指标，因此，生态效率并不适于评价整个区域的可持续性，而较适于产业系统的可持续性评价。

作为区域生态效率计算的代表案例，芬兰 Kymenlaakso 地区在这方面进行了探索。项目执行者认为生态效率作为环境与经济因子的比值无法正确全面的表达区域发展的可持续性，因此尝试在地区生态效率评价中加入社会发展指标，并与环境、经济指标进行综合。Sepple 等着重分析了该项目经济指标与环境指标体系。该工业园生态效率测度与评价体系中，经济指标使用国内生产总值、增加值和该地区主要经济部门的产出，环境指标基于生命周期分析方法，分为压力指标、影响类型指标和总影响指标。其中，总影响指标是通过调查方法对各类环境影响赋权加和所得。Michwitz 等则对该项目中社会指标的建立过程进行了详细的分析，建立了人类社会发展指标，包括安全、教育、人口变化等。但社会发展指标仅作为参考，不参与环境指标、经济指标的综合。

区域生态效率指标见图 7-6。

图 7-6　区域生态效率指标

第五节 案 例 分 析

一、案例一 钢铁企业生态效率分析

(一)钢铁企业的生态效率指标

对工业来讲，生态效率指标一般包括如下三个方面:原材料强度指标，能耗强度指标和污染物排放指标。这三个指标可分别表述为单位产出的原材料消耗、能源消耗和污染物排放量，它们分别是"产出与投入"比值的倒数。根据钢铁企业的特点和环境状况，可采用资源效率、能源效率和环境效率三个指标来衡量钢铁企业的生态效率水平。

钢铁企业的资源效率是指统计期内输入钢铁生产过程中的单位天然资源量所能生产的产品量，它等于产品量除以输入该生产过程中的天然资源量:

$$r = \frac{P}{R} \tag{7-17}$$

式中，r 为钢铁企业的资源效率；P 为钢铁企业生产的产品量；R 为生产 P 吨产品所输入的天然资源量，不包括回收资源，如外购废钢等。由式(7-17)可见，资源效率值愈高，天然资源愈节省。

钢铁企业的能源效率是指统计期内输入钢铁生产过程中的单位能源量所能生产的产品量，它等于产品量除以输入该生产过程中的能源量:

$$e = \frac{P}{E} \tag{7-18}$$

式中，e 为钢铁企业的能源效率，E 为生产 P 吨产品所输入的能源量，由式(7-18)可见，能源效率值愈高，能源愈节省。

钢铁企业的环境效率是指在钢铁生产过程中，统计期内与单位排放物量相对应的产品量，它等于产品量除以该产品生产过程中向环境排放的废品和污染物量:

$$q = \frac{P}{Q} \tag{7-19}$$

式中，q 为钢铁企业的环境效率，Q 为生产 P 吨产品时生产过程向环境排放的废品和污染物量，由式(7-19)可见，环境效率值愈高，环境状况愈好。

(二)钢铁企业生态效率的现状分析

某钢铁企业是典型的高炉-转炉生产流程。它由采矿、选矿、焦化、烧结、炼铁、炼钢、轧钢和其他辅助生产工序组成。2002 年该钢铁企业共产钢材 4364438 t,综合能耗 795kgce/t。钢材产品主要有棒材、线材、中型材、矿用钢、轻轨、窄带钢和焊管等,产品规格近百种,向生产过程输入的资源和能源种类几十种,如铁矿石、合金料、石灰石、煤炭、水、电、重油等。由生产过程输出的废品和污染物也高达几十种,如废坯、尾矿、水渣、钢渣、CO_2、SO_2 等。可见,该企业在生产过程中,物料的流动情况非常复杂。

利用工业代谢分析方法,建立该企业的物料结算平衡表,弄清输入、输出该企业的资源、能源、产品、废品和污染物的种类及数量,并在此基础上,对该企业生态效率的现状进行分析比较。

表 7-4 是该企业某年物料结算平衡表。在表单元中,横向分为 27 行:前 26 行为参与工业代谢的各股物料,第 27 行为物料的合计值。纵向分为 3 栏:第 1 栏为工业代谢的输入量,该栏分为 3 列,分别代表物料名称、物料量和物料量占输入物料总量的比值。第 2 栏为工业代谢的输出量,该栏分为 4 列,分别代表物料名称、物料量、物料量占输出物料总量的比值和输出的物料中已被下游企业或工序使用的数量。第 3 栏为本企业内部循环量。

表 7-4 某钢铁企业的物料结算平衡表

序号	输入			输出				内部循环量/t
	名称	物料量/t	比值/(kg·t⁻¹)	名称	物料量/t	比值/(kg·t⁻¹)	已用量/t	
1	国产原矿	7910458	406.9	钢材	4364438	224.51	4364438	
2	进口原矿	3546125	182.42	尾矿	5087885	261.73		
3	进口块矿	1067918	54.93	水渣	1675670	86.20	1675670	
4	废钢*	14689	0.75	尘泥	17000	0.87		713700
5	铁块	440945	22.68	废坯	13680	0.70	13680	
6	钛矿	42199	2.17	C⁻*	2247230	115.60		
7	合金料	101636	5.23	S⁻*	19304	0.99		
8	铁矾土	2494	0.13	轧钢切头	15181	0.78	15181	40768
9	贫锰矿	5395	0.2	轧废	7241	0.37	7241	18316
10	石灰石粉	1064749	54.77	氧化铁皮	16037	0.81	16037	41727
11	萤石	10790	0.55	废耐材	48385	2.49	10505	

续表

序号	输入			输出				内部循环量/t
	名称	物料量/t	比值/(kg·t⁻¹)	名称	物料量/t	比值/(kg·t⁻¹)	已用量/t	
12	皂土	99128	5.1	粉煤灰	462323	23.78	364772	
13	白云石粉	458499	23.5	工业垃圾	14200	0.73		
14	氯化钙	756	0.04	烟尘	18432	0.95		
15	磷矿粉	1 517	0.08	粉尘	6756	0.35		
16	硼酸	376	0.02	焦油	19802	1.02	19802	40888
17	耐火材料	48385	2.49	焦炉煤气	72695	3.74	70788	182368
18	洗精煤	1977950	101.75	高炉煤气	498754	25.66	97555	10641381
19	无烟煤	656434	33.77	氧气	20395	1.07	16687	401401
20	动力煤	1008275	51.87	氮气	7151	0.37	7151	436 162
21	重油	42484	2.19	氩气	8395	0.43	8395	2099
22	汽油	1710	0.09	焦化副产品	48146	2.48	48146	
23	柴油	8 445	0.43	余热资源	4681101	240.81		
24	冶金焦	909508	46.79	其他	69164	3.56		
25	蒸汽	18500	0.95	钢渣				556833
26				转炉煤气				712943
	合计	**19439365**	**1000**	合计	**19439365**	**1000**	**6736048**	**13788586**

*废钢指回收资源。因未考虑空气量，所以 CO₂ 和 SO₂ 量均以 C⁻、S⁻量表示

由表 7-4 可见，该企业全年生产输入的物料共 25 类，输入物料总量为 194 393 65t。在这些输入的物料中，资源占 17 类，它的输入量为 14816059 t，占输入物料量的 76.22%；能源占 8 类，它的输入量为 4623306t，占输入物料量的 23.78%。输入的回收资源只有废钢，它的输入量为 14689t，仅占输入资源量的 0.10%。

该企业全年输出的物料共 26 类，除钢材产品外，其余 25 类均为废品和污染物，它们的输出量为 15074927t，占输出物料总量的 77.55%，比例很大。在这些废品和污染物当中，有 15 类废品和污染物以"产品"的形式全部或部分运往下游企业或工序作为原料使用，这些废品和污染物量为 2371610t，占废品和污染物总量的 15.73%，它们的再资源化率较低(通常再资源化率是指废品和污染物转化为可供下游企业或工序再利用资源量的百分数)。该企业输出的钢材量为 4364 438t，把它与再资源化的废品和污染物量加在一起，输出的"产品"量为 6736048 t，占输出物料总量的 34.65%。

该企业内部循环的物料种类有 12 种，循环量为 13788586t，占输入物料总量的 70.93%，比例较高。

由上面分析可知，该企业共有 6736048t 产品运往下游企业或工序作为原料使用。此时，资源消耗量为 14801370t(输入资源量减去废钢量)，把它与产品量代入式(7-17)，可计算出该企业的资源效率

$$r = \frac{6736048}{14801370} = 0.455 \text{t} / \text{t}$$

该企业能源消耗量 4623306 t，把它与产品量代入式(7-18)，可计算出该企业的能源效率

$$e = \frac{6736048}{4623306} = 1.457 \text{t} / \text{t}$$

该企业生产过程中向环境排放的废品和污染物量等于输入物料量减去产品量，即 $Q = 19439365 - 6736048 = 12703317$ t，把它与产品量代入式(7-19)，可计算出该企业的环境效率

$$q = \frac{6736048}{12703317} = 0.530 \text{t} / \text{t}$$

由上述计算可见，在资源效率、能源效率和环境效率三个指标中，能源效率值最高，为 1.457t/t，资源效率值最低，为 0.455t/t；环境效率值比资源效率值略高，为 0.530 t/t。可见，该企业在生产过程中，资源浪费严重，且由此带来的环境问题比较突出。主要原因在于该企业仅有 15.73% 的废品和污染物被下游企业或工序使用，余下 84.27% 未被利用，排入环境，致使该企业资源效率和环境效率较低。再者，该企业生产几乎完全依赖于天然资源(或由天然资源加工的中间产品)，它们占资源输入量的 99.9%，仅有 0.10% 为回收资源废钢，这也是造成资源效率和环境效率低的一个原因。虽然能源效率在三个效率指标中最高，但由表 7-4 可见，能源浪费仍比较严重。例如，4681101t 余热资源未回收，1907t 焦炉煤气和 401199t 高炉煤气被排放。此三项合计 5084207t，全部散失于环境之中。若能将这些能源回收利用，不仅能源效率可提高，而且资源效率和环境效率也可提高。

(三)企业实施生态效率的措施讨论

为了提高生态效率，该钢铁企业应与其他企业间形成相互利用废品和污染物

的共生关系，从而有效地提高企业废品和污染物的再资源化率，最终提高它的资源效率、能源效率和环境效率。

钢铁生产本身是一个化工冶金过程，而且与人们的生活和其他企业在产品、资源提供和废品、污染物处理上有着许多交叉和联系。随着当代科学技术的进步，尤其是多学科的交叉与融合，更加有助于钢铁企业与其他企业间的合作，形成相互利用废品和污染物的共生关系，进而提高钢铁企业废品和污染物的再资源化率。目前，钢铁企业废品和污染物再资源化技术较多，该企业可以根据实际采用。

下面研究占输出物料总量最大的尾矿（该企业年排入环境的尾矿量为5087885 t，占该企业输出物料26.17%）再资源化对该企业资源效率、能源效率和环境效率的影响。

该企业开发尾矿再资源化技术，建立尾矿再资源化的共生关系，增加其产品的输出量，减少废品和污染的排放量，从而提高企业资源效率、能源效率和环境效率。如果该企业通过采用尾矿再资源化技术，使尾矿再资源化率由 0 提高到20%、40%或 60%，则该企业资源效率、能源效率和环境效率将会不同程度地提高，计算结果见表 7-5。

表 7-5 尾矿再资源化率对该企业资源效率、能源效率和环境效率的影响

再资源化率/%	0	20	40	60
资源效率/(t/t)	0.455	0.524	0.593	0.661
能源效率/(t/t)	1.457	1.677	1.897	2.117
环境效率/(t/t)	0.530	0.664	0.822	1.014

由表 7-5 可见，当尾矿再资源化率由 0 提高到60%时，该企业资源效率由0.455 t/t 提高到0.661t/t，提高了45.27%；能源效率由 1.457 t/t 提高到2.117t/t，提高了45.30%；环境效率由0.530t/t 提高到1.014 t/t，提高了91.32%。可见，该企业资源效率、能源效率和环境效率会随尾矿再资源化率的提高而有不同程度的提高。并且，尾矿再资源化率愈高，企业资源效率、能源效率和环境效率也愈高。

二、案例二：生态工业园生态效率评价实例

（一）生态效率测度模式

工业园生态效率指标是工业园区经济社会发展（用价值量来表示）与园区资源环境消耗的比值，也就是工业园产出、投入的比值，其中产出指一个工业园提供

的产品与服务的价值量,投入指工业园造成的环境压力(包括资源消耗与废物排放),由此可得出工业园生态效率测度模型。

(二)生态效率指标的建立

生态效率的指标和资源生产率(或资源效率)的指标以及环境生产率(环境效率)的指标密切相关,由此进一步得出与园区资源生产率相关的指标:单位能耗的园区价值量(能源生产力)、单位土地的园区价值量(土地生产力)、单位水耗的园区价值量(水生产力)和单位物耗的园区价值量(物质生产力);而与环境生产率相关的指标是:单位废水的园区价值量(废水排放生产力)、单位废气的社会价值量(废气排放生产力)和单位固体废物的社会价值量(固废排放生产力)。

根据排放污染物指标的不同,将生态效率分为三种类型:基于工业废水的生态效率(EE-W)、基于工业废气的生态效率(EE-A)和基于工业固体废物的生态效率(EE-Q)。

生态工业园生态效率指标见表 7-6。

表 7-6　生态工业园生态效率指标

经济指标	环境指标	生态效率	指标测算方法	单位
园区国内生产总值[1]	园区工业废水排放总量(W)	单位废水排放产值[1]	Eco-W[1]=[1]/W	元/t
		单位废气排放产值[1]	Eco-A[1]=[1]/A	元/Nm³
	园区工业废气排放总量(A)	单位固废排放产值[1]	Eco-Q[1]=[1]/Q	元/t
园区工业增加值[2]		单位废水排放产值[2]	Eco-W[2]=[1]/W	元/t
	园区工业固废排放总量(Q)	单位废气排放产值[2]	Eco-A[2]=[1]/A	元/Nm³
		单位固废排放产值[2]	Eco-Q[2]=[1]/Q	元/t

(三)某生态工业园生态效率的测算和分析

通过实地调研和问卷调查,取得某生态工业园区的环境影响及财务指标相关数据,经过测算,得到 2004 年、2005 年该生态工业园的生态效率指标值,见表 7-7。

表 7-7　某生态工业园 2004 年、2005 年生态效率指标

生态效率指标	2004 年	2005 年	增长/%
Eco-W[1]	66.61 元/t	248.23 元/t	273
Eco-W[2]	33.13 元/t	128.29 元/t	287
Eco-A[1]	0.28 元/Nm³	0.55 元/Nm³	96.4

生态效率指标	2004 年	2005 年	增长/%
Eco-A[2]	0.14 元/Nm^3	0.29 元/Nm^3	107.1
Eco-Q[1]	6 767.84 元/t	16 498.67 元/t	143.8
Eco-Q[2]	3 356.02 元/t	8 527.21 元/t	154.1

从表 7-7 数据分析得知:

基于工业废水的生态效率:生态效率表现出上升的态势。Eco-W[1]从 2004 年的 66.61 元/t 上升到 2005 年的 248.23 元/t,增长 2.73 倍。Eco-W[2]从 2004 年的 33.13 元/t 上升到 2005 年的 128.29 元/t,增长 2.87 倍,反映出相同经济增长速度下工业废水排放量下降。

基于工业废气的生态效率:生态效率上升幅度较小,上升趋势需要进一步强化。2004 年,Eco-A[1]和 Eco-A[2]分别为 0.28 元/Nm^3 和 0.14 元/Nm^3,到 2005 年分别为 0.55 元/Nm^3 和 0.29 元/Nm^3,分别上升 96.4% 和 107.1%,与 Eco-W 的上升率相比要小得多。

基于工业固体废物的生态效率:生态效率呈现出上升趋势。2004 年 Eco-Q[1]和 Eco-Q[2]分别为 6 767.84 元/t 和 3 356.02 元/t,到 2005 年分别为 16 498.67 元/t 和 8 527.21 元/t,上升 143.8% 和 154.1%,上升率在 Eco-W 和 Eco-A 之间。

通过对该生态工业园生态效率指标的测算并比较分析,得出结论如下:

第一,该生态工业园生态效率的总体水平是向上发展的,各类生态效率的变化存在着差异。基于工业废气的生态效率变化的波动性要高于其他类型。这是由于污染物的外部效应不同造成的,任何污染物都有外部不经济性。但是大小各不相同。其中,大气污染物的外部性最强,其次是废水污染物,外部性最小的是固体废物。

第二,该生态工业园区生态效率变化的原因:一是环保政策的实施在改善生态效率方面有明显的积极作用。二是城市整体的生态效率在快速提升,这与这一时期国家、城市对河流的治理及对企业要求达标排放有关。相应地,园区的生态效率提高。

第三,采用 SPSS 统计软件对测算出的两类生态效率进行相关性检验,计算结果两类生态效率的相关系数在 0.96~0.99 之间,具有高度的相关性。影响两类生态效率差异的主要因素是生态产业链的变化,可以看出该生态工业园的绩效是在平稳和有序中逐步提高的。

第四,影响生态效率变化的因素有经济因素、技术因素和政策因素。行政区划及管理的变动也会对生态效率的计算结果产生影响。

参 考 文 献

International Standardization Organization. 1999. ISO 14031: Environmental management environmental performance evaluation guidelines. ISO

WBCSD. 1998. Eco-efficient Leadership for Improved Economic and Environmental Performance. Geneva: World Business Council for Sustainable Development

WBCSD. 2000. Measuring Eco-Efficiency. A Guide to Reporting Company Performance. Geneva: World Business Council for Sustainable Development

第八章 工业代谢与过程优化

第一节 工业代谢起源

20 世纪 70 年代,美国的 R.U.Ayres 等就经济运行中物质与能量流动对环境的影响进行了开拓性的研究,通过生物个体与企业、生物系统与产业系统之间的"类比",提出了产业代谢的概念,并得到美国国家工程院和美国全球变化委员会的认可。产业代谢分析是描述产业系统中物质能量从资源采掘,经产业和消费系统到最终作为废弃物处置的整个过程的方法。可以从个体和系统两个层次理解生物与产业之间的类比关系。

一、生物体与产业组织

"代谢"一词起源于生物学,指的是生物体从外界环境不断吸收物质和能量,以维持自身的生存和发挥其各项机能,并将废弃物排入环境的过程。以生物体为中心并考虑所有进出该生物体的物流和能流的收支分析就称为代谢分析。

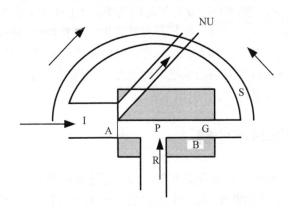

图 8-1 生态学中单个生物体的能量流模型

资料来源:R.E. Ricklefs. The Economy of Nature. 3rd ed. New York: W.H. Freeman, 1993

图 8-1 描述了某个生物体中的能量流动情况。I 代表摄入量,A 代表吸收量,P 代表生产量,NU 代表利用量,R 代表呼吸量,G 代表生长量,S 代表储存量(如

供未来使用的脂肪），B 代表生物体中的生物质。只有当输入输出完全平衡时生物质才能保持稳定。

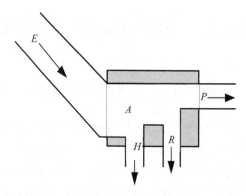

图 8-2　一个产业组织（生产企业）的能量流模型

资料来源：R.E. Ricklefs. The Economy of Nature. 3rd ed. New York: W.H. Freeman, 1993

　　把企业看成产业组织非常恰当，因为它像生物体一样消耗能量来转化物质。企业通过各种工艺过程，从自然环境中获取原料与能源，并转化成供社会使用的产品，同时将消费产生的废弃物排放进入环境。图 8-2 描述了与生态学相似的一个产业组织的能量流。E 代表能量输入，A 代表吸收，H 代表热损失，R 代表呼吸量（如用来驱动电机的能量），P 代表产出。与生态学的情况不同，这里没有能量储存，而且组织的生物质是固定不变的。

　　可以说，在生物有机体与产业组织之间的类比不仅存在，而且似乎比较合理，因为它们具有类似的生态特征，如都具有独立性，消耗物质和能量，产生废物，对外界具有应激性，等等。和生物体一样，企业生产过程不仅是一个不断消耗外界能量来维持自身生存和发展的系统，而且是一个远离热力学平衡状态、处于相对稳态的自组织耗散系统。

二、食物链与产业链

　　在自然生态系统中，所有生物都要消耗资源才能够生存并开展日常活动。资源（营养物质及其包含的能量）从一个生物到另一生物再到下一个生物的转化就形成了一条食物链。多个食物链交叉链索，形成复杂的网络式结构，即食物网。食物链通常由生产者、消费者（分不同的级别）和分解者组成（图 8-3）。

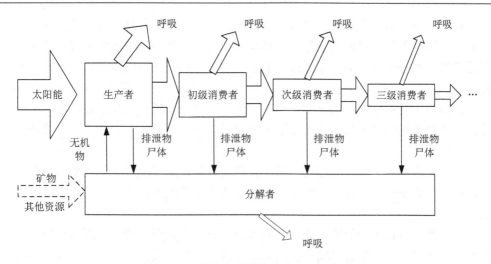

图 8-3　自然生态系统食物链及其代谢过程

工业活动则是由一系列产业链所构成(图 8-4)。和食物链相似,在从原材料采掘到中间产品的生产到最终产品的生产过程中,物质、能量和信息在各企业之间传递,构成产业链。工业代谢就是将原料和能源转变为最终产品和废物的过程中,一系列相互关联的物质变化的总称。

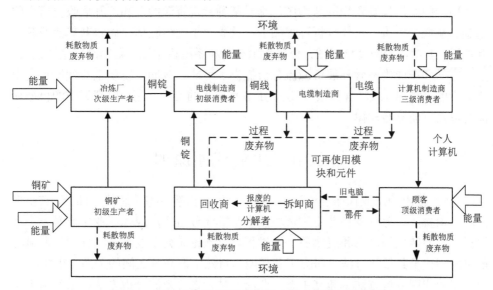

图 8-4　产业链及其代谢过程(以电脑中铜的使用为例)

从图 8-3 和图 8-4 的对比可以看到,自然生态系统中食物链与工业系统中产业链的主要区别如下:

1) 食物链中的能量从唯一的外部来源——太阳——进入食物链，能量流动是单向的，通过各营养级的能量是逐级递减的。在产业链中，外部能量可以进入各个营养级，而不是只在第一营养级。能量主要来自化石燃料燃烧，以不可再生能源为主。

2) 在整个食物链中，物质基本没有损失，但在产业链中损失了很多资源。因此，产业生态系统必须从系统外获取相当多的资源，而自然生态系统只需要补充很少的物质。

3) 生物体摄入化学组成相对一致的有机营养物，而产业组织却需要多种多样的原料，因而在产业系统中，输出流和输入流不相匹配时往往导致系统关联度较低。

4) 自然生态系统中的物质通过食物链进行着相当完全的循环，而传统产业链中物质循环强度小，能量和物质流动都是线性的。为了最终实现工业发展的可持续性，产业生态系统必须模拟自然生态系统，通过完全物质循环以及可再生能源的使用来解决资源能源的耗竭问题。

生态学中食物链、食物网等概念对于深入分析研究生态工业中的物质流、能量流和信息流所构成的复杂产业"食物网"有着十分重要的意义。生态学中食物网分析有两个重要目的：研究生态系统中的资源流动和分析生态系统中的动态交互作用。因此，勾画食物网结构图，是对某种特定资源的源和汇开展收支研究的基础。从概念上讲，具体分析过程如下：首先，识别生物体，确定营养级及其相互作用；其次，绘制食物网图，分析资源流动和系统稳定性。食物网模型的建立，为生态学和产业生态学开展资源流分析提供了可能，有助于发现工业代谢过程中所缺少的"物种"或"营养级"，认识工业代谢中的资源利用、时滞、资源再循环潜力以及空间分布规律。

第二节　工业代谢原理

Ayres 提出的工业代谢理论认为：工业系统是自然生态系统的一部分，它由生产者、消费者、分解者和非生物环境四个基本成分组成。现代工业生产是一个将原料、能源转化为产品和废物的代谢过程。该理论研究工业系统"代谢"原料与能量的规律及其量化方法，研究工业代谢与自然生态系统之间的关系与现象。

工业代谢分析方法是建立生态工业的一种行之有效的分析方法。它是基于模拟生物和自然新陈代谢功能的一种系统分析方法，它依据质量守恒定律，以物流（资源、能源）代谢为研究对象，通过分析系统结构变化，进行功能模拟和输入、输出物质流分析来研究工业系统的代谢机理，旨在揭示经济活动纯物质的数量与质量规模，展示构成工业活动的全部物质的(不仅仅是能量的)流动与贮存。因此，工业代谢分析方法在于建立物质收支平衡表，估算物质流动与贮存的数量，描绘其行进的路线与复杂的动力学机制，同时也指出它们的物理和化学的状态，从而寻找改善系统中资源与能源使用的代谢途径，以避免工业生产过程对自然循环过程的干扰过大。

工业代谢分析与系统分析方法的不同之处在于它以环境为最终考察目标，对环境资源追踪其从提炼、加工和生产、直至消费体系后变成废物的整个过程中物质和能量的流向和流量，给出工业系统造成环境污染的总体评价，力求找出造成污染的主要原因。

工业代谢分析包括以下几个基本要素。

一、物质

物质是工业代谢分析的研究对象，既包括原材料，又包括经过化学合成的物质，也可以指某种物品。在具体分析时，可按照物质产品的不同形态对物质进行分类。按照材料在产品的不同生命周期阶段，分为原材料、加工材料、产品和废弃物四个主要阶段。

二、过程

即物质在系统中转化、运行或储存的过程。转化过程指物质以一种形式进入系统，而以另外一种形式输出，如人体吸入氧气、排放 CO_2 的过程。运行过程是指物质在系统中位置的移动过程。储存过程是指在单位时间内，物质停留在系统中，没有发生转化及运行的过程。过程是代谢分析的基本单位，针对一个研究对象，如一个城市，可以将其视为一个黑箱，首先描绘出这个系统的主要输入及输出过程，进一步分析时，可以将黑箱打开，将主要的过程分为几个次要的过程，并分析各过程之间的物质流，最后结果进行汇总，再回到系统层次。因此，这是一个"综合"到"分解"再到"综合"的过程。

三、流量和流速

流量：单位时间内流经系统的物质的数量或质量。

流速：单位时间、单位面积内物质的流量。

简而言之，工业代谢分析方法有三大好处：

1)它为我们提供了关于工业体系运行机制的一个整体理解,这样我们可以确定真正的问题所在,并选择优先解决的目标。

工业代谢分析并不满足于建立物质收支平衡表,它还指出环境中存在的有毒物质的物理和化学的状态。这些信息,对于分析潜在的危险和制定相应的控制战略至关重要。事实上,一种有毒化学品能产生的危害程度视其处于活跃或稳定状态而大不相同,若处于活跃状态,就可能以生物残留的形式进入食物链。

2)它使我们能够采取各种政策措施控制和预防污染扩散。

工业化国家已进入一个污染日益扩散的新阶段,即构成今天多种重要污染源:消费品使用后最终存在引起的排放,废水,大城市中心的污水特别是在猛烈的暴风雨过程中形成的污水,大城市、农业用地污染和其他数不清的个人污染源。因此,对污染的控制已不再主要是针对单个工厂的排放物的治理,使用过滤装置和其他"过程末端"治污装置,需要的是制定控制与预防污染的全新的、以预防为主的全面战略,而工业代谢分析方法恰恰正是能够作为这些战略研究的基础。建立物质的收支平衡表,可以发现虚假的治污措施,如那些仅满足于把污染从一处转移到另一处(如从水中转移到地上,从地上转移到空气中)的所谓污染治理措施。

3)它可以使我们认识污染的历史与变化过程,特别是注意到累积的程度。

就已有排污的重新描绘,对分析土地和河流中的累积污染十分有用。我们因此可以用绝对数值确定数十年过程中累计污染的程度,这可以使我们分析特定地区未来的行为变化,特别是这一地区对新增污染的承受力。对现有污染的重新描绘同样可以帮助我们确立因经济条件变化和反污染法规定实施所带来的污染程度的变化。

专栏 8-1 物质平衡理论的应用

尤其适用于所关心的污染物数量非常少,并和工业过程中的大量燃烧废气或工业废水一起排放的情况当工业过程中一些数量很少而危害却较严重的污染物质随着大量燃烧废气或工业废水一起排放时,就非常适于利用该理论对这些痕量物质进行研究。

第一个例子:铝工业的环境问题。

在冶炼铝的过程中,会从熔炉里产生气态氟化物。这种氟化物的来源是铝电解池中的溶剂——电解质。电解池中一个不可避免的副反应是电解质分解并在阳极释放出气态氟化物。1973年,运用物质平衡理论对铝工业进行分析得出的结论是:每生产100kg铝,就要消耗2.1kg冰晶石和3kg氟化铝(Ayres,1978)。基于以上分析结果,铝业将消耗氢氟酸生产总量的40%。此结果和当时的官方及非官方估计结果一致。在没有氟化物回收设施的情况下,所有氟化物最终都将排放到环境当中,换句话说,铝业所消耗冰晶石和氟化铝总量为损失的氟化物的量。

　　值得注意的是运用物质平衡理论计算出的氟化物排放量是当时美国环保局估计结果的两倍。美国环保局采用的是选取几个熔炉进行直接测量的办法，但是这种方式较片面，不可靠，结果也难以证实。假设氢氟酸生产和使用的统计数据正确，那么基于物质平衡理论计算出来的结果比上述直接测量出的结果可靠。

　　第二个例子：历史排放数据的重现。

　　水体或空气污染所造成的长期累积性影响一般只能利用原始资料进行评估，在这种情况下能够掌握尽量多的历史排放数据是非常重要的。在缺乏历史排放数据的情况下，就可以利用生产和消费数据以及过程工程分析的方法及综合模型来估算出污染物排放量（历史的生产和消费数据虽然也不算准确，但比排放数据容易获得）。当排放污染物直接与原料的输入相联系时，就不需要生产过程中的信息。

　　例如，我们需要很好的硫化物排放的历史数据来分析酸雨的长期影响，而这些数据可以通过煤消费以及铜、铅和锌冶炼方面的历史统计数据来重现。由于煤炭及这些金属矿石的含硫量可假定不随时间而变化，且到目前为止其所含的硫都被直接排放到环境当中（故可以直接通过煤炭及金属矿石的冶炼过程以及含硫率估算出硫化物的排放量）。氮氧化物排放量的数据重现要稍复杂一点，但是方法基本一样。

资料来源：Jesse H. Ausubel. Hedy E. Sladovich; National Academy of Engineering. Technology and Environment. Washington, DC: National Academy Press, 1989

　　工业代谢分析法既可以是全球性、国家性或地区性的工业生产分析，也可以是对某一个具体行业、公司、企业或特定场所的分析。工业代谢研究可以有多种形式：

　　1）可以在有限的区域内追踪某些污染物。如工业集中、人口密度高的江河流域。

　　2）可以分析一组物质，特别是某些重金属（如砷、银、铬、铅、镉、锌、汞、铜）。

　　3）可以仅限于某种物质成分，以确定其不同形态的特征及其与自然生物地球化学物质的相互影响。如铁、钙、硫、碳的工业代谢分析。

　　4）可以研究与不同的产品相联系的物质与能量流。比如橙汁或电子芯片的工业代谢分析。

　　通过分析，可以为公众或是企业的决策者提供一幅详细的物流图，并从中可以看出某一地区或企业所具有的可持续发展潜力，从而为污染预防或清洁生产措施的实施提供指导依据。不论哪个层次上的工业代谢分析，其步骤一般如下：

1) 明确研究的问题和预期目标；

2) 定义系统边界；

3) 确定与系统相关的流、存量及过程；

4) 计算过程；

5) 研究报告。

专栏 8-2　工业代谢分析的方法论框架

1) 分析通过系统的"资源流"。

在一个经济系统中进行材料和能源的流动分析，包括使用的资源数量、资源使用方式及其对局部环境的影响，系统的资源流动图可以直接给出系统内不同资源流的详细的定量记录。由于所有资源的消耗量均被清楚地量化了，就很容易得到区域内任何资源的相对重要性。对于输入的每一种资源，需要问的问题是：

- 这种资源在区域里是缺乏的吗？
- 资源的可得性是否有问题？
- 这个资源的利用是否会破坏任何其他资源？
- 这种资源在这个部门是否可以更有效地被利用，或是否有更赢利的用途？

2) 重新定义在"资源方面的问题"。

一旦可以对区域内的不同资源流进行定量分析，可能需要从资源利用的角度重新定义问题。若工业正在使用的资源是缺乏的，并且工业破坏了区域内其他稀缺资源，就需要立即引起注意，因此具体问题需要具体考虑。

3) 确定行动的优先考虑，并确定那些使用具有直接关系的资源。

4) 对确定的关键资源的利用进行详细的分析。

设置了供更加详细研究的优先考虑和选择的资源以后，必须更加详细地分析作为优先考虑和选择的具体资源如何用于确定的区域。需要回答的问题是：

- 谁在使用这个资源？
- 利用能否最佳化？
- 使用者能否找到一种替代资源？
- 资源能以最好的方式治理(如通过地面径流收集技术)吗？
- 能否把使用者从系统或区域中去掉？

资料来源：Suren Erkman, Ramesh Ramaswamy. Institute for Communication and Analysis of Science and Technology(ICAST). 工业生态学：一种新的清洁生产战略. 产业与环境, 2002, 24(1)：64~67

第三节 工业代谢的度量

为了能够对工业系统中物质和能量的流动进行确定性的描述，需要一些指标来加以表征和度量。常用的指标主要有物质再循环利用率和物质生产率两个。

一、物质再循环利用率

在工业系统中，物质始终处于一个不断运动的状态，在运动过程的最后阶段以废弃物的形式返回到自然环境中去。废弃物的最终流向一般会有两个不同的选择：一是进行再循环和再利用，二是在环境中耗散损失掉。可以看出，越多的物质被再循环和再利用，就会有越少的物质耗散到环境中去，从而产业系统就越趋向于稳定状态。物质的再循环利用率可以衡量工业系统持续稳定的程度，其表达式为：

物质再循环利用率＝再循环利用量/自然资源消耗总量×100%

物质再循环利用率既减少了原材料的消耗，又减少了工业活动对环境所造成的影响，有利于工业的可持续发展。因此，如何提高物质的再循环利用率是产业生态学的研究重点。

二、物质生产率

物质生产率是指单位物质（能量）投入的经济产出。单纯的原材料消耗并不能够准确地反映出原材料的利用程度，原材料只有在与产出物一起进行比较时才能反映出其利用效率的高低。物质生产率既可以用来度量一个经济整体，也可以度量一个部门，甚至可以对某一种具体的元素进行度量。通过使用物质生产率这一指标可以为提高物质的循环效率提供分析的基础。

专栏 8-3 工业代谢的类型划分

目前国内外工业代谢研究的重点放在污染物产生之后的环境影响分析和废物的资源化利用方面。发达国家生产过程中的资源和能源利用率已达到较高的水平，进一步提高资源和能源利用率的空间相对较小，因此，发达国家将发展生态工业的重点放在废物的资源化利用上。而我国目前相当一部分地区和行业还在依靠粗放式的经济增长方式发展，生产过程中的资源和能源利用率低下，提高资源和能源利用率还有很大空间。同时，我国是资源和能源相对贫乏的大国。因此，依靠提高产品生产过程中的资源和能源利用率及改善产品链来发展生态工业是与我国国情相符的。

鉴于此,我国学者段宁等在总结国内外工业代谢理论研究和实践经验的基础上,首次对工业代谢类型进行划分,将工业代谢分为产品代谢和废物代谢。

以产品流为主线的代谢,称为产品代谢,即上一个工艺或生产过程中形成的初级产品作为原材料输入下一个工艺或生产过程,再次形成初级产品和废物,初级产品再次进入下一个工艺或生产过程,直至以最终产品形式进入市场。这样,在工业系统中就形成了一条或多条产品链/产品流。随着产品链延伸,产品的经济价值也随之增加,初始原材料的资源生产率也得到了显著提高。产品代谢类型的划分及其分析研究能够为产品性能改良、为产品的生态设计、识别和寻求提高产品价值增值途径等产品管理提供依据。

以废物流为主线的代谢,称为废物代谢。为了消除上一个工艺或生产过程中产生的废物对环境的影响,提高资源生产率,将上一个工艺或生产过程中产生的废物作为原材料输入下一个工艺或生产过程,再次形成产品和废物,废物作为原材料再次进入下一个工艺或生产过程,直至最终处置、排放。这样在工业系统中就形成了一条废物链/废物流。随着废物链不断延伸,初始输入的原材料的利用率显著提高,同时消除了上一个生产过程中产生的废物对环境的影响。废物代谢类型研究的意义在于能够为企业的废物管理提供依据,以实现废物资源化、减量化、减少环境影响,提高资源综合生产率。

由于废物和产品千种万类,按其共有的基本属性可以划分为分值代谢和分质代谢。

生产过程输入的原材料和输出的产品、废物在经济价值方面存在一定差别。分值代谢就是工业生态系统中物质按照不同的经济价值进行分类的代谢。一个生产过程输出的多个产品或多种废物,其在经济价值方面存在差别,一个产品或一种废物具有多种不同的开发利用途径,潜在的经济价值也不同。分值代谢的本质是,虽然产品或废物的性质未变,但其价值增加了。分值代谢的概念有助于指导企业根据产品或废物在经济利用价值上的不同选择合理的开发利用途径。

生产过程输入的原材料和输出的产品、废物存在性质上的差别,因而其开发利用途径、方式不相同。分质代谢是工业生态系统中物质按照不同性质进行分类的代谢。一个生产过程输出的多个产品或多种废物,其在性质上存在差别,或者是在浓度、酸碱度、温度方面,或者是在硬度、刚度、纯度、形状等方面不同。显然,分质代谢的本质是忽略产品或废物的价值评估,而按其性质的不同进行代谢。分质代谢概念的提出有助于指导企业根据产品或废物的上述特性或品质选择合理的利用途径。

资料来源:钱易主编.清洁生产与循环经济——概念、方法和案例.北京:清华大学出版社,2006

第四节　工业过程代谢分析

一、工业过程简介

工业种类繁多，若从生产方式、扩大生产的方法以及生产时物质(物料)所经受的主要变化来分类，工业生产可分为过程工业与产品(生产)工业两大类。

过程工业包括化学工业、石油炼制工业、石化工业、能源工业、冶金工业、建材工业、核能工业、生物技术工业以及医药工业等，它包含了大部分重工业。这类工业的特点是：工业生产使用的原料主要是自然资源；它的产品主要用作产品生产工业的原料；生产过程主要是连续生产；原料中的物质在生产过程中经过了许多化学变化和物理变化；产量的增加主要靠扩大工业生产规模来达到。

产品生产工业，如生产电视机、汽车、飞机、冰箱、空调等的工业。这类工业的产品，大都可为人类直接使用。这类工业的特点是：使用的原料大部分为过程工业生产的产品；它的产品基本上是为人类直接使用；生产过程基本是不连续的，是用装备一件又一件产品的方式而生产的；生产过程中主要对物料进行物理加工或机械加工，物料主要发生物理变化；产品的增加主要靠增建"生产线"或改进"生产线"来达到；生产主要是以"离散"的方式进行。相对于过程工业，它的污染较轻，并经常可通过应用比较成熟的技术加以改善或治理。

不论是过程工业还是产品生产工业，它们都是一个将原料、能源转化为产品和废物的代谢过程(图 8-5)。

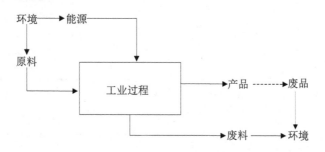

图 8-5　工业过程的运作模式

资料来源：主沉浮等. 清洁生产的理论与实践. 济南. 山东大学出版社，2003

(一)狭义的工业过程

狭义的工业过程就是指为实现一个特定的技术结果而开展的一系列操作。一般来说，任何产品的生产过程都可以分解为若干首尾相连的工序，包括原料的准备，一些加工工序以及最终的产品成型和包装工序，各工序间通过物料流和能量流相互联结在一起形成一个复杂的过程系统。其中，每个工序都对原料进行物理的或化学的加工处理，包括工艺、设备、操作、管理等内容；每一个工序都有物料的输入和输出以及能量的注入和废料的排放(图 8-6)。

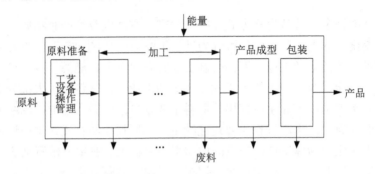

图 8-6　狭义的工业过程

资料来源：主沉浮等. 清洁生产的理论与实践.济南：山东大学出版社，2003

通常一个工业过程系统十分复杂，但系统中各过程单元均以如图 8-7 所示的过程单元 4 种典型联结方式相互联结在一起：串行联结、并行联结、绕行(旁路)联结、反馈联结。

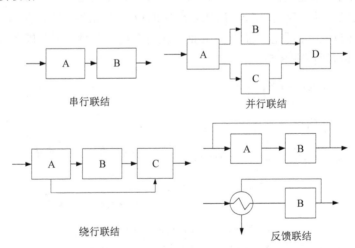

图 8-7　过程单元的 4 种联结方式

资料来源：陈宗海.过程系统建模与仿真. 合肥：中国科学技术大学出版社，1997

(二)广义的工业过程

广义的工业过程是所有工业企业、行业和部门的总和，是通过对自然资源加工，生产物质资料的事业，是一个组分众多、纵横交错的复杂系统，类似于生态系统中的食物网，但其中心是人，人的劳动组织、人的劳动和智力的投入以及人的消费需求的推动。

广义的工业过程在纵向以产品为主线，表现为从原材料开采到最终产品生产的产品链，类似于自然生态系统中的食物链；在横向表现为不同类型产业之间由于废物、信息等的联系而形成的共生体，类似于食物网中处于同一营养级的各类生物及其之间的相互联系(图 8-8)。图中按照生态学规则将较低营养级放在图的下部，将较高营养级放在图的上部。其中，D 表示废物，L 表示进入填埋场，I 表示进入焚烧装置。

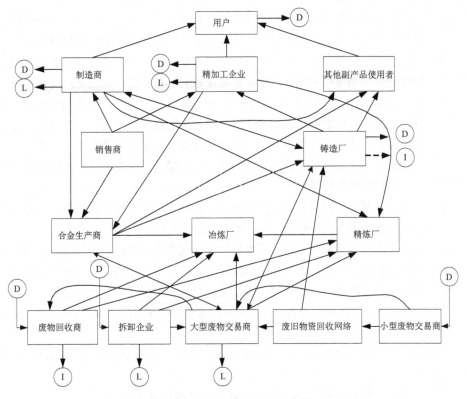

图 8-8 产业"食物网"示意图

资料来源：T.E.Graedel, B.R.Allenby. 产业生态学(第二版).北京：清华大学出版社，2004

二、企业层面的工业代谢分析

利用工业代谢分析的方法对企业的资源使用及废物排放情况进行分析时，相当于对企业的工艺流程进行物料衡算。通过分析一个设施的输入、输出以及原材料利用和流失水平，研究人员可以发现显著改进该设施环境表现的机会。例如，确定工艺过程中需要重点关注的化学物质或者过程，以此来发现污染预防的最佳切入点，决定哪些废物流可以被削减以及如何削减等。

按照工业代谢分析方法分解到综合的分析步骤对工业过程进行过程分析：

1) 在进行工业代谢分析之前，我们需要工业过程的工艺流程图，以便确定研究的系统边界，同时对工业过程的实际运行状况有定性的了解，并根据研究目标提出初步的问题以便在之后的详细分析过程中更有目的性：

- 几乎所有的过程都使用能源，那么这种过程使用何种能源？能否减少能源消耗？能否使用更清洁的能源？能否开展余热回收利用或者采用热电联产？

- 过程也常常需要使用化学品，那么使用了何种化学品？它们对人类、其他生物或者生态系统有害吗？这些化学品是从天然材料生产的还是通过循环再生的？如果该化学品是用天然材料生产的，那么过程中是否存在某种废物流或者产出流？它们能够加以再利用吗？对产出流也需要分析。一个过程有没有副产品？有什么化学副产品？需要指出的是，化学副产品并不一定需要投入某种化学品才会产生，因为副产品也可以直接通过原材料反应而生成，就像车床切削产生边角料一样。

- 当使用能量时，能量很可能会以热的形式释放，那么过程是否采用了有效的绝缘保温措施来减少热损失？此外余热是否得到某种回收利用？

- 加工过程的前后顺序安排也需要评估。该过程是连续的，还是批处理的？如果是批处理的，生产启动时尽量减少能源和材料的消耗了吗？为了减少运输需求，该过程靠近其他相关过程或者进料流和出料流吗？如果过程产生了大量的副产品，周围有没有其他过程可以接受和使用这种副产品（可以在本设施内，也可以在附近的其他企业）？

此阶段不需要量化流程图中的各个物流。流程图根据分析目的的不同其详细程度也不同。

2) 对工艺过程中的每一个工艺过程进行详细的物料衡算。

物料衡算就是质量守恒定律在一个过程单元中的应用，即对任一过程单元按单位时间内，依据质量守恒定律，质量平衡关系为：进入的质量总和与流出的质量总和之差为累积的质量。

$$\sum F - \sum D = A$$

对于连续稳定过程，$A=0$，则有 $\sum F = \sum D$。

如果过程伴有化学反应，进入的物料将有部分转化为新的物料流出过程，平衡关系应增加一个"消耗项"和"生成项"，即

进入量＋生成量－流出量－消耗量＝累积量

在此情况下，质量守恒定理不能用组分的平衡关系，而要用元素或参与反应的基团的平衡来表示，因为物流中组分的元素发生了重新组合，这种重新组合是按照化学反应式和化学计量关系进行的，所以进行物料衡算时必须引进化学计量关系。

分析目的不同，进行物料衡算的侧重点也不同，可以侧重对能源或水等资源的分析，可以侧重对某种元素的分析，也可以侧重对某种有害物质或残留物所开展的分析。图 8-9 是针对一种特定有害成分的消耗量、进入产品的部分和残留物所开展的物料衡算，注明了各种物流的数量并进行了对比。图 8-10、图 8-11 分别描述了生铁冶炼过程、氢氟酸生产过程中每 1000 t 产品所需的输入、输出物质。

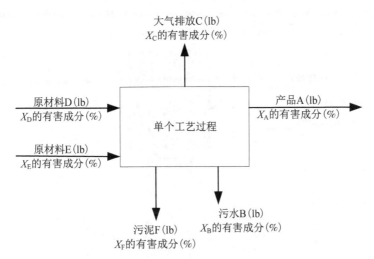

图 8-9　针对一种特定有害成分的物料衡算分析

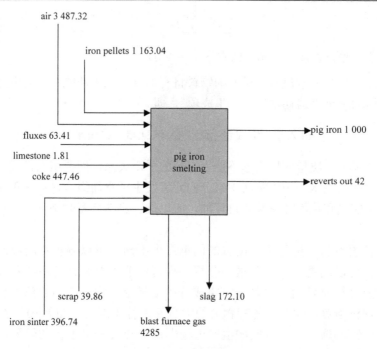

图 8-10 生铁冶炼过程的代谢分析

资料来源：Gara Villalba, Robert U. Ayres, Hans Schroder. Accounting for Fluorine: Production, Use, and Loss. Journal of Industrial Ecology, 2007, 11(1)

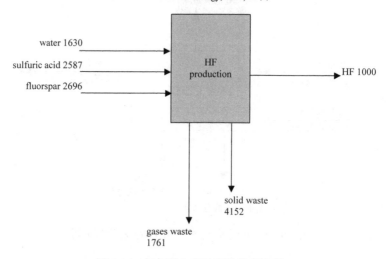

图 8-11 氢氟酸生产过程的代谢分析

资料来源：Gara Villalba, Robert U. Ayres, Hans Schroder. Accounting for Fluorine: Production, Use, and Loss. Journal of Industrial Ecology, 2007, 11(1)

在详细分析阶段，我们需要带着研究问题有目的地进行数据收集。数据应以实测为准，同时参考技术文件和统计资料的数据。如果发现差别很大，则应加以复核和完善。

3) 将每一个工艺过程分析的结果汇总起来再回到系统层次上，可以得到整个工艺流程的物料衡算结果，进而为企业的决策者提供一幅详细的物流图，清晰展现整个工艺中原料和能量的实际利用状况(图 8-12)以及产出废料最多的过程单元以及排放量，并有利于研究者发现物料再循环的可能部位，从而发现优化过程物流的机会。

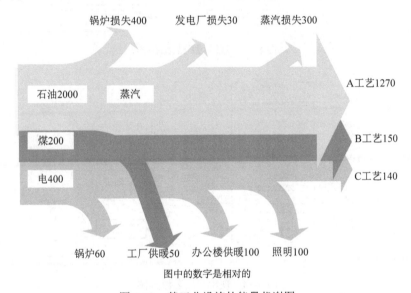

图中的数字是相对的

图 8-12　某工业设施的能量代谢图

资料来源：International Petroleum Industry Environment Conservation Association. Climate Change and Energy Efficiency in Industry. 1992

图 8-12 展示了一家具有三个不同生产工艺的工厂的能源来源、使用和损失结果。A 工艺流程损失的能量甚至比运行 B 工艺、C 工艺以及整个工厂照明和供暖所需的总能量还要多。从图 8-12 可以看出，减少锅炉能量损失是最好的节能机会，减少蒸汽损失则是另一个重要的节能机会。

专栏 8-4　天然气化工企业的 C 元素代谢分析

案例分析是在企业层次上对生产系统中 C 元素的输入、输出进行量化分析，评价其资源利用状况，诊断导致资源利用转化效率不高的环节和具体原因，从而为生态工业过程集成提供理论参考和规划依据。

首先，需要明确研究的问题和预期目标并定义系统边界。某天然气化工企业最初的产品结构如图 8-13 所示，以尿素和甲醇为主，下游产品为碳酸二甲酯和丙二醇。将企业生产流程进行适度简化，把生产工段作为基本单元，得到现阶段生产工艺过程和主要物流（图 8-14）。生产环节包括合成氨造气、氨合成、尿素合成、甲醇造气、甲醇合成与精馏、碳酸二甲酯与丙二醇的合成与精馏。其中，氨造气及甲醇造气环节既包括造气炉内发生的氧化还原反应，也包括向造气炉提供能量的燃烧天然气的反应。

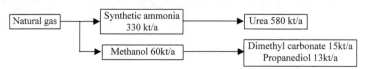

图 8-13 现阶段产品结构图

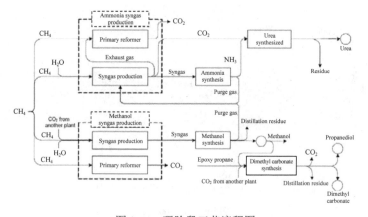

图 8-14 现阶段工艺流程图

其次，确定与系统相关的流、存量及过程，并对过程进行计算，形成代谢分析图。

根据含 C 元素的物流种类及物流中 C 元素的比例，计算出各工艺环节中 C 元素的投入产出以及不同生产环节 C 元素的利用效率（表 8-1），并按元素流量的比例画出相应的元素流图 8-15。

C 元素利用效率的计算公式为

$$\eta_C = C_p / C_r \times 100\%$$

式中，C_p 为每年进入产品的 C 元素质量（t/a），C_r 为每年原料中 C 元素的质量（t/a）。

现阶段 C 元素利用效率为 65.1%，34.9% 的 C 元素没有转化到产品中。造成这一损失的主要环节发生在合成氨造气、甲醇造气工段。这两个环节 C 元素利用效率分别为 70.0% 和 66.7%，C 元素的损失是由于造合成气时消耗了大量燃料天然气，C 元素转化到 CO_2 中，没有被利用造成的。这部分 C 元素损失量达 4.7 万 t/a，占造气环节全部损失量的 93%。

表 8-1　现阶段 C 元素效率

工序	C_r(t/a)	C_p(t/a)	η_c/%
氨合成	157210	109500	70.0
尿素合成	109500	105120	96.0
甲醇分解	46990	31330	66.7
甲醇合成与精馏	31330	28280	90.3
碳酸二甲酯和丙二醇合成	8490	8010	94.3
合计	204140	132870	65.1

　　注：C_r 为原材料中的 C 含量，C_p 为产品中的 C 含量，η_c 为 C 效率，$\eta_c = C_p/C_r$。产品包括最终产品(如尿素、甲醇和碳酸二甲酯)和中间产品(如氨和吹扫气体，这些中间产品是其他工序的原料)。以上产品不包括作为废弃排放的二氧化碳以及没有被再利用的二氧化碳。

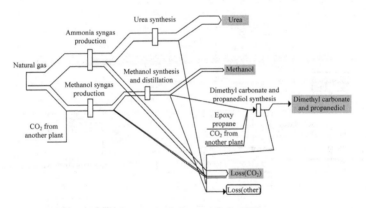

图 8-15　现阶段 C 元素代谢图

　　通过对产品中 C 元素的代谢分析，找到了 C 元素利用效率较低的主要环节，为资源效率的提高和构建物质耦合关系提供了改进依据。为提高造气环节的资源利用效率，可以从两个方面进行改进：一方面可以改进工艺，选择先进的造气工艺，减少燃料和原料天然气的使用；另一方面可以增加物质的耦合关系，即尽可能利用燃烧产生的 CO_2 作为原料，减少天然气的使用。改进工艺和增加耦合关系各有特点。改进工艺可以提高物质利用效率，但对设备和操作的要求较高；增加耦合关系可以在不大幅增加投资的情况下提高产品产量，但耦合关系的建立依赖于企业的产品结构。

　　而企业为了谋求更大的经济利益和更为广阔的发展空间，计划在原有产品结构的基础上新建四个项目：除碳酸二甲酯和丙二醇外，甲醇后续产品增加二甲醚、醋酸产品。在合成氨造气环节之前增加芳构化产品(图 8-16)。产品结构的调整为改善原有生产环节的资源利用程度提供了契机。

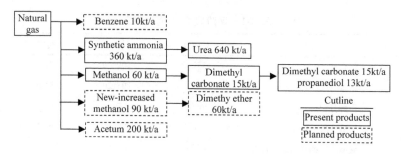

图 8-16　计划产品结构图

以现阶段流程图为基础,考虑工艺改造和物流耦合关系等规划方案,根据新增项目、改造项目及物流变化情况修改生产环节或改变物流流向,得到规划后的工艺流程图,见图 8-17。图中浅灰色矩形框表示新增或发生较大变化的项目,电线表示新增的物流或发生较大变化的物流。

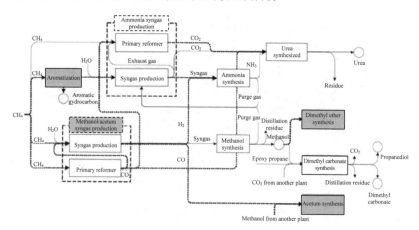

图 8-17　规划后的工艺流程图

在此基础上形成规划后的 C 元素代谢图(图 8-18)及元素利用效率。结果表明,各环节 C 元素利用率均高于现阶段,全过程 C 元素利用效率为 88.1%,比现阶段提高了 23%。比较分析两种代谢分析——图 8-15、图 8-18,可以看到,通过采用新造气工艺并建立多个物质耦合关系后,使流向产品的 C 元素比重增加,损失的 C 元素比重减小,C 元素利用效率得以提高。

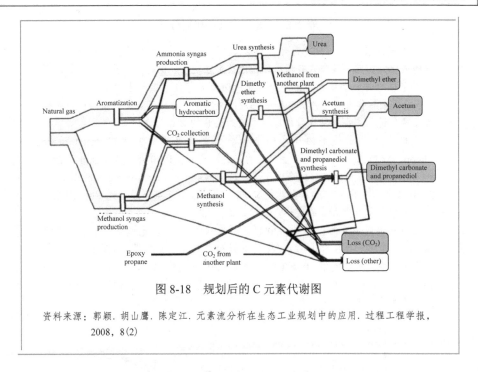

图 8-18　规划后的 C 元素代谢图

资料来源：郭颖. 胡山鹰. 陈定江. 元素流分析在生态工业规划中的应用. 过程工程学报，
2008，8(2)

三、产品链的工业代谢分析

以系统的视角来看，最终产品不只是一个工艺流程的结果，而是一个产品链的结果。产品链是由一系列初级产品、中间产品及最终产品的生产过程所构成。这些过程都有自己的资源能源利用效率，但是从产品链的角度来看，最终产品的能源利用效率将不再是其生产过程独立时的能源利用效率，而是整个产品链上各过程能源效率的乘积。例如，假设一个产品链有三个生产过程，每个生产过程的能源效率都为 0.7，那么这个产品链的能源效率为 0.34，若此时产品链中再添加一个能源效率为 0.7 的产品生产过程，那整个产品链的效率就变成了 0.24，即最终产品只利用了输入产品链总能源的 24%。

工业代谢分析能够逐步揭示产业系统中其他分析方法所不能发现的特点，如发现系统中缺少的行业或者产业活动类型，在产业系统中加上这种行业或产业活动类型，可以增加整个系统的关联度；或者找出产品链中提高资源和能源利用效率的节点，从而对节点的资源能源利用效率加以优化提高。

专栏 8-5 电子工业的代谢分析

电子工业，一概被首选为"清洁工业"，是"后工业社会"的产业，是非物质化的文明，其中只有稍纵即逝的信息在运动。但是，由罗伯特及其同事们所完成的关于半导体的第一份工业代谢研究却证明实际上完全是另外一种情况：用来制作电子芯片的硅需要特别的纯净度，而从石英矿开始的极为漫长的硅净化过程中会浪费大量的原料和使用大量的有毒化学品。

电子工业所使用的纯净硅来自冶金质量等级的工业硅（metal grade silicon，MGS），工业硅是冶金工业的一种副产品。1990 年世界工业硅产量为 80 万 t，但最终加工成超纯净电子质量等级的电子硅（electronic grade silicon，EGS）只有其中的 3.2 万 t，也就是仅 4%。由于最后还需要进行纯净化及制造，这些过程中将产生大量的废料。也就是说，3.2 万 t 电子硅中只有很小的一部分被用来制成了产品：每年 3200t 被用来制成光电池（也就是电子硅产量的 10%，或最初工业硅的 0.4%），及 750t 被用来制成电子芯片，如图 8-19 所示。在此过程中，还要使用 10 万 t 以上的氯、20 万 t 左右的酸及各种溶剂。而这 30 万 t 左右的化工产品却很少被回收、加工和再利用。通常的情况是注入地下，结果造成地下水的多种污染。

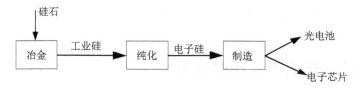

图 8-19 硅元素在产品链中的迁移

因此，工业代谢研究表明了电子工业不仅存在惊人的原料浪费（先是工业硅，后是电子硅），而且其生产过程中需要大量的、多种危险的化工产品，使用这些化工产品的方法往往又是消耗性的，对环境与人类健康产生严重的后果。

资料来源：Paolo Frankl, Howard Lee, Nichole Woflgang. Electronic grade silicon (EGS) for semiconductorsi. *In:* Robert V. Ayres, W. Leslis. Industrial Ecology: Toward Closing the Material Cycles. Edward Elgar, 1996

第五节 过程优化

一、过程优化

在工业生产中，通过物质和能量转换的生产过程，将原料加工成所需的产品。将系统的概念应用于工业过程，就称之为过程系统。过程优化的目的就是运用工业工程理论产生环境友好同时最经济的生产系统，是清洁生产的一个重要方面和有效途径。

过程优化建立资源-环境保护新体系的思想方法论与实施策略，源头污染控制与资源-环境统一论的清洁生产策略与生态工业系统，可以在不同的空间层次上开展(图 8-20)。

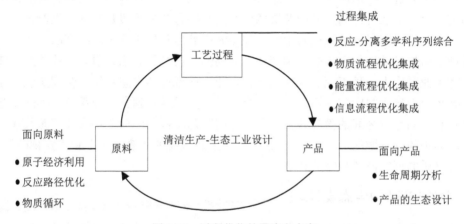

图 8-20　过程优化的层次和内容

资料来源：王福安，任保增编著. 绿色过程工程引论. 北京：化学工业出版社，2002

在微观水平或是分子水平上为原子经济性化学，即重新设计化学合成方法和其他材料制造过程，使原料中的原子 100%地转变为产物，以减少副产物和废物的生成和降低过程的毒性，这个方法被专门称为绿色化学。

在工艺过程水平或"中观水平"上，过程设计主要利用温度、压力、加工时间等因素对工艺进行优化，或运用环境-经济综合评价体系，通过过程综合和过程集成的方法优化和重组过程系统，建立过程工业的物质流程-能量流程-信息流程综合优化与过程集成，来减少能源和水消耗、副产品和废物生成以及过程内部耗损。这种中观层面的活动就是通常所指的污染预防。

最后，在宏观行业以及跨行业水平上，模拟自然界物种共生、互生、能量与元素传递循环网络，建立物质分层多级循环优化利用的生态化产业体系，促进工业副产品在其产生的设施以外加以再循环。

微观的污染预防活动通常只能在化学合成过程中开展，而中观和宏观的污染预防则适用于任何使用化学物质或者其他原材料的情况，故本节主要对中观和宏观水平上的过程优化进行介绍。

二、跨行业水平的过程优化

(一)模拟自然生态系统的产业共生

传统的工业生产过程是相互独立的，物质流动是线性的，即原材料—产品—废物的单向过程，造成废弃物的过量堆积，产生严重的环境污染问题。对一条产品链而言，要综合提高产品能源资源效率的长期有效的手段是发展一种新过程以缩短产品链，即尽量能跳过其中的一些中间产品而直接生产出最终产品。另一种长期战略提高效率的手段则是副产物和废物的回收利用。由此引入产业共生，或生态工业园作为一种工业过程优化模式，即为模拟自然生态系统，强调实现产业生态系统中物质的闭环循环，其中一个重要的方式就是建立产业系统中不同工艺流程和不同行业之间的横向共生。通过不同工艺流程间的横向耦合及资源共享，为废弃物找到下游的"分解者"，建立产业生态系统的"食物链"和"食物网"，实现物质的再生循环和分层利用。

(二)产品的生态设计

产品生态设计基于产品生命周期来考虑，它把产品的环境属性看做设计的机会，将污染预防与更好的物料管理结合起来，从生产领域和消费领域的跨接部位上实施清洁生产，推动生产模式和消费模式的转变。换句话说，产品生态设计在产品"从摇篮到坟墓"的整个过程中减少对生产和消费的外部环境的废物排放，尽可能在企业内部乃至整个产业系统创造出生产—消费和维护—回收—再生产这样一个环环相扣的封闭大循环。即使不可避免地要产生废物，也要将废物的排放量降到最低，或与企业外的一些生产或生态环节相耦合，实现较大系统范围内的零排放。产品生态设计在传统的产品设计准则引入环境准则，并将其置于首要地位(图 8-21)。

其中，在产品生态设计中最重要的一个领域就是在产品设计中尽量减少物料和能量的消耗，尽可能利用再循环原料及材料，这样可以减少原材料在采掘和生产过程中的消耗，最大限度地减少资源投入成本。例如，在不影响产品技术寿命的前提下致力于产品体积的最小化和产品重量的最轻化。由于产品重量减轻，使用的原材料减少，因此，相应产生的废物也减少。在生产过程中，还应注意优化生产过程，尽可能减少生产环节，选择对环境影响小的生产技术，以求最大限度地减少生产废弃物，在生产后期的产品包装方面，不仅应考虑减少包装品用量，还应考虑这些包装的重复利用率和耐用性能。

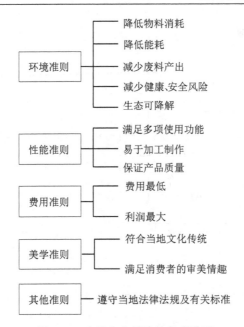

图 8-21　产品生态设计的各项准则

资料来源：于秀娟主编. 工业与生态. 北京：化学工业出版社，2003

产业生态学期望产品在使用生命结束后，重新进入工业流，成为新产品的一部分。产业生态系统中物质循环的效率高度依赖于产品和过程的设计，因此，面向再循环的产品设计是产品生态设计中的另一个重要领域。最理想的方法是尽可能开展预防和修复性维护，包括通过技术创新来提高原有产品的效率和性能，即产品升级。但是任何产品迟早会有无法维修或者过时的一天，这时就需要对产品进行彻底的更新换代。最佳设计通过更换少量零部件并再循环更换下来的零部件来完成产品的翻新和改善。次优设计使旧产品拆卸下来的大部分零部件都能得到回收，然后再使用到新产品中。

再循环需要考虑两种互补的回收利用方法：闭路循环和开路循环。如图 8-22 所示，M 表示物质流；f 和 g 代表进入循环利用过程的物流比例；p 代表这些物流中不适合循环利用而被拒绝的物流比例。闭路循环是指将回收的材料再使用到同类产品的生产(有时也称为水平循环)，开路循环是指将再生材料再用于其他产品的生产(有时也称为垂直循环)。闭路循环的典型例子是回收铝罐再用于铝罐的生产，开路循环的典型例子是回收办公室纸张再用于牛皮纸袋的生产。循环利用的模式取决于回收的材料和产品，但一般情况下优先采用闭路循环。

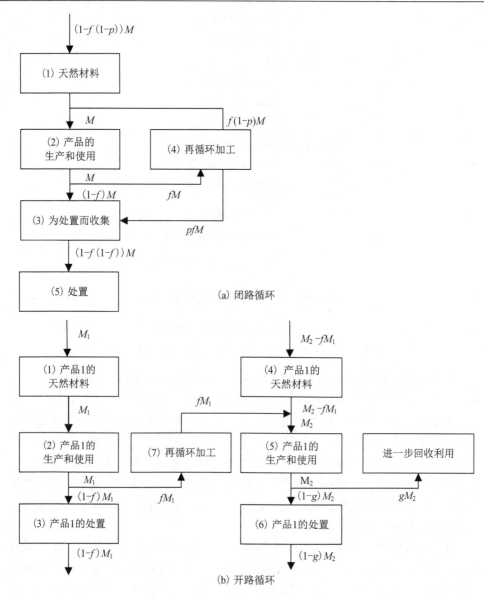

图 8-22　材料的闭路循环和开路循环

资料来源：B.W.Vigon. D. A. Tolle. B. W. Cornaby et al. 1992. Life-Cycle Assessment: Inventory Guidelines and Principles. EPA/600/R-92/036. Cincinnati, OH: U S Environment Protection Agency

为了使产品在使用结束后易于再制造或再循环，就需要在产品设计时使其易于拆卸，或采用模块化设计。如果设计人员能够预见到产品的某一部分可能发生变化或者需要维修更新，而该产品的其他部分并不需要改变时，可能发生变化的部分就应该设计成一个模块，使其能够有效进行替代和再循环。

三、企业层面的过程优化

对于企业的生产流程，过去传统的工业过程系统设计首先是进行工艺设计，只追求经济效益最大，能耗值尽可能小，过程中的三废排放，统一由三废处理单元进行加工处理，已达到排放标准要求。这种污染防治与生产过程脱离的"末端治理"方式已经不适于可持续发展的要求，工业废弃物的污染在根本上取决于生产工艺技术对资源的综合利用程度与过程优化集成水平。联合国环境规划署早已提出"清洁生产计划"，指出"当前对污染和环境恶化的控制已从污染排放的总量控制和末端污染治理阶段进入实施清洁生产，从生产的源头控制污染物产生和预防污染阶段"。

污染预防(pollution prevention)，或者清洁生产(cleaner production)是改进工艺过程设计和运行的一个基本方法，从定义上讲，它针对的是企业内部的活动。污染预防并不对产品和过程技术进行重大变革，而只是优化其生产过程。污染预防旨在通过预防污染物的产生，而不是在污染物产生后再加以处理，来减少对职工、社区和环境的影响和风险。污染预防的步骤是：识别一个已有的或者潜在的环境问题，在生产过程中发现该问题产生的原因，然后通过控制其产生原因来减少或者消除该环境问题。

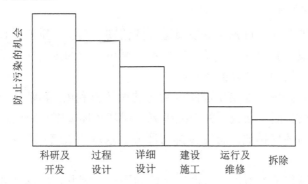

图 8-23　在新工艺过程或重大改造中影响成本的污染防止机会

资料来源：杨友麟. 可持续发展时代的过程系统集成. 化工进展, 1993, 3

要进行污染预防，首先要了解"过程生命周期"(图 8-23)。从科研开发到设计施工、生产运行、维修改造，直到停产拆除，构成整个工业过程的生命周期。此生命周期每个阶段都有机会影响成本和环境污染，但其机会大小则差别很大。科研开发包括概念设计及过程设计。其中，工艺设计(初步设计)阶段影响最大，机会最多。一旦过程工艺路线确定，单元操作已定型，设备选型已定案，建设施工已开始进行，再想减少污染或再循环利用就十分困难且耗费巨大了。因此要从工艺研发阶段就开始着手与污染的源头防治与控制。

在污染预防的过程当中，减少或消除污染可分为四个优先等级来考虑（图 8-24）。

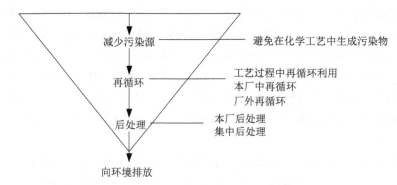

图 8-24　美国环保总署的三废管理优先级

资料来源：Chemical Manufactures Association. Designing Pollution Prevention into the Process Research, Development and Engineering. Cleaner Prod, 1993, 2 (34)

第一级，减少污染源。这是指避免在工艺过程中生成污染物。首先，重新设计过程，用低毒原材料代替高毒原材料，或者就地根据需要生产高毒原材料；其次，减少过程残留物。

第二级，再循环。首先，再使用过程残留物；其次，重新设计过程，使需要消除的残留物成为有用的副产品，如将不可避免生成的废物作为原料替代物或其他工业过程的添加剂，加以循环利用。

第三级，后处理。如果生成的废物无法循环再利用，则销毁、中和或无毒化处理：包括分离、能量回收、体积减少等，使其对环境影响降到最小。

第四级，向环境排放。将三废排向环境、水域或大气，或将其注入地下或地上排放场。

工业生产过程千差万别，生产工艺繁简不一。因此，应该从各行业的特点出发，在产品设计、原料选择、工艺流程、工艺参数、生产设备、操作规程等方面分析生产过程中减少污染物产生的可能性，寻找污染预防的机会和潜力。

过程工业为人类社会发展做出了卓越的贡献，成为人们衣食住行所不可缺少的物质基础。但迄今为止，这些产业也是环境污染的最主要来源，成为人类社会可持续发展的巨大障碍，已在全世界范围内引起越来越多的关注，需要发展新的绿色生产过程才能从根本上解决生产带来的污染问题，故主要对过程工业的系统优化进行介绍。

过程工业是在化学和物理学基本原理指导下高度交叉发展而形成的产业，具有共同的学科理论基础和共同的核心研究内容：①物质流的传递与转化过程；②能量流的传递与转化过程；③信息流的传递与集成过程。三者之间交互作用，促进了过程工业的发展。

产业生态学在原理上论述了物质循环利用的可能性，但要使其在经济上可行，是一个漫长的技术进步过程，必须选择好突破口。而过程工业是造成环境污染的源头，也是最大的资源和能源转化企业，故过程工业中各种工艺不同形式的优化和集成必然成为产业生态学的实践主体。

污染预防为工业过程的设计和改进提出了挑战，传统的先污染后治理的方法已不适用于发展的要求。在生产及废物处理的实践中，人们逐渐认识到通过废物最小化的过程改进比废物处置方法具有更大的优越性，能在解决污染问题的同时带来经济效益。废物最小化依赖于真正的环境友好的整体过程设计，必须采用一致的相互辅助的设计方案。过程集成提供了这种方法。在过程集成的框架下，有一些系统的设计方案可用于预防污染。

(一)过程系统综合

为了完成某类产品的生产任务，将分散的单元，遵循一定的法则，组织成对给定的性能指标来说是最优的过程系统，称为过程系统的最优综合，即过程综合是研究对给定的原料及需求的产品如何产生一个理想的工艺流程的方法。过程综合按照规定的系统特性，寻求所需要的系统结构及其各子系统性能，并使系统按规定的目标进行最优组合。

过程系统综合是过程优化设计中具有创造性的步骤，是进行化工概念设计的理论基础。依据环境-经济两种尺度对过程进行综合优化，包括反应-分离等多序列综合，物质集成与能量集成，通过质量、热量交换网络等多种综合优化方法对环境影响最小化的模拟设计来实现，包括换热网络综合、分离过程综合、反应路径综合、反应器网络综合、公用工程系统综合、全流程系统综合等几个方面，污染预防问题的研究贯穿于过程综合领域，考虑环境因素的反应路径综合、换热网络综合的研究已取得了一定的进展，质量交换网络综合是过程综合的最新发展，在废物最小化中具有重要作用。

1. 反应路径的综合

化工产品常需经过一些反应步骤把原料最终转变为产品，在给定的原料和规定的产品之间的反应步骤称做反应路径。反应路径在很大程度上决定了能否有效地减少或完全清除那些对环境有害的排放物或需进一步处理的物流。一个过程系统是否环境友好首先取决于其化学工艺路线是否对环境友好。反应路径综合即要求从满足同一产品要求的多种反应路径中找到最优反应路径。然而在此方面，由于问题的复杂性，采用经验规则较多，理论研究尚不成熟。美国麻省理工学院与英国帝国化学公司合作开发系统生产可行化学反应路径的方法、以生物化学反应路径的知识库为基础的专家系统。

2. 换热器网络综合与公用工程系统综合

化工生产过程中，一些物流需要加热，另一些物流则需要冷却，人们希望合理地把这些物流匹配在一起，充分利用热物流去加热冷物流，提高系统的热回收，以便尽可能减少公用工程加热及冷却负荷，这就存在着如何确定物流间匹配换热的结构以及相应的换热负荷分配的问题。换热网络的综合就是确定出这样的换热网络，它具有最小的设备投资费用和操作费用，并满足把每一过程物流由初始温度达到指定的目标温度。再进一步考虑公用工程与整个化工过程系统的热集成问题，可以大幅度降低全系统的能耗。换热网络综合在学术上已取得重大突破，部分研究成果在工业上已获得应用并产生了巨大的经济效益。

减小公用工程用量将降低使用热公用工程而产生的过量 CO_2、NO_X、SO_X 和微粒等公用工程废物，因此，换热网络综合与公用工程系统综合在改善系统环境性能方面具有不可忽视的作用。

3. 质量交换网络综合

质量交换网络综合是过程综合研究的一个新领域，是 20 世纪 80 年代末在换热网络技术在节能方面取得显著进展的基础上发展起来的。质量交换网络侧重于过程的物质流动，直接处理物料和废物问题。一个质量交换器是任何直接接触的传质单元，使用质量分离剂，质量交换包括吸收、吸附、离子交换、浸取、溶剂萃取、气提和其他类似过程，而质量分离剂包括溶剂、吸附剂、离子交换树脂和气提剂等。

用水网络是质量交换网络的特例，它是以水作为唯一质量分离剂的单一贫流的质量交换网络。质量交换网络综合一般可描述为：对于已有的废物流股或污染物流股(富流股)，通过各种质量交换操作，用能够接受该物质的流股(贫流股)与之逆流直接接触，综合得到一个质量交换器网络，使之能在满足质量平衡、环境限制、安全和费用最小等约束条件下，有选择性地将废物或污染物从污染物流股中除去。

目前质量交换网络理论已广泛用于工业废水处理中，废水系统的质量交换通过吸收、再生、循环等过程的优化，可以大大减少废水排放量乃至达到废水系统的封闭循环。

(二)过程集成

随着对污染的观念的变化，过程工程活动也发生了彻底的变化，这个领域发展的核心是过程集成。而产业生态学研究的核心问题之一就是如何运用系统工程的理论和方法研究实现工业系统内各过程间的物质集成和能量集成。

过程集成(Process Integration)是 20 世纪 80 年代发展起来的过程综合领域中最活跃的一个分支。因为过去系统综合只考虑物料流的流程生产，后来根据节能的要求及减少污染的要求，必须把物料流、能量流乃至信息流(自动控制)加以综合集成才可能找到理想的化工流程，因而过程集成就成了化工系统工程的研究热点。过程集成把生产过程看做是一个由相互联系着的单元及物流所组成的系统，而不是将生产过程中的各个单元分别独立地看待，在这种系统的视角下，生产过程中一个单元所需要的物质流或能流就可由另一个单元所提供。

目前过程集成泛指从系统的角度进行设计优化，将化工系统中的物质流、能量流和信息流加以综合集成，为过程的开发提供直接的方法和工具支持，从而找到理想的清洁化工过程。

过程集成分为三个层次：第一，最简化的层次是单一生产过程内的集成(工序单元)；第二，是把不同工艺过程之间的能量及物质集成统一起来考虑，构成企业级的过程集成；第三，最高层次是要考虑工业与社会、环境的协调发展，形成生态工业。目前，前两个层次的集成较为成熟。

污染预防和过程集成在化工生产中是高度一致的两个概念。过程集成技术的主要特征之一是它内在的基于守恒的原理，其目标是通过最少的物质和能量消耗和最大限度地回收物质和能量提高过程的效率，实现两个目的：①原材料和能量利用的集成；②排放物和废物生成量最小化。这与污染预防的目标是一致的，污染预防依赖于本质上环境友好的整体过程设计，而非增加污染控制装置。过程集成就是基于整个过程设计一致性的基本原理进行过程的整体设计。总体来说，有效的系统集成化工过程通常是经济的、污染较小的。

过程集成是从过程设计的整体考虑，综合利用物质和能量，着眼于从工艺过程本身发掘清洁生产的机会。过程集成考虑流股、单元操作、操作参数及性能要求之间复杂的关系，然后在过程设计中应用这些关系确定单元操作、物质和能量流股的理想顺序；计算物质和能量平衡以确定适当的设备尺寸；优化现有过程，提高产量，减少能量使用和废物产生。

任何工业过程的设计必须包括质量和能量两个重要的方面。质量包括反应、分离、副产物/废物。过程系统中化学物质的生产和路线的确定，为过程的核心问题——能量提供了这些系统必要的加热、冷却和轴功。相应的过程集成包括能量集成和质量集成两个方面。

1. 能量集成

系统化的能源使用是产业生态学的一个重要部分。生态工业的能量集成就是要实现对生态系统内能量的有效利用，不仅包括每个生产过程内能量的有效利用（这通常是由蒸汽动力系统、热回收网络等组成），而且也包括各过程之间的能量交换。提高能量利用效率、降低能耗不仅节约资源，同时也意味着减少环境污染。

过程系统能量集成问题是随着 70 年代末能源危机的出现而产生的。能量集成以合理利用能量为目标，把反应、分离、换热网络和公用工程一同考虑，从全局过程系统的能量供求关系进行分析，综合利用能源。能量集成方法即用夹点分析设计热回收网络比较成功。

能量集成的最初目的基本上是节省能源费用，提高能源利用率，提高产率。由于降低能量消耗在节约能源，提高能量的回收率，降低对公用工程的需求的同时，减少公用工程废物的产生，从而减少了对环境的污染。此外由于蒸汽和冷却水的需求量减少，也减少了废水的排放，因此，能量集成对减少投资费用和提高环境效益的作用也越来越明显。

2. 质量集成

质量集成是在质量交换网络综合基础上发展起来的概念。El-Halwagi(1998)给出了质量集成的定义：质量集成是一个系统方法，它提出了在生产过程当中从整个物质流出发考虑的基本理解，并且采用这种合理的理解在整个生产过程中去确定性能目标，优化生产以及确定产品路线。

生态工业的物质集成，包括反应过程的物质转化集成及净化分离过程的物质交换集成。反应过程的物质转化集成有两个问题需要解决：其一，单个生产过程内从原料到产品的反应过程以环境和经济为综合目标的优化；其二，多个生产过程间的物质集成。对于单个的生产过程，其产品往往可以有不同的原料，通过不同的反应路径、不同的反应器系统和操作条件生成。每一个路径都会有不同的废物生成，需要系统工程的方法研究环境友好的反应路径集成方法和反应器网络综合方法，找到经济效益和环境影响多目标最优的生产方案。多个生产过程间的物质集成，则是研究一个生产过程的废物如何作为其他过程的原料，在各个生成过程之间实现最大限度的利用，实现系统对外废物零排放。

质量集成将质量交换的概念扩展到整个过程。它综合运用各种策略和工具，在整个过程范围内，尤其是在过程的核心部分寻求最优的物质流动和分配方案，以得到最具经济效益的解决方法，确定物质到最理想目的地的路线，有效生产理想产品，同时使副产物和废物最少。

质量集成技术的应用领域也不仅限于单一过程，已进一步扩展到包括多个化工过程之间的物质的综合利用。在多个产品的联合生产中彼此利用其他过程的废物形成过程之间的物质集成，将大大提高原料资源的利用率，减少环境污染排放，实现废物最小化目标。

过程集成是面向系统的，基于热力学的方法，是过程分析、综合和改造的集成化方法，通过考察整个系统以寻找集成化使用物质和能量的机会并使废物产生最小化。过程集成由以下三个基本概念建立：

1)在过程设计和分析中，将整个生产过程作为一个过程、公用工程和废物流股相互连接的过程单元集成的系统来对待。

2)应用过程系统工程的基本原理，如热力学和物质、能量平衡的基本原理来调节过程的关键步骤，在利用原料和能源，并产生排放物和废物时，预先建立一个优化可行的性能目标(如最小的公用工程用量，最小的二氧化碳、氮氧化物排放等级，最小的新鲜用水量)。

3)确定详细的过程设计和改造，实现预先的性能目标。

(三)过程集成技术

过程集成技术是在过程集成的基础上发展的工业过程设计的系统方法，这些方法同样不是发明新型设备和单元操作，而是致力于现有过程技术的有效选择和相互关联。过程集成技术包括层次设计法、夹点分析法、数学规划法和人工智能技术等。

1. 层次设计法

化工过程是一个由反应器、分离及循环系统、换热网络和公用工程等单元组成的复杂系统，这些单元相互耦合、关系错综复杂，给过程设计带来了复杂性。工程师一般采用层次分解的策略进行过程设计。

层次设计法是由 Douglas 等在过程设计中总结设计工程师的经验发展起来的一种分层次设计决策方法。

在进行概念设计时，将设计问题划分为不同的层次，包括过程模型的确定，流程的输入-输出结构、反应分离循环系统、热集成(换热网络)及公用工程系统的设计，在每一层中都要做出一定的决策。该法不仅可以对在初始设计阶段产生的大量方案做出简洁而有效的筛选，以最低的工程代价剔除那些较差的项目和过程方案，而且在不同层次上对同一决策问题的不同选择可以导致新的过程设计方案。

Douglas 的分层决策方法还可用于鉴别和解决废物最小化问题。在层次设计法的每一决策层次上，都有一些决策影响到工艺过程的出口流股。在某些情况下，这些流股会产生不利的环境影响，针对这些流股可以做出一些决策以减少污染，从而产生过程的替代方案。图 8-25 是废物最小化的分层决策方法，它提供了确定减少废物产生的过程改进方案的系统方法。这一方法用逻辑框架来确定过程改进方案，以能量和物质平衡用来作为评价的基础，评价能量和质量集成的机会，提供了通常用于工程概念设计阶段传统方法的替代方案。

层次分析法将工业过程科学、知识和工程师的创造性融合在一起，从过程的总体出发，不局限于局部效果，除了减少废物排放之外，这种方法确定的过程改进方案还可以带来其他一些利益，如节能、提高原料利用率等。

1层：输入信息及过程模型

2层：流程的输入输出结构

3层：流程的循环结构

4层：确定分离系统

a.总体结构，相分离

b.气体回收系统

c.液体回收系统

d.固体回收系统

5层：能量集成

6层：替代方案评估

7层：弹性和控制

8层：安全性

图 8-25 层次设计法中废物最小化的决策层次

资料来源：J. M. Douglas. Process synthesis for waste minimization. Ind Eng Chem Res, 1992, 31

2. 夹点分析法

能量集成方法即用夹点分析设计热回收网络比较成功。夹点技术以热力学为基础，从宏观的角度分析过程系统中能量流沿温度的分布，从中发现系统用能的"瓶颈"所在，并给以"解瓶颈"的一种方法。在 20 世纪 70 年代末提出夹点技术后，它在新厂设计和老厂改造中都发挥了巨大的作用，在降低能耗、减少投资和保护环境等方面成效显著。

夹点分析的原理如温-焓 ($T\text{-}H$) 图 8-26 所示，它可以用来表示热、冷流股的热交换。确定了工艺中的最小传热温差后，就可通过在 $T\text{-}H$ 图上平移热、冷曲线而找到夹点。夹点即热、冷流股传热温差最小(等于工艺规定的最小传热温差)且其间的热流量为零之处，从而成为系统能量回收的"瓶颈"。夹点把系统分为两个独立的子系统，夹点上方为热端，它包含比夹点温度高的工艺物流及其间的热交换，剩余冷量只要求公用设施加热物流输入热量，称为热阱(heat sink)；夹点下方为冷端，它包含比夹点温度低的工艺物流及其间的热交换，剩余热量只要求公用设施冷却物流取出热量，称为热源(heat source)。夹点确定后，公用设施加热负荷以及公用设施冷却负荷都达到了最小值，即过程所需的最小用能目标确定，此时换热系统内部达到了最大限度的热量回收。换句话说，此时系统内部的热能得到了最大限度的利用，而外部热量的输入降到最低，换热系统达到最优。

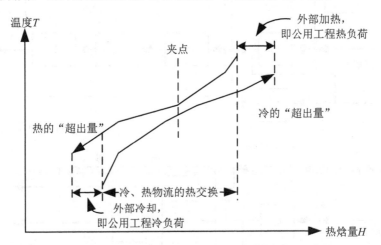

图 8-26　夹点原理图

资料来源：B.林和甫等. 过程集成节能技术及应用. 天津：天津大学出版社，1995

　　20 世纪 90 年代以来，夹点分析的思想基础更为广阔，用于换热网络的夹点分析已趋于成熟，夹点分析技术开始向其他领域扩展，在能量优化和资源回收、废物减量排放、污染防治等方面都成为一种有力的技术措施，在过程工业的清洁生产中发挥了重要作用，且其应用的深度和广度还在不断扩大。夹点技术已成功地应用于废水最小化的研究中。与常规的节水策略相比，水夹点技术是从系统的角度对整个用水网络进行设计优化，以使水的重复利用率达到最大，使系统的新鲜水用量和废水排放量达到最小。如图 8-27 所示，P 代表用水单元，T 代表废水处理单元。图 8-27(a)是传统工业用水集中处理示意图。随着源头节水减排提上日程，人们认识到某些单元产生的废水可以部分或全部用于其他的用水单元并因此而降低了整个系统对新鲜水的需求量时，用水网络系统趋于复杂，即新鲜用水经多次使用后才送去废水处理，这时水系统具有"水回用+末端集中处理"特征，

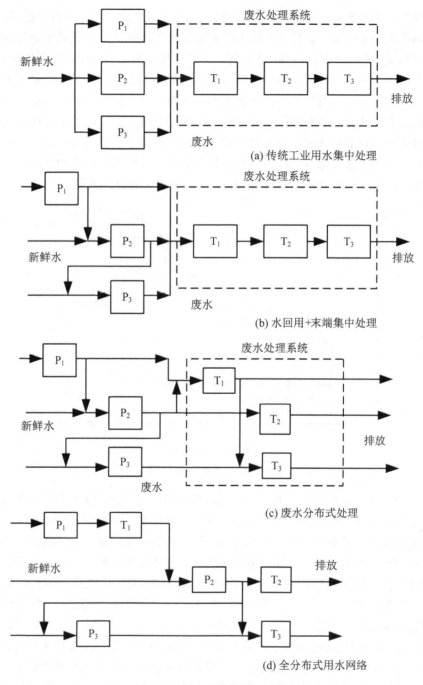

图 8-27 用水网络的优化过程

资料来源：李保红. 2001. 水分配网络设计与改造方法研究. 大连: 大连理工大学博士学位论文

如图 8-27(b)所示。图 8-27(a)和图 8-27(b)也是我国现阶段所普遍采用的废水处理方式。然而废水的集中式处理也有不合理处，如果把轻微污染的水与严重污染的水混合在一起处理不仅在处理费用上达不到费用有效的目的，而且又相当于二次污染。因此，应当有效利用各股废水流中的浓度差来达到废水的费用效益最优化处理，因此形成如图 8-27(c)所示的废水分布式处理。随着用水网络的进一步发展，废水处理与水回用进一步结合，使水处理进一步离散化，使得废水处理单元的出水能够回用到适宜水质要求的用水单元中，达到全分布式用水网络(图8-27(d))，从而最大限度地减少了新鲜用水量和废水排放量，同时使水处理的操作费用降至最低。以上过程则可利用夹点分析方法进行优化设计。在用水网络优化中，水夹点技术分成三个任务：

1)分析。在用水操作中，判别一个预先的新鲜水消耗和废水产生的最小值(水夹点分析)。

2)综合。通过水回用、再循环技术，设计一个用水网络以实现新鲜水消耗和废水产生量的目标值(水夹点综合)。

3)改造。通过有效的过程改变，改造现有的用水网络以使水回用最大化和废水产生最小化(水夹点改造)。

3. 数学规划法

数学规划法是实现同步设计策略的主要工具，一直是过程集成研究的热点，涉及过程综合的各个方面。

数学规划法中，首先建立一种包括所有可行操作和可行候选方案的超结构以进行最优设计，然后将问题转化成数学模型，对超结构进行结构和参数的优化。通过优化可分解的超结构以寻找实现设计目标的最佳的过程单元组合。一般问题被转化为混合整数非线性规划(MINLP)问题，用于从整体框架中提取解决方案。

以往化工过程的系统优化侧重于以经济性能最大化为目标，采用单目标规划法对经济目标进行优化；而随着环境性能的优化开始集成到系统设计中，把环境因素作为设计目标，与经济目标及其他设计目标进行权衡，从而形成多目标优化问题。对于多目标优化问题，通常是采用整合法将其转变为单目标问题进行求解。解决多目标优化问题的另一种方法是采用多目标决策、灵敏度分析或参数优化法对经济性和环境性进行权衡，这种方法以其直接自然的方式具有一定的优越性。将多目标优化技术应用于废物最小化的过程设计中，在过程设计的初期就综合考虑经济与环境目标，对实现过程经济和环境目标的协调优化具有重要意义。近年来一些进化算法如遗传算法等的发展为求解多目标优化问题提供了有力工具。

4. 人工智能技术

　　基于经验规则方法的发展趋势就是利用人工智能技术向自动设计方向发展，在人工智能技术中，专家系统是发展较为成熟的一种，是采用人工智能技术用计算机模拟人类思维过程开发清洁的过程设计，目前已经开发出一些用于清洁生产的软件包。由新泽西理工学院（New Jersey Institute of Technology）开发的EnviroCAD采用基于知识的专家系统进行过程综合。由于基于知识系统的方法包含了大量的过程设计工程师和环境工程师的经验，并且将过程模拟和计算机过程设计结合起来，因此具有很强的实用性。

　　除了上述这些过程集成方法外，过程模拟优化技术在过程集成设计中也被广泛应用。废物减少算法（WAR）即是基于过程模拟的废物最小化方法，是在污染物平衡的概念上发展起来的。它考虑通过系统边界的环境影响流、物料流和能量流，类似于物料和能量的平衡，可以对过程的环境友好型进行分析和评价。由于过程模拟能够提供准确的物质和能量平衡及参数间的关系，建立在过程模拟基础上的废物最小化的过程集成具有一定的应用前景。

　　对于给定的过程设计或改造问题，几种不同的过程集成方法往往一同使用。层次分析方法用于鉴别潜在的污染问题并鉴别消除这些问题的过程替代方案。这种方法可作为寻找设计备选方案的出发点，用于替代方案的筛选，鉴别较优的方案并使问题范围缩小，但不能用于优化问题。夹点技术在能量集成和质量集成中作为理解问题、产生解决方案的关键。适用于对热传递和质量传递问题的基本理解，可促进设计方案的改进，但其应用范围受问题的规模限制。数学规划法适用于有限数量的设计方案的评价及优化，其优点在于不同层次、不同设计方案的同步综合优化，但其初始方案的产生往往依赖于层次分析或夹点分析方法。对于含有复杂多变量的过程，过程模拟占有一定优势。各种集成方法的组合应用，尤其热力学方法和数学规划法同时有效的利用，可得到更为广泛的方法，将成为解决大规模复杂设计问题的有力工具。

参 考 文 献

林和甫 B 等. 1995. 过程集成节能技术及应用. 天津: 天津大学出版社

Ayres Ku. 1978. Resources, Environment and Economics : Applications of the Materials/Energy Balance Principle. New York : John Wiley & Sons

EL-Halwagi. 1998. Solve design puzzles with mass intergration Chemical Engineering Process, 94(8)

Mann J G, Liu Y A(刘裔安). 2005. 工业用水节约与废水减量. 北京: 中国石化出版社

第九章　企业环境行为

　　随着工业化、现代化进程的加快和生产力的提高，人类利用资源、改造环境的能力不断增强，资源消耗量和污染物排放量急剧增长，环境污染事件频发，环境问题日益凸显，引发了学者对人与环境关系及经济社会发展问题的思考。在《寂静的春天》里，卡逊阐释了大规模使用杀虫剂对人类的危害，敲响了工业社会环境危机的警钟。《增长的极限》讨论了经济的增长是否不可避免地带来环境退化和社会解体这一命题。1987 年，《我们共同的未来》中提出了可持续发展这一全新概念，为经济、社会、环境三者协同发展提供了契机。可持续发展是指既满足现代人的需求又不损害后代人满足需求的能力，倡导经济、社会、资源和环境保护协同发展。它彻底改变了人们的传统发展观和思维方式，对社会各主体的传统生产、生活方式及行为决策产生深远影响。可持续发展的贯彻、实践方式和各行为主体的责任和义务等问题成为研究热点。作为社会行为主体之一的企业，其行为也受到了可持续发展的影响。

　　企业是社会的微观组成部分，企业是通过产品生产、服务输出满足社会需要的营利性经济组织。经济社会的发展依赖于企业的良性发展。企业行为贯穿于产品生产、产品销售、产品使用及报废全过程。企业行为与环境系统关系密切，如图 9-1 所示。在产品加工、生产过程中，需要向环境系统索取资源和能源，生产过程伴随着废水、废气、固废等污染物向环境系统的排放，产品销售环节中的产品包装及运输也消耗能量和资源，在使用期满后产品又以废弃物的形式进入环境系统或返回产品生产过程。企业行为包括产品生产、提供服务过程中的所有行为。企业行为对环境、对环境系统能否稳定持续的发展有着重要的影响。

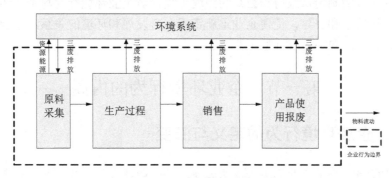

图 9-1　企业行为与环境系统关系图

按照企业行为对环境的正负影响，可以将企业行为分为对环境有利的行为和对环境不利的行为。对环境有利的企业行为能够实现资源能源的高效利用、产出环境友好的产品和服务。企业活动中，如果忽视对环境系统的保护则会对环境造成严重的影响，迄今为止的环境公害事件大多与企业在生产过程中忽视对污染物的控制和削减，导致污染物、废弃物大规模向环境系统排放有关。在工业文明的发展初期，工业生产对资源能源的肆意掠夺和粗放的生产模式导致资源能源浪费现象严重，废弃物的排放导致环境质量下降、环境系统生态平衡被破坏等严重问题。工业文明的快速发展对环境系统提出了更高的要求，同时也对环境系统构成前所未有的威胁。企业作为工业发展的微观主体，对其进行有效的约束和引导能够实现企业发展和环境保护的双重目的。我国制定了多项政策制度以约束和引导企业行为，根据各项政策的实施理论基础和性质，可以分为命令控制型政策与经济激励型政策。具体政策见表 9-1。

表 9-1　我国企业环境行为约束与引导的政策列表

政策类型	政策内容
命令控制型(包括法律条款和行政规章制度)	《中华人民共和国环境保护法》 《中华人民共和国循环经济促进法》等法律中与企业有关的法律条文 各项国家标准：如污染物排放标准 相关政策：总量控制、浓度控制等政策
经济激励型(通过明确产权、建立市场、税收、收费、财政手段约束引导企业行为，或借助社区环境意识提升以影响企业行为)	绿色税收 绿色收费 绿色资本市场 生态补偿 排污权交易 绿色贸易 绿色保险 企业环境信息公开化 绿色标志等

这些政策的制定从政府和公众的角度出发，对企业环境行为与企业环境意识的形成进行约束和引导，促使企业重新审视自身发展和环境的关系，逐步摒弃单纯的逐利行为，向环境友好型企业发展。

第一节　企业环境行为的内涵

一、企业环境行为的定义与演变

企业环境行为是企业环境责任的体现，是企业社会行为的一种，其产生的根源是当前日益严重的环境问题和社会环境意识的提升。企业环境行为的定义是企业面对来自政府、公众、市场的环境压力而采取的宏观战略和制度变革、内部具体生产的调整等措施和手段的总称。

随着社会环境保护意识的提升，企业面临政府、公众、各项环保标准认证体系、贸易壁垒、绿色金融等压力，其环境行为开展的目的和意义也发生了变化。早先企业环境行为的目的是满足政府的要求，表现为企业遵从各种政府法规和政策，对企业环境行为的研究也主要集中在政府干预和企业遵从之间的关系，通过对企业环境行为程度的调查来评价政府监察、处罚制度、环境管理政策的效果。目前，市场对绿色产品、服务和企业环境保护形象的喜好是企业环境行为开展的重要原因之一。消费者通过对商品的选择来激励企业控制污染，投资者通过金融市场给企业施加压力。如果企业不重视环境行为的开展，未能生产绿色产品并树立良好的企业环境形象，企业将受到市场的抵制和排斥，在产品生产和销售两方面受挫。企业环境行为正在从企业对环境压力被动的接受和反馈转向博弈抉择和主动反馈。如今，企业开始探究不同环境行为模式对市场的影响。企业出于对利润最大化的考虑，开始重新审视产品生命周期全过程的环境影响。

二、企业环境意识

企业环境意识的树立有利于企业环境行为的开展，它是一种企业与环境、社会相协调的发展理念。企业环境意识明确了环境保护是企业经营发展中各项决策制定的重要影响因素，企业在决策制定中，不仅要考虑到各个方案的盈利情况还要综合考虑其环境影响。

(一)企业环境意识的影响因素

企业环境意识受到社会环境意识、环境质量、企业经营状况、市场需求及产品标准等因素的影响。社会环境意识反应了环境保护在社会大众心目中的地位以及人们对良好环境质量的期望，对企业环境意识的形成具有促进作用。环境质量也是企业环境意识的影响因素之一，在环境质量较差时，环境保护成为社会关注的热点，企业作为社会的组成部分，通常会承担一定的环境责任，并由此促使企业环境意识提升。企业经营状况反映了企业的运作情况。在企业经营状况较好、资金充足时，企业通常愿意将一部分资金用于短期收益较少的环境保护工作中，通过改进生产开发清洁能源、改进生产工艺来提高资源能源利用效率，减少污染物排放，进而提升企业社会形象，谋求长远发展。市场对绿色产品的需求具有拉动企业环境意识提升与环境行为开展的作用。污染物排放、产品质量标准的出台迫使企业在生产经营中关注产污环节，认识到污染控制的重要性。

(二)企业环境意识的发展

企业经营的内在动机是逐利，即利润的最大化。早先企业疯狂的逐利行为带来了严重的环境问题。20世纪70年代后，环境保护运动逐渐兴起，整个社会对环境保护日益重视，社会、政府及市场对环境质量存在较高需求。在这种情况下，企业不仅要考虑利润的提高，还要意识到降低污染物排放，提高能源资源使用效率的重要性。

企业环境意识可以分为消极环境意识、不自觉环境意识与主动环境意识三种。其中，消极环境意识是指企业旨在追求利润的最大化，忽视环境保护工作的开展、不自觉环境意识主要是指由于市场对绿色产品存在需求且企业自身有生产绿色产品的能力，因此出于迎合消费市场的需求、扩大产品的销量、提升企业知名度的需要，企业被迫将环境保护纳入经营决策中来，实现自身利益的同时保护环境，达到了外部经济性与内部经济性的统一。主动环境意识是指在环境问题日益凸显的今天，一部分具有高度社会责任感的企业在产品生产过程中主动承担环境保护责任，形成从企业自身角度出发保护环境的意识和愿望。主动环境意识完全是企业自主、自愿的环境意识，其产生没有受到市场、政府、社会层面压力的影响。

目前，企业环境意识大体呈现出增长的趋势，越来越多的企业意识到环境保护的重要性，自觉承担环境责任，绿色消费浪潮的兴起使经营决策者意识到发展清洁生产、开发绿色产品是提高产品市场占有率、增强企业知名度、树立良好的企业形象的重要手段之一。

第二节　企业环境战略

企业主体基于某一时期自身资金财力情况以及企业发展需要，通常会做出战略决策调整。企业环境战略是指企业以环境保护为预期目标制定的各项决策。其目的是削减污染物排放、提高资源利用效率、树立良好的业形象、增强企业市场竞争力。企业环境战略可以分为环境意识提升战略、技术支撑战略、资金支持战略三大类。

一、企业环境意识提升战略

在企业生产经营过程中，企业逐步认识到环境污染的产生与人们环境保护意识的缺乏有着紧密关系。由于企业视环境资源为低价或无价，片面追求利润最大化，盲目扩大生产规模、索取资源、排放污染物导致环境污染问题。为从根本上改善环境，企业需要树立环保意识。部分企业采取培训、教育、宣传等手段营造企业独特的绿色文化，将环境保护的思想融入企业文化之中，达到提升企业整体环保意识、掌握环保技术的目的。

二、企业技术支撑战略

企业资源能源的高效利用和污染物排放的削减，需要靠先进的技术作为支撑。为此，企业在产品研发、工艺流程优化设计、产品与服务业营销、产品维护以及产品回收与资源化等方面下工夫，研发降低污染物排放、提高资源能源使用效率的新技术、新方法，在生产中进行实践，不断改进和完善。技术支撑战略的内容包括产品生产全过程的污染物控制思想、技术的开展(产品生态设计、清洁生产、产品的绿色营销、基于生产者延伸责任的逆向物流等理念)，还包括企业环境会计、企业环境管理体系的建设等基于企业层面开展的具体工作。

三、企业资金支持战略

无论是环境意识提升战略还是技术支撑战略，都需要足够的资金作为战略实践的支持。资金的来源分为政府和企业两个渠道。由于企业环境行为有利于社会环境保护工作的开展与环境质量的提高，出于对企业的褒奖，政府通过向企业提供资金的方式，支持其环境保护工作的开展。另一方面，部分企业成立了环境保护专项基金，用于技术研发与环保节能设备的配置。高水平的财力支持与强大的经济实力都有助于企业环境行为的开展。

第三节　企业环境培训

为了便于企业各项环境战略的执行，实现资源、能源高效利用，污染物削减，需要把企业环境培训作为辅助工具和有效手段。企业环境培训分为企业环境意识培训和企业环境技术培训，两者分别从思想和技术上提升企业环境保护水平。

一、企业环境意识培训

为了提升企业决策者及工作人员的环境保护意识，从而在产品设计、生产、营销等环节中将环境保护思想纳入综合决策之中，需要开展环境保护意识培训。在具体实践中，企业多采用定期培训或宣讲的形式开展员工环境保护教育工作。企业环境意识培训的目的是使企业决策者与企业内广大员工具有环境保护意识，认识到环境保护的重要性，自觉做出环境保护行为。

在企业环境意识培训中，应当首先向员工说明企业发展的外部环境，即市场对企业环境保护行为的需求、绿色产品的商机、企业发展面临机遇与挑战。其次，明确企业自身定位，向员工表明公司的态度及立场。在开展环境意识教育的具体工作中，把企业、员工的利益同企业环境行为联系在一起，让员工意识到环保行为不仅能够保护环境，同时也有利于企业及个人的发展，并借助丰富多彩的文艺活动将环境意识潜移默化地纳入企业经营理念。

二、企业环境技术培训

近年来，许多企业纷纷开展清洁生产、环境管理体系建立及认证工作，部分先进工艺及设备投入企业运营各个环节，设备和技术呈现"以新带老"的局面。如何帮助企业技术工人在短期内掌握新技术、新设备操作及设备维护方法，成为企业设备操作及维护的重要问题。企业环境技术培训成为解决这一问题的重要手段。

专栏 9-1　美国施乐公司企业环境培训的实践

美国施乐公司主营产品为打印机，由于打印机长期高强度的运转，其使用寿命往往较短，对产品的需求量大。施乐公司由传统的提供大量新型打印机满足需求为主转变为向市场提供完善的售后产品服务为主的经营策略。施乐用户的复印机，可以定期得到技术人员的保养和维护。施乐公司有 10 万名员工参加上岗培训，学习怎样诊断设备故障与故障的解除，并参与到服务的设计中来。施乐公司这一举措为公司带来了可观的经济效益，1992 年施乐公司在美国市场上节省了 5000 万美元的原料购置、后勤服务及产品配送、回收与资源化处理的各项费用，当年节省费用超过一亿美元。目前公司年经济效益达到 20 亿美元以上，污染物减排 95%。

资料来源：摘自美国施乐公司宣传网站

作为专业技能培训的一种，环保技术培训的对象为工艺优化研发人员及设备操作工人。对过程优化研发人员培训的主要方式有资助其参加高校、科研机构的环保工艺设备培训及相关课题的研究、定期出国访问、与同行业人士沟通。这些方式能够帮助研发人员掌握先进的研究方法、国内外研究热点及最新动态，激发其研究灵感与专业思维。对于企业技术工人而言，他们需要在短期内熟练掌握设备的操作方法、控制条件、设备维护及设备非正常运转情况下的故障排除等问题，企业在购买或改进设备时需向设备提供方索取设备的运行参数、使用说明等详细资料，并且组织技术工人进行集中学习。

三、企业环境培训的作用及发展趋势

企业环境培训可以把企业的环境保护思想及规章制度以人性化的方式在企业推行，通过培训，管理者可以具备实施管理的素质、知识、技能和信息，员工可以掌握自身的职责、义务、专长以及技能，更好地完成各项工作。培训还可以建立起管理者与员工的互动交流，培养员工参与企业决策的积极性。

企业环境培训正在向全社会环境培训演化，不仅包括传统的企业内部培训，也包括对社会公众的培训。企业积极倡导公众采取可持续消费的生活方式，对在社会公众的培训中可以结合企业的产品和服务，对流通商、消费者就产品的使用及维护事项以产品说明书和定期通过网络发布信息等形式进行培训，同时以问卷与售后服务的方式鼓励消费者积极参与产品的设计和服务的改进，促进产品使用过程的环保性，提高材料回收再生和循环使用率。多角度企业环境培训的开展可以增加现实的产出和经济价值，为企业发展提供支持，推进生产者和消费者的共同进步。

第四节　企业环境行为分析

以产品为中心，企业行为包括产品设计、产品生产、产品销售及产品回收利用资源化等环节。基于产品生产全过程的企业环境行为可以在企业运营的各个环节开展以降低环境影响。在产品设计、生产、销售及废弃物回收等方面采用包括产品的生态设计、清洁生产、绿色营销、绿色物流在内的新技术、新方法，实现企业的绿色化。

一、生态设计

（一）生态设计的概念

传统的设计通常仅考虑产品的基本属性及功能、质量、寿命、成本等内容。设计的指导原则是产品易于制造，并具有所要求的功能、性能，很少考虑产品的环境属性。在其使用周期结束后，产品的回收处理及资源化程度低，资源能源浪费现象严重，其中有毒有害物质可能造成严重生态环境，影响人类生活质量及生产发展的可持续性。与传统设计理念相比，生态设计理念在能源原材料和可持续性等方面更加环保，如表9-2所示。

生态设计来源于人们对经济、环境、社会三者的协调发展的思考，它强调通过优化产品、工艺流程的设计，降低污染物排放与生产行为对环境的影响。生态设计的概念最早是由荷兰公共机关和联合国环境规划署（UNEP）提出的。生态设计内容广泛，包括产业、经济发展、立法、行政、财政的绿色化。联合国环境规划署工业与环境中心在1997年的出版物《生态设计：一种有希望的途径》中指出，在生态设计过程中，环境与传统的工业工程、利润、产品功能、企业形象、产品服务的总体质量位于同等重要的地位。因此，生态设计的基本要求是在产品、服务设计过程中综合考虑相关的各个因素，并将环境生产过程的环境影响考虑其中，优化产品生产过程，实现环境友好。与传统设计理念相比，生态设计理念在能源、原材料和可持续性等方面更加环保，如表9-2所示。

表9-2　生态设计理念与传统设计理念的比较

比较内容	传统设计理念	生态设计理念
能源	依赖于容易获取的成本低廉的不可再生能源，如煤炭、石油等	强调在生产过程中引入太阳能、风能、水能、生物能等清洁、可再生能源
原材料	大量使用高质量材料，导致低质材料被遗弃，变为有毒有害物质进入环境介质	循环利用可再生物质，废物再利用，易于回收、维护、持久
设计指标	功能、质量、寿命、成本	产品的经济、社会、环境属性
成本关注	生产成本	生命周期成本
污染物治理类型	先污染后治理	生态优先的原则，在产品设计阶段探求污染物的低排放或零排放，强调污染物的源削减和再循环
经济效益	企业利润的最大化	企业、社会整体效益的最大化
环境效益	不刻意追求	降低生命周期内的环境损害
可持续性	低	高

　　产品的生态设计是指产品设计师在构想、规划产品的功效及形式上利用生态学原理和方法，将产品在选料、组合、加工、储运、销售以及回收等环节上，使其与环境一体化。生态设计要求企业在进行产品与服务开发的过程中，综合社会的生态需求及经济需求，将产品生产过程中所有环境影响纳入产品开发的考虑范围内，致力于生产在整个生命周期中对环境不良影响最小的产品。从目前的国内外相关理论研究现状来看，生态设计是在现代科学和社会文化环境下，综合运用生态学原理、生态学技术，结合现有的生产技术和工艺流程，实现社会物质生产和社会生活的生态化产品设计理念。

(二)生态设计的开展方法

　　生态设计的理论基础是工业代谢理论和生命周期理论。在生态设计过程中需要对产品生产整个过程的输入(原材料、能源使用)及输出(产品、中间产物、副产物产出及污染物排放)进行"从摇篮到摇篮"(从物质计入生产环节开始到其再次进入生产环节为止，整个循环过程)综合考量。这一过程分为四个阶段，分别是：产品生态辨识、产品生态诊断、产品生态定义及产品生态评价。

　　在产品生态辨识环节，设计者需要对产品在整个生命周期内的相关生态环境影响进行量化识别，评估在产品生产、消费、回收整个环节内对环境的影响程度，包括直接环境影响与潜在环境影响。产品生态诊断是指在识别出产品整个生命周期的环境影响后筛选出造成环境影响最大的环节，即其环境影响控制的最佳节点。产品生态定义是依据生态系统安全与人类健康标准，选择未来生态产品的生态环境特性指标。依据生态诊断的结果，参考产品生态指标体系，提出改善现有产品环境特征的具体技术方案，设计新产品。在产品生态评价中对改进设计的生态产品进行生态辨识，评价其环境影响，对比新老方案的生命周期评价结果，提出进一步改进的途径与方案。

　　整个产品的生态设计过程需要在生态识别、生态诊断、生态定义和生态评价为组成部分的过程中进行多次循环，以求实现设计成果的生态效益、费用效益分析最优化。

专栏 9-2　快餐店一次性热饮杯生态设计

　　产品生态辨识阶段：

　　基于产品需求进行产品设计，备选方案有纸杯和泡沫塑料杯。首先进行清单分析，如表 9-3 所示。分析内容有一次性热饮杯生产所需的原材料、能源、单位产品产生的液态、气态固态污染物排放量，产品循环使用的可能性，回收处理需要的资源量。

表 9-3 清单分析

项目	纸杯	泡沫塑料杯
每只杯子所需要的材料		
木头和树皮/g	33.0	0.0
石油/g	4.1	3.2
完成后的重量/g	10	11.5
每千克原料耗用的能源		
蒸汽/kg	9000~12000	5000
动力/GJ	3.5	0.406
冷却水/m3	50	154
每千克原料的废水排入量		
容积/m3	50~190	0.5~2.0
悬浮固体物/kg	35~60	微量
生化需氧量/kg	30~50	0.07
有机氯化物/kg	5~7	0
金属盐/kg	1~20	20
每 kg 原料的废气释放量		
氯气/kg	0.5	0.0
硫化物/kg	2.0	0.0
颗粒物/kg	5~15	0.1
戊烷/kg	0.0	30~50
潜在的再循环性		
初次使用者	可能	容易
使用后	低	高
最终处理		
热回收/(MJ/kg)	20	40
掩埋式垃圾处理物/g	10.1	11.5
生物降解性	可以	不可以

产品生态诊断阶段：

针对目前形成的两种方案，可用对比分析的方法进行产品诊断。对于纸杯而言，其优势就是原料为可再生资源，泡沫塑料杯是由不可再生能源石油做成的。然而，经过更加仔细的检验后发现实际上纸杯比泡沫塑料杯消耗的石油更多，因为将木头碎片转化成纸浆再变成纸杯需要能源。在污染物排放分析对比发现泡沫塑料杯排放的主要污染物是戊烷。从再利用角度来看，泡沫塑料杯也更具优势。在回收处理方面，纸杯具有可生物降解性，其最终处理要简单一些。通过整体分析，泡沫塑料杯更具针对性。

产品生态定义阶段：

一次性热饮杯的生态定义是降低产品生产对环境的影响，其指标有能源消耗、污染物排放、回收利用率等。

产品生态评价阶段：

清单分析使用了非财务指标和定性因素对纸杯和泡沫塑料杯的环境影响进

行分析。在两者的比较中，数据较为整齐，可以看出其中一个产品对环境造成的影响低于另一种产品，但是在这样的案例中也可能存在一些成本方面的问题，如重新利用泡沫塑料杯的经济利益是多少。为了解决这一问题，需要对比两种方案的单位环境成本。表9-4对纸杯和泡沫塑料杯的单位环境成本进行对比分析。

表9-4 纸杯和泡沫塑料杯的单位环境成本(单位：美元)

	纸杯	泡沫塑料杯
原料耗用	0.010	0.004
能源耗费	0.012	0.003
与污染物相关的资源	0.008	0.005
总企业成本	0.030	0.012
(社会的)循环利用收益	(0.001)	(0.004)
单位环境成本	0.029	0.008

通过成本分析发现，泡沫塑料杯单位产品的环境成本较低，两者相比，优选泡沫塑料杯。

在产品生态设计的优化过程中，还可以对泡沫塑料杯进行进一步的生态设计，进一步降低其环境影响。

资料来源：步丹璐，黎春. 基于生态的产品设计思路及案例分析. 财会通讯(理财版)，2008，10

二、清洁生产

(一)清洁生产理论的提出

清洁生产主要包括清洁的生产过程、清洁的产品和清洁的服务三方面内容。对生产过程，清洁生产要求节约原材料和能源的利用，淘汰有毒的原材料，削减所有废弃物和污染物的产生数量和毒性。清洁生产要求企业提供清洁的产品及服务。清洁产品是指在生产过程中不用或少用对环境有害的原料和能源，产品在使用过程中、使用后不含危害人体健康和破坏生态环境的因素，产品包装合理，没有过度包装等问题，包装材料易于回收和重复利用，产品质量高，功能齐全，能够长期使用，使用期结束后产品易于拆解，其部分零件能够回收与再利用，产品易于降解处理。清洁的服务是指在设计和提供的服务中要考虑到环境因素。

(二)清洁生产的内涵

清洁生产强调对污染物的"源控制"，重视污染预防，它的基本手段是改进工艺技术、强化企业管理，主要方法是排污审计和生命周期分析，用消耗少、效率高、无污染或少污染的工艺和设备实现对消耗大、效率低、高污染工艺和设备的替代，防止污染物转移和二次污染现象发生，并且是一个不断完善、不断进步的过程。

清洁生产虽然能够实现对产污源头的源削减与源控制，在一定程度上消除了末端控制的弊端，但并不能够完全代替末端治理。这是由于清洁生产虽然能够对产物源头进行控制，但不能够实现污染物的零排放，仍然需要末端控制实现对污染物进一步削减。

(三)清洁生产的开展方式

企业是社会的各种产品生产部门，也是工业污染物排放的主体，因此是开展清洁生产的主体。在企业清洁生产开展过程中包括清洁生产准备、审计、制定方案和实施方案四个阶段。

在清洁生产准备阶段，首先企业领导应做出实施清洁生产工作的决策，由企业领导班子牵头、领导、统筹、安排清洁生产各项工作的开展。在此基础上，领导集体成立清洁生产工作组，工作组主要负责企业各个部门、人员间的协调，承担各项具体工作。在明确企业内各个部门的分工后开展员工清洁生产知识培训。

清洁生产审计是对企业现在的和计划进行的工业生产实行预防污染的分析和评估，是企业实行清洁生产的重要环节。通过清洁生产审计，能够对企业的污染物排放、污染物治理目标等内容有详细的了解。

在明确责任和目标后企业需要制定出一套有针对性、操作性、可实施性强的规划方案，具体说明需要通过哪些设备的引进、技术的配套，各个部门的参与完成清洁生产的目标。在方案制定过程中，要综合考虑工业企业的污染物排放种类、产污环节、污染治理的成本及效益、技术的可行性等内容，在方案制定后，要针对方案的有效性进行深入探讨，根据意见对方案进行修改与完善。最后就是根据已经制定出的方案开展实施工作，实现工业污染物削减目标。

专栏 9-3　不锈钢制品企业清洁生产案例分析

> 广东省新兴县先丰不锈钢制品有限公司，为一家中等规模以上的不锈钢制品企业。该企业现生产的不锈钢系列产品有煲类、喷涂材料和火锅系列等200余种产品。主要原料为钢片和铝片，年耗钢片约6500t，年耗铝片约312万t。年耗电量约250万kW·h。
>
> 清洁生产准备阶段：
>
> 为了降低企业内污染物排放，提升企业形象，该企业决定开展清洁生产工作，并由企业领导及主要技术骨干组成清洁生产工作组。

清洁生产审计：

按照企业生产工艺流程，原材料及添加剂、催化剂、溶剂等物料先经输入、冲压、焊底、抛光、砂光生产单元加工生产，后经装配、包装成产品，在生产过程中排出的废物或副产品有废料、废水、废气、溶剂、废渣等。排放情况见表9-5、表9-6。

表9-5 企业废气排放情况

生产废气单元名称	废气名称	废气排放量/(m³/h)	废气成分	去向
焊底	工业废气	1.42	粉尘	大气
抛光	工业废气	1.15	粉尘	大气
砂光	工业废气	0.85	粉尘	大气

表9-6 企业废渣排放情况

产生废渣单元名称	废渣名称	产生量	主要成分	去向
抛光 砂光	工业废渣	150/(t/a)	金属尘粒、麻砾纤维	每年向垃圾处理场清运一次

在此基础上，审核小组运用权重综合计分排序法确定了清洁生产审核的重点，它们是冲压、焊底、抛光和砂光车间，其主要废弃物的排放量和主要资源的消耗量见表9-7。

表9-7 清洁生产审核重点情况

	审核重点名称		冲压	焊底	抛光	砂光
废弃物量	废气/(m³/a)		0	2.352	9.720	5.088
	废水/(t/a)		0	0	0	0
	废渣/(t/a)		0	0	130	20
主要资源消耗	原材料消耗	总量	钢片 6500t/a	底片 312万 t/a 铝片 312万 t/a	麻砾8775卷 石蜡17550块	砂纸69940张
		费用/(万元/a)	10400	2496	31.2	8.4
	水耗	总量/(万 t/a)	0.034	0.012	0.044	0.014
		费用/(万元/a)	0.041	0.014	0.051	0.017
	电耗	总量/(万 kW·h/a)	79.3	83.7	70.6	18.6
		费用/(万元/a)	51.5	54.4	45.9	12.1
	小计/(万元/a)		约10451.5	约2550.4	约77.2	约20.5

注：上述费用按照钢片16000元/t、水费1.2元/t、电费0.65元/(kW·h)计算

方案制定：

通过技术人员的通力参与，企业形成污染物减排、能源高效利用的多种

方案，见表 9-8。

表 9-8　清洁生产备选方案

编号	方案类型	方案名称	方案简介	投资预算/万元	预期效果经济效益/(万元/a)	环境效益
A1	原材料节约	统一原材料购买	原材料由集团公司统一采购，节约成本		60	
A2	原材料节约	按照客户要求购买原材料	原材料购买的质量和数量严格按照客户需求执行			
A3	原材料节约	配料生产利用边角料	最大限度利用原材料			
A4	原材料节约	实行用料奖罚办法	原料使用超标惩罚、节约奖励			
B1	水资源节约利用	雨水回流过滤系统	充分利用天然水资源（广东地区雨量充沛）	0.5	1	
B2	水资源节约利用	水循环利用系统	用水量较大的加工单元，建立水循环利用系统	3	3	
B3	水资源利用	对水泄漏进行巡查	杜绝水泄漏			
C1	能源利用	利用天然光照	节约生产车间用电量		4	
C2	能源利用	热风再利用	代替电烘箱烘干沙碌		17	
C3	能源利用	建立用电补偿装置	合理分配电量	12	50	
C4	能源利用	采用高效低速节能风机	采用新设备降低能耗	5	14	
C5	能源使用	采用螺旋形长寿命节能灯	降低电耗	6	3	
D1	环保措施	分类回收物料和废弃物	物料的现场收集			
D2	环保措施	定期处理废渣		0.1		处置废渣100t/a
D3	环保措施	建立砂、抛光粉尘水喷溅除尘系统		130	20	降低粉尘20%
D4	环保措施	建立废料处理装置		50		处置废渣30t/a
D5	环保措施	选用低速低噪声设备				降低噪声
E1	工艺改进	引进自动清洗线	挺高生产效率	25		
E2	工艺改进	厂房采用回字形布局	半成品回流，工艺合理			
E3	工艺改进	采用自动化设备	降低员工劳动强度，提高生产效率			

注：环境效益单位为万元/a

审核小组对重点审核工序进行物料平衡和水平衡，对备选方案进行评估、筛选和可行性分析，得出本次清洁生产实施方案，它们是：A1、A2、A3、A4、

B1、B2、B3、C1、C2、C3、C4、D1、D2、D3 和 E1。

方案实施阶段：

2002 年 3 月~2003 年 7 月，企业实施了 11 个清洁生产无/低费方案和 4 个中/高费方案，综合效果显著。方案实施后污染物削减非常明显，废弃物充分利用，废水基本达标排放。此外，方案的实施收到了良好的经济效益，2003 年，实施中/高费方案产生的经济效益达到 68.5 万元，无/低费方案的经济效益达 143.8 万元。

资料来源：节选自：陆宇民，梁伟文. 不锈钢制品企业清洁生产案例分析. 中国环保产业，2005，(9)

三、绿色营销

可持续发展观要求企业建立新的营销观念，即绿色营销观念。继《21 世纪议程》提出后，营销策略发生重大转折，绿色营销观念提出政府要通过制度建设 (government regulation)引导和强制企业经营行为和消费者行为合乎可持续发展的要求；企业则要改变其经营行为，要把自然资源和生态环境纳入决策体系；消费者要树立新的消费伦理观，改变传统消费方式，追求绿色消费(优先购买对环境影响小的商品)与适度消费(杜绝浪费)。

在绿色营销中，企业不仅需要优化产品的生产过程，降低环境影响，同时也要在满足消费的基础上引导消费者进行合理的消费行为，避免由于不合理消费引起的自然资源浪费、损耗及生态环境恶化。

(一)绿色营销的概念

绿色营销也称生态营销，是一种全新的营销观念，是指企业在营销活动中，谋求消费者利益、企业利益、社会利益和生态利益的统一，既要充分满足消费者的需求，实现企业利润目标，也要充分重视自然生态平衡。绿色营销的概念分为广义和狭义两种。狭义的绿色营销是指在产品的销售阶段采用低能源消耗、低环境影响的营销策略。广义的绿色营销是指企业以环境保护为己任，在产品研制、开发、生产、销售、售后服务等阶段采取相应措施，减少或避免环境污染，保护和节约自然资源，维护人类社会的长远利益，实现经济与市场的可持续发展。

绿色营销的宗旨是节约材料耗费，保护资源；确保产品安全、卫生和方便，以利于人们身心健康和生活品质提升；引导绿色消费，唤醒和培养绿色意识，优化生存环境。

绿色营销是市场机制作用的产物。它要求企业以消费者的绿色消费为出发点，提供满足消费者需求的产品，倡导生产过程及产品提供与环境的和谐统一。

(二)绿色营销的内容和步骤

完整的绿色营销过程应该包含以下内容：①树立绿色营销观念，从指导思想到具体营销过程中，应始终坚持绿色理念；②搜集绿色信息，即企业要及时广泛收集相关的绿色信息并结合自身的具体情况采取相应的措施，深入研究信息的真实性和可行性，为企业实施绿色营销提供可靠的依据；③制定绿色计划，开发绿色资源和产品；④争取绿色标志，绿色标志是产品立足于市场的重要措施，也是产品进入国际市场、打破非关税壁垒的有效途径之一；⑤制定绿色价格，绿色产品由于支付了较高的环保费用，因此在价格方面往往高于非绿色产品价格，绿色价格的上扬幅度与所在地区的环保意识和消费水平有关；⑥开辟绿色渠道，即制定销售方式将绿色产品推广至市场；⑦鼓励绿色消费，即激发消费者的绿色兴趣，引导他们消费绿色产品，并在消费过程中注意环境保护；⑧最后是实施绿色管理，包括在整个营销过程中，从内容到对象都实行"绿化"。

专栏9-4　饭店业绿色营销实例

饭店业绿色营销主要包括绿色营销审核、开发绿色产品、提供绿色服务、制定合理的绿色产品价格、绿色销售、绿色环保标志、建立环境管理体系等内容。

绿色营销审核：包括内部审核和外部审核两类。内部审核主要考量绿色营销理念的引入对经营全过程的影响，内容有检查绿色产品的销售量和市场占有率，成本和利润等；外部审核主要考察饭店业的现状及竞争对手的营销策略及消费者结构。

绿色产品开发：饭店业的绿色产品主要有绿色环保客房、绿色餐厅、绿色食品等，绿色服务有餐饮适量推销服务、"打包"服务、客房棉织品洗涤次数减少的服务等。以绿色产品和绿色服务为切入点进行绿色营销。

绿色定价：按照价格理论，影响饭店绿色产品定价的因素主要是成本、需求和竞争。饭店在制定绿色产品价格时要将环境成本包括其中，实现环境成本的内部化。

绿色销售：包括绿色广告、绿色公关、绿色人员推销及绿色营业推广四类。绿色广告的功能有提升饭店环境形象、扩大饭店知名度及市场份额。绿色公关是指将饭店的绿色产品直接、广泛的传播至细分市场。绿色人员推销是指在提供服务(如点餐、点房)时，向消费者宣传绿色产品，并耐心解答客户的疑问。绿色营业推广是饭店为了刺激市场对绿色产品的需求而采取的各项促销措施。

绿色标志：绿色标志是对企业绿色营销行为开展的肯定，也是对饭店绿色产品质量的全方位评价，它能够帮助饭店加强服务、提升绿色形象，此外，能够一定程度上左右消费者的选择。

　　环境管理体系：环境管理体系是饭店实施绿色营销的必然选择，ISO 14000系列环境管理体系认证能够从经济、社会、环境效益三方面结合规范饭店经营行为，降低其环境影响。

四、绿色物流

　　物流，顾名思义是物质的流通。随着科技的进步和人们生活水平的提高，消费者对商品种类和数量上的要求越来越高，各类商品进入批量化生产阶段，大量的资源能源从环境系统进入生产加工系统，并以产品的形式进入使用、消费环节，资源能源和产品在环境介质、生产环节和消费环节的流通都需要物流活动进行支持。此外，由于消费习惯和生活节奏的加快，商品转化为废弃物的速度越来越快，被淘汰商品和废弃物的数量急剧增加，这些废弃物不仅是污染源也是资源。将废弃物高效、清洁地回收利用是资源化、循环化的重要内容。传统的物流是直线的物质流动方式，单一的"企业—分销商—消费者"模式，不能实现物资的回收利用。为了提高资源的利用效率，降低污染物的排放，绿色物流逐渐取代传统物流。

　　绿色物流的内容有集约资源、绿色运输、绿色仓储、绿色包装。其中，集约资源是绿色物流最本质的内容，也是绿色物流发展的主导思想。它通过整合和优化配置现有资源，提高资源利用效率。绿色运输是指在运输过程中，使用清洁能源，通过运输路线的优化配置降低物流业的环境影响。绿色仓储是指合理优化库房的布局，使得库房与企业、消费群体形成高效的物资配送网络，降低运输成本。绿色包装是指采用轻便、清洁、可反复使用的环保材料进行产品包装。轻便的产品包装能够提高产品的运送时间、降低运输环节的能源消耗，清洁、可重复利用的材质能够降低产品包装带来的环境影响。

(一)绿色物流系统的构建

　　绿色物流通过构建闭合性的物资循环流动系统来实现物流末端废旧物质的回收和利用。在绿色物流系统中，政府部门是系统的组织管理者，主要作用是负责基础设施、信息平台、法律法规以及各项制度的建设，为绿色物流提供良好的运行环境。企业是绿色物流的实施主体，物流的需求者是企业，物流的提供者也是企业自身或者第三方企业，成功的绿色物流系统能够提高资源的利用效率，部分程度地降低企业成本，为企业树立良好的环境形象，带来商机。因此，绿色物流的受益者也是企业。企业是绿色物流的直接实施者，是绿色物流中的重要组成部分。此外，社会公众是绿色物流系统的推动者，社会公众对商品不断增长的需求促使物流业的快速发展，社会公众环境保护意识的提升加速了物流绿色化进程的发展。

作为绿色物流中的主体，政府、企业、社会公众需要协同配合，构建包括基础设施、信息服务平台、绿色物流服务等在内的绿色物流系统，实现物流的绿色化。

企业绿色物流系统框架如图 9-2 所示。绿色物流系统的支柱是各项法律法规、制度安排、技术标准和行业规范。其中，法律法规和制度安排是指与绿色物流相关的排污收费、排污许可证以及各级政府对发展物流业给予的环境补贴。技术标准和行业规范是指从事绿色物流相关活动的设备工具标准和物流行业关于绿色物流服务的相关要求。这些规章制度使得企业从事绿色物流活动能够有法可依，有理可循。

法律法规制度安排	企业内部物流管理	企业外部绿色正向物流	企业外部绿色逆向物流	技术标准行业规范
	物流实际操作环节			
	物流信息交流机制			
	物流基本设施			

图 9-2　企业绿色物流系统框架建设

物流基础设施是指包括公路、铁路、水路、航空和管道运输在内的交通设施、运输工具以及物流仓库等设施。它们的功能是为绿色物流活动提供基本的设备支持，这些设施的建设一般需要大量土地、时间和资金投入。设施建成后能够服务于社会，有一定的公共性，因此，这些设施的配套和完善一般需要政府参与。

在具备物流基础设施后，绿色物流信息平台的建设能够实现基础设施的高效利用和物资的有效流动。绿色物流信息平台利用先进的信息通信、网络、自动控制以及交通工程技术，改善交通运输系统的运行情况，提高系统运行效率，保证运行安全和信息共享。物资信息交换平台是该平台中的重要组成部分，该平台的建设能够为绿色物流的参与主体提供信息交流的空间，实现资源的整合，降低信息沟通成本。快速的信息沟通能够降低物资调配、运输工具调度的时间成本，快速形成物流网络，进而实现物流的快速、高效，加快资源的回收循环速度，保证物流的绿色化。

物流实际操作环节是绿色物流在企业内部、企业间的具体应用。这些应用包括企业内部物流管理、企业外部绿色正向物流、企业外部绿色逆向物流等内容。其中，企业内部物流管理是指物资在企业各个部门、各个生产加工环节的调配，企业外部绿色正向物流是指原料产品的输入、输出，以生产者—消费者的方式流动。企业外部绿色逆向物流是指消费者—生产者的物资流动，通过逆向物流实现物资的回收再利用。

(二)基于生产者延伸责任的逆向物流

逆向物流作为绿色物流的重要组成部分，实现了物资的环形、闭合流通。它是指在企业物流过程中，由于某些物品失去了明显的使用价值(如加工过程中剩余的材料、消费后的废弃物、包装材料等)或消费者期望产品所具有的功能失去了效用或已被淘汰，将作为废弃物抛弃。但这些物品中还存在可以再利用的潜在使用价值，政府或企业为这部分物品设计一个回收系统，使具有再利用价值的物品回到正轨的物流活动中来。这个回收系统就是逆向物流系统，其物质流通形式为逆向物流。

逆向物流的存在取代了传统物料的单向运作模式，有利于减少废弃产品带来的环境污染，减少因焚烧、填埋带来的资源浪费。同时能够降低企业处理废弃物的成本，产生经济社会效益。

逆向物流主要包括废旧物品的回收与废旧物品的处理两大内容。根据企业是否参与对其生产销售产生的废弃产品的回收处理，可以将逆向物流分为直接逆向物流和间接逆向物流两类。

直接逆向物流是指，在企业原有正向物流体系的基础上，企业自行投建废弃物回收系统，实现对本企业产品的回收处置，企业需要建立专用的逆向物流回收体系。

在专用回收体系中，废弃物最终回到企业内部，由产品的生产者实现废物的无害化与资源化。但是在废弃物从消费者回收至企业的过程中，企业可以选择自行回收或是委托专业从事此项业务的第三方完成回收工作。回收方式包括企业自行回收、分销商回收和委托第三方回收。在物品回收过程中，企业可以根据成本等因素综合考虑回收方式。

企业自行回收是指由产品的生产者企业自行完成废弃物的回收工作，从产品生命周期末端的消费者手中将废弃物回收；分销商回收是指由分销商完成废弃物的初步回收，再将回收的废弃物运送至企业内部；委托第三方回收是指企业将回收工作委托给专业的逆向物流公司，待废弃物回收达一定数量后再由逆向物流公司送至企业。

专用回收处理结构见图 9-3。

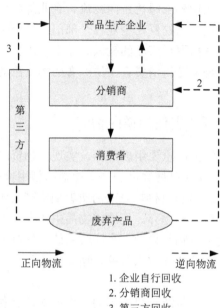

图 9-3　废弃产品专用回收处理结构图

资料来源：魏洁.生产者责任延伸制下的企业回收逆向物流研究. 成都：西南交通大学，2006，30：239

　　间接逆向物流是指企业自身并不直接参与对其生产销售产生的废弃产品的回收处理处置工作，而是通过以合同形成的契约关系，通过支付转让的方式将废弃产品的回收处理处置工作转让给专门从事废弃物处理处置的委托代理企业，从而产生了废弃物委托代理共用回收体系。在间接逆向物流中，企业将回收与处理处置责任转让给代理机构，并支付废物处理的费用，履行延伸生产者责任。目前的废弃物委托代理企业有生产者责任组织与第三方逆向物流回收企业。

　　生产者责任组织本身并不从事废弃物的回收与处理处置工作，在由生产者责任组织参加的废弃物回收处理共用系统中，一般由生产者、生产者责任组织与第三方共同构成，三者间均呈契约关系，生产者将废弃物委托给生产者责任组织进行回收，生产者责任组织又将回收的废弃物转交至第三方进行处理处置。

　　第三方参与的形式是由生产者与负责废弃物处理处置的第三方共同构成的共用系统，在该系统中，企业将废气产品的回收处理环节委托给第三方，并缴纳委托费，第三方负责废弃产品的回收与处置，两者之间是契约合作的关系。间接逆向物流的契约关系图如图 9-4 所示。

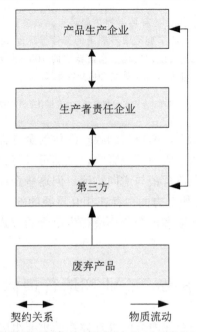

图 9-4　废弃产品间接回收处理结构图

资料来源：魏洁. 生产者责任延伸制下的企业回收逆向物流研究.

成都：西南交通大学，2006，30：243

专栏 9-5　富士施乐株式会社"整合再生、逆向制造"模式

　　富士施乐环境保护计划中的关键环节之一就是"整合再生系统"，它是一个封闭的循环系统，用于有效地利用资源，将废弃产品当做可再利用的宝贵资源而不是废料。在从上游到下游的产品生命周期中，每个阶段都使用两种方法：分别是"逆制造"和"零排放"，前者是通过在封闭循环中使用再利用部件，制造出对环境影响小的产品；后者是使无法再利用的部件转变为可再利用的资源。

　　具体做法之一是扩大二手设备回收和在生产中的再利用。尽管国家对废旧复印机和多功能一体机的再生处理方法没有法律法规的明确规定，但富士施乐公司还是在生产者责任延伸制度的基础上成立了一个回收服务网络，并于2003 年成为办公设备行业第一家实施打印机回收服务的企业。2003 年中，该公司使用再利用部件制造出 230 000 台设备，使得全年的新资源消耗量降低到2 200 吨以下。

　　为了扩大再利用部件的使用，富士施乐在其第二代、第三代产品中推广部件再利用。2003 年统计显示，公司在大多数上游生产过程(规划和设计阶段)的成功使得其第三代机型的再利用部件达到 60%左右。

> 通过部件的再利用、材料再生和热能再生，该公司上游制造程序中实现
> 了零排放。由于彻底地将那些无法再利用的部件拆解为 44 种材料，并与日本
> 的再生合作伙伴建立了网络，实现了全国范围的 100%再生，所以返回到重新
> 制造程序中的废旧复印机的填埋量在 2003 年为零。
>
> 资料来源：节选自：谢芳，李慧明. 生产者延伸责任与企业循环经济模式. 生态经济，2006，(3)

　　围绕着产品设计、加工、销售与回收资源化的全过程，企业可以采取一系列
的措施降低生产生活活动造成的环境影响，虽然可以将企业环境行为划分为产品
生态设计、清洁生产、绿色营销与逆向物流，但这些企业环境行为的目的都是实
现环境影响的最小化，在概念方面也存在相互重叠的部分，只是侧重点不尽相同，
对于企业而言，往往是采取多种企业环境行为组合的方式提升企业环境形象，降
低环境影响。

第五节　企业环境管理体系

　　企业环境管理体系是企业内全面管理体系的重要组成部分，是企业环境行为
能够顺利实施并获得较好成果的重要保证。它包括制定、实施、实现、评审和组
织机构等环境管理方面的内容。企业环境管理体系还可以表述为一个企业有组织
有计划且能够协调运作的环境管理活动，其中包括规范的运作程序、文件化的控
制机制。它通过有明确职责与义务的组织结构来贯彻落实，其目的在于削弱企业
经营造成的不利环境影响。

　　从企业内部来看，建立环境管理体系能够提高资源能源的利用效率，减少污
染物的排放，降低产品成本。环境管理体系的构建是企业可持续发展和企业绿色
化的重要保证。

一、企业环境管理体系的简介

　　企业环境管理在可持续发展中具有重要意义，企业环境管理方法和管理指标
的确定对企业环境管理工作的开展具有指导作用。1995 年 4 月和 1996 年 7 月，
国际标准化组织(ISO)先后颁布了 ISO 9000 系列标准(质量管理和质量保证国际
标准)和 ISO 14000 系列标准(环境管理国际标准)。企业通过环境管理体系认证，
意味着环境管理工作开展得法，取得成效。该认证的出台对通过认证的企业具有
勉励作用，给未通过认证或未进行认证的企业带来了新的压力与挑战。

　　可持续发展与循环经济思想提出后，人们广泛意识到，只有在工业污染得到

控制的基础上，可持续发展的目标才能实现。因此，环境保护技术及管理方式的研究多集中在企业层面，希望通过企业自我决策、自我管理的方式将环境管理融入企业的管理工作中。

ISO 14000 系列标准是国际标准化组织 ISO/TC207 负责起草的一份国际标准。ISO 14000 是一个系列的环境管理标准，它包括了环境管理体系、环境审核、环境标志、生命周期分析等国际环境管理领域内的许多焦点问题，旨在指导各类组织(企业、公司)取得和表现正确的环境行为。

ISO 14000 是一个多标准组合系统，按照标准性质分为三类，分别是基础标准——术语标准，基本标准——环境管理体系、规范、原理及应用指南，支持技术标准(工具)——环境审核、环境标志、环境行为评价、生命周期评估。按照标准的功能，可以将 ISO 14000 标准分为评价组织和评价产品两个主要内容。在评价组织中包括环境管理体系、环境行为评价、环境审核，在评价产品中包括生命周期评估、环境标志、产品标准中的环境指标，如图 9-5 所示。

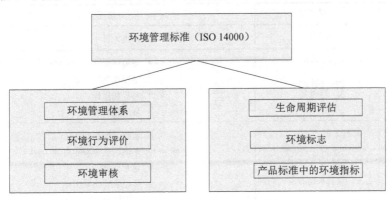

图 9-5　ISO 14000 的组成部分

目前，ISO 14000 标准已经颁发了与环境管理体系、环境审核指南、生命周期评估相关的 6 项环境管理标准，正在计划制定的标准有环境审核指南、初始环境评审指南、环境现场审核指南、环境标志的基本原理等 15 项标准。

ISO 14000 标准是非强制性的标准体系，并未要求企业一定要通过标准体系的认证，评价方法标准采取自主性框架，评价结果不具有横向可比性。

ISO 14000 系列标准是对组织的活动、产品和服务从原材料的选择、设计、加工、销售、运输、使用到最终废弃物的处置进行全过程管理的体系。ISO 14000 系列标准的受益方是社会，因此，生产者不能够通过合同的形式迫使兑现企业经营活动中的管理承诺，只能够通过利益相关方，由政府代表社会的需要，以法律、法规的形式来体现公众的利益，所以 ISO 14000 体系的最低要求是达到政府的环境法律、法规的规定与其他要求。

二、环境管理体系内容

(一)ISO 14001——环境管理体系 使用指南要求

ISO 14001 是环境管理体系 使用指南要求,于 1996 年 9 月正式颁布,该系统是组织规划、实施、检查、评审环境管理运作系统的规范性指南,系统包含环境方针、规划、实施和运行、检查和纠正措施、管理评审 5 个部分,具体内容如表 9-9 所示。ISO 14001 是一个自主性的框架标准,没有组织对其提出绝对的标准和要求,组织可以根据自身发展的实际情况,考虑在整个组织或组织中的各个部门内部采用此项标准。ISO 14001 模式如图 9-6 所示。

表 9-9 ISO 14001 标准的指标体系内容

	一级要素	二级要素
要素名称	一、环境方针	1. 环境方针
	二、规划(策划)	2. 环境因素 3. 法律和其他要求 4. 目标和指标 5. 环境管理方案
	三、实施和运行	6. 组织结构和责任 7. 培训、意识和能力 8. 信息交流 9. 环境管理体系文件 10. 文件控制 11. 运行控制 12. 应急准备和反应
	四、检查和纠正措施	13. 检测和测量 14. 不一致纠正和预防措施 15. 记录 16. 环境管理体系审核
	五、管理评审	17. 管理评审

ISO 14001 模式是以企业传统管理模式"德明模式"为基础的,德明模式也称为"PDCA"模式,即规划(plan)、实施(do)、检查(check)、改进(action)四个关联模式。

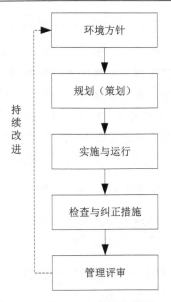

图 9-6　ISO 14001 模式图

　　ISO 14001 是 ISO 14000 系列标准的龙头标准。是对环境管理体系提出的规范性要求，所有企业的环境管理体系必须遵照本标准的要素、规定及模式，在对企业进行环境管理体系认证时，应以 ISO 14001 作为尺度衡量其环境管理体系的符合程度。ISO 14001 的五个部分与 ISO 14000 系列的其他标准均有联系，其关联如图 9-7 所示。

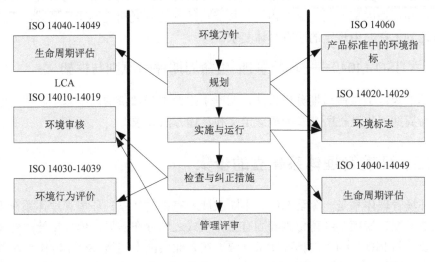

图 9-7　ISO 14001 的五个部分与 ISO 14000 系列其他标准的关联示意图

（二）ISO 14004——环境管理体系 原则体系和支持技术通用指南

标准简述了环境管理体系要素，为建立和实施环境管理体系，加强环境管理体系与其他管理体系的协调提供可操作的建议和指导。它同时也向组织提供了如何有效地改进或保持的建议，使组织通过资源配置，职责分配以及对操作惯例、程序和过程的不断评价（评审或审核）来有序地处理环境事务，从而确保组织确定并实现其环境目标，达到持续满足国家或国际要求的能力。指南不是一项规范标准，只作为内部管理工具，不适用于环境管理体系认证和注册。

（三）ISO 14010——环境审核指南 通则

ISO 14010 标准定义了环境审核及有关术语，并阐述了环境审核通用原则，宗旨是向组织、审核员和委托方提供如何进行环境审核的一般原则。

（四）ISO 14011——环境审核指南 审核程序 环境管理体系审核

该标准提供了进行环境管理体系审核的程序，以判定环境审核是否符合环境管理体系审核准则。本标准适用于实施环境管理体系的各种类型和规模的组织。

（五）ISO 14012——环境审核指南 审核员资格要求

标准提供了关于环境审核员和审核组长的资格要求，他对内部审核员和外部审核员同样适用。

内部审核员和外部审核员都需具备同样的能力，但由于组织的规模、性质、复杂性和环境因素不同，组织内有关技能与经验的发展速度不同等原因，不要求必须达到本标准中规定的所有具体要求。

（六）ISO 14040——环境管理 生命周期评估原则与框架

标准规范了生命周期分析方法，明确了生命周期评价的四个基本阶段，给出了生命周期评价过程所涉及的概念定义和具体方法要求。

三、环境管理体系建立的步骤

环境管理体系是一个动态的、不断发展和完善的体系，环境管理体系在不同的企业类型、规模、经营特点和固有工作模式之间存在差异，但环境管理体系的基本要求与 ISO 14001 的标准要求一致。在企业层面上实施 ISO 14001 环境管理体系的首要任务，就是按照 ISO 14001 标准的要求建立适合企业特点的环境管理体系。环境管理体系的构建大致可以分为前期准备工作、初始环境评审、环境管理体系策划、文件编制、体系试运行、内部审核和环境管理体系的申请认证等几个组成部分。

在实践中，首先制定环境方针，在企业整个层面管理中提出环境管理的方针；其次是制定环境管理规划，将方针落实并明确企业各个部门在环境管理方针贯彻落实中的工作，明确责任及工作目标、进度，将方针细化，具有可行性；最后是规划内容的贯彻实施，是企业环境管理工作的具体内容。企业将对各项工作的实施情况及工作进度定期进行检查并提出纠正措施，在企业内审工作结束后就可以申请环境管理评审，进行环境管理体系认证工作。在取得环境管理体系认证后，企业还要根据企业生产、运营情况及市场需求，持续改进环境管理体系的内容及开展。

现以广州开发区供水管理中心为例说明 ISO14000 在企业内的实施步骤（图9-8）。

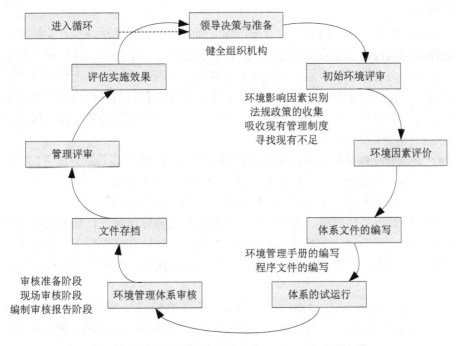

图 9-8　广州开发区供水管理中心 ISO 14000 实施步骤

- 前期准备工作——在前期准备工作中企业最高管理层对环境管理体系的建立做出明确承诺和支持，投入人力、财力和物力坚实环境管理体系。中心健全工作机构，明确建立体系的进度和资源配置等计划，对工作人员进行环境知识、法律法规、行业标准、评审方法和文件编写的培训。

- 初始环境评审——初始环境评审的目的是了解组织现状和环境管理现状。其内容有识别企业活动的主要环境影响，结合组织类型、行业特点收集相关法律法规以及包括污染物排放标准在内的各项环境标准，评价组织机构设立的有效性，企业行为与国家政策、法规的复合度，企业行为的机遇挑战分析，各个利益相关者对企业环境管理的看法和要求。

广州开发区供水管理中心针对以上情况对企业进行全面调查，识别主要环境因素，找出控制对象，评价其环境绩效，在现状分析的基础上，将设计合理的部分作为企业 ISO 14000 体系建立的基础。

在环境影响因素识别中，经过分析得出以下 10 个企业活动中存在 54 项环境因素，这些活动分别是：工程的施工管理、化学与生化分析实验、供水服务、办公活动、车辆使用、办公楼的维护、餐饮服务、绿化、设施设备的维护与保养、社区管理。

企业从国家、地方政府、行业部门等方面收集相关法律法规及行业标准，这些法律及标准包括了危险化学品管理、污染物处理、污染物排放等环保、安全内容。在分析企业管理现状后，发现目前企业环境管理体系存在着责任不明确、管理不到位、设备设施落后、信息系统建立不完善等主要问题。进而开展环境因素评价工作，主要从持续改进和污染预防的迫切性、法律法规的复合性、相关方关注度、技术、风险五个方面进行。

- 环境管理体系策划——该阶段是根据初始环境评审中发现的问题进行环境体系建设的策划，明确企业环境方针、环境管理目标和各项指标、编制实施方案、设立企业环境管理组织结构和职责、环境管理程序的策划。

中心针对污染物排放、各级工作人员责任不明确等问题进行制度的调整和规划，提出明确污染物的削减量、企业及员工责任，加强环境管理工作的开展，引进先进工艺设备，逐步完成落后设备、生产工艺的淘汰，建设企业监控中控室等工作内容。

- 文件编制——ISO 14000 体系文件分为环境管理手册、程序文件、作业指导书和原始记录四类，他们是层层递进的关系。编制相关文件的目的是进一步规范企业环境管理工作，使得各项工作严格按照程序进行。

中心环境管理手册主要阐述了实施环境管理体系的宗旨、奋斗目标和原则性规定，包括了 17 个要素。在程序文件的编写方面，针对企业中的某一项活动，明确其控制要点以及人员的工作标准和对相关设备的操作办法，并根据实际情况定期进行更新。

- 体系试运行——通过新建环境管理体系的试运行发现问题并解决问题,在试运行中进一步优化环境管理体系。

中心推行新建环境管理体系,试运行期为 3 个月,通过对比分析以及试运行中的经验对体系进行调整。

- 内部审核——由企业管理者提出,组织内部人员或者聘请外部人员组成审核小组,根据审核准则对企业进行内审。

在运行期后,中心聘请外部人员进行内审,进一步优化环境管理体系。

- 企业环境体系申请认证——在企业环境管理体系建设完成后,递交申请材料由 ISO 14000 组织进行相关认证。进行环境管理体系认证包括文件审核(审核申请认证方提交的 EMS 材料)、现场审核(在文件审核的基础上组织审核小组考察现场,提出意见及建议)以及跟踪审核(申请认证方根据审核小组的意见和建议进行修改,之后请审核小组进行再审,通过后即可注册获取认证)。

专栏 9-6 东风汽车公司环境管理体系实践

> 东风汽车公司作为中国首家通过 ISO 14001 的特大型汽车集团和汽车企业,在环境管理体系构建方面取得了相当的成效。东风汽车公司从 1994 年开始推行清洁生产,其总体思路是:各专业厂(子公司)以创建清洁生产车间为契机,通过实施清洁生产审计,查找物料流失和污染物产生的环节和原因,然后采用工艺更新、设备改造、优化物流等措施控制生产环节,注重产品的环境效益,达到"节能、降耗、减污、增效"的综合目的。通过清洁生产,不仅树立了东风汽车公司良好的环保品牌,而且为东风汽车公司建立和实施环境管理体系积累了丰富的经验。
>
> 从 2001 年开始,东风汽车公司着手实施环境管理体系,由于 ISO 14000 标准明确规定了环境管理体系的规划、实施与运行、检查和纠正、管理评审等系统要求,这为东风汽车公司建立和实施规范的环境管理体系提供了科学依据,东风汽车公司通过三级管理体制对环境工作进行动态循环管理,达到持续改进环境管理的目的。

第六节 企业环境行为案例

一、汽车制造业——丰田

随着人们生活质量的提高,对汽车的需求持续增加。目前大多数汽车以石油为燃料,在使用过程中向环境排放一氧化碳和氮氧化物等污染物。环保意识的提高使得各大汽车公司也都致力于生产环保型汽车，以降低汽车在使用环节中对环境的影响。

丰田是世界十大汽车工业公司之一，日本最大的汽车公司，公司创立于 1933 年。1947 年其产量超过了 10 万辆，1957 年丰田汽车进入美国，公司主营的汽车品牌有丰田、皇冠、花冠、凌志等。

(一)挑战生产最佳环保型汽车

丰田公司重视环境保护工作的开展，努力降低汽车环境负荷，力争在汽车的设计开发、生产、使用等每一个环节都能体现丰田的环保理念。

为了减少导致全球气候变暖的二氧化碳和污染大气的碳氢化合物、一氧化碳、氮氧化物等废气的排放，丰田一直致力于开发低油耗且清洁环保的汽车。此外，丰田还积极挑战能源多样化的需求，尝试开发低油耗且动力性能卓越的变速器，坚持为各个国家和地区提供适应其能源情况及基础设施条件的最佳环保型汽车，并将发挥多种能源优势的混合动力技术视为最佳环保汽车的核心技术。

(二)建设可持续性循环型社会

为了尽快实现"再生利用率 95%"的目标，丰田通过实施汽车再生利用制度，积极为建设循环型社会作贡献。在汽车的开发、生产、使用、报废生命周期的每一个阶段，都必须考虑再生循环利用的问题。丰田力争尽可能减少废弃物的排放，最大限度地利用各种可再生资源，并积极地开发可再生循环利用车型，更有效地利用有限资源。为了防止全球变暖，降低环境负荷物及废弃物的排放，同时节省能源及水资源，丰田在生产和物流等领域以业内最高水平为目标，积极开展了各项活动。

二、石化行业——中国石化

中国石化是一家上中下游一体化、拥有比较完备销售网络、境内外上市的股份制企业。主要从事石油与天然气勘探开发、石油炼制、销售、储运，技术、信息的研究、开发、应用。中国石化是中国最大的石油产品和主要石化产品生产商和供应商，也是中国第二大原油生产商。

多年来，公司始终高度重视环境保护工作，加强管理，强化治理，全面推行清洁生产，大力发展循环经济，积极应对气候变化，竭力建设环境友好型企业。

(一)高度重视环保防控体系建设

中国石化已经建立了较为完善的环境保护管理体系。有 9 家单位取得了国家环保总局颁发的环境影响评价资质。其中，甲级资质单位 7 个。

公司在全系统范围内全面推行健康、安全与环境(HSE)管理体系，并以此为基础，积极建立 ISO 14000 体系。截至 2007 年底，集团下属的镇海炼化、洛阳石化、长城润滑油、天津第四工程建设公司等多家企业相继通过了 ISO 14001 体系审核认证。

公司高度重视环保防控体系建设，已经分层次、分重点地建立了中国石化整体的环保应急预案及三级环保防控体系。

(二)控制污染，全面推行清洁生产

自国家颁布《清洁生产促进法》后，中国石化制定了严于国家标准的《清洁生产企业标准》，通过开展清洁生产示范项目活动和开展清洁生产审核，创建清洁生产企业，加大清洁生产工作力度，优化工艺结构和产品结构。

2004~2007 年，企业投资数亿元，进行清洁生产项目近 450 个，约减少污染物排放 25%。到目前为止，已经有 12 家企业、51 套生产装置达到了清洁生产的标准。

(三)提高资源能源利用效率

公司高度重视节约能源资源工作，实行开发与节约并举，把节约能源资源作为可持续发展的重要任务。

公司首先采取环境培训的做法，提高员工的环境保护意识及环保工作的积极性。其次，开展结构的调整工作，对重点炼油化工企业实施技术改造，同时狠抓技术创新，推广国家发展改革委员会重点推广的成熟节能技术，并结合企业自身的实际，节约能源资源的使用。企业积极实施"煤代油、焦代油、气代油"工程，开展区域及企业内部资源化。加强水资源的节约使用重点工程，在企业内部开展节水专项竞赛。

三、造纸业——芬欧汇川集团

芬欧汇川集团是一家领先的跨国森林产品集团和世界最大的杂志纸及印刷用纸生产企业。集团一直秉承了"所有设计从原料到生产乃至产品整个生命周期的经营活动，都要力求给大自然和环境带来最小的影响"的原则，在企业发展的同时还拥有良好的环保表现。芬欧汇川集团认为：保护环境是实现可持续发展的重要保证，是保障人民和社会安康的重要前提。

作为集团管理和经营的重要组成部分，环境保护工作被纳入芬欧汇川集团所有工厂的管理体系之中，与质量管理及职业健康安全管理工作并举。芬欧汇川集团的生产几乎全部依赖于木材。木材经过加工，被制成纸浆、纸张，锯木产品和胶合板，用于纸品加工产品生产。因此，木材供应和森林管理对企业运作非常重要。在原料的获取上，芬欧汇川要求所有的木材原料都必须来自于可持续发展的林地并经由合法且科学的方式进行采伐。木材纸浆的供应同样必须严格按照环保的原则，只有经过无元素氯和全无氯工艺漂白的纸浆才可以在芬欧汇川的纸厂使用。凭借由 PEFC(森林认证认可计划)或 FSC(森林管理委员会)认证的产销监管链，芬欧汇川已实现了对原料产地的追踪。除原生纤维外，芬欧汇川还是世界第二大再生纤维的使用者，2006 年再生纤维的使用高达 300 万 t。

在纸制品的生产环节，芬欧汇川同样对其环境影响状况进行了严密监控，并将此作为长期的课题进行研究并加以完善。先进的生产和环保设施不但有效控制了生产耗水、耗电量，而且废水、废气均得到了严格地处理，固体废物实现了充分回收和再利用。此外，芬欧汇川致力于从能源的生产到获取再到使用各环节减少对气候的影响。对电力的高度自给自足，确保了芬欧汇川可以系统地推进对生物能源等燃料的利用并提高能源的使用效率，从而减少温室气体的生成和排放。

四、零售业——沃尔玛集团

沃尔玛公司由美国零售业的传奇人物山姆·沃尔顿先生于 1962 年在阿肯色州成立。经过 40 多年的发展，沃尔玛公司已经成为美国最大的私人雇主和世界最大的连锁零售业企业，公司非常重视环境保护工作的开展。

(一)绿色供应链的三大目标

沃尔玛(Wal-Mart)作为世界第一大零售连锁集团积极参与绿色活动。集团于 2005 年 10 月宣布力争达到三大目标：100%的使用再生能源、产生零废品、出售产品必须达到环境标准。这三大目标被归纳为沃尔玛绿色供应链。

在绿色供应链行为的具体实践中，沃尔玛聘用的"蓝色天空可持续咨询公司"制定的产品加工环保影响目录中，总共列出环境影响最严重的 14 大类产品，并将这些产品分成可再生能源、零废品和可持续使用产品三大类，组织专家和学者定期就产品的绿色供应链功能提高进行深度讨论，降低成本，优化经营管理业绩，进一步提高企业经济效益。

(二)5 年期绿色供应链规划

沃尔玛已经公布了公司的 5 年期绿色供应链规划,规划决定自 2008 年起,凡是进入沃尔玛绿色供应链的任何供应商必须提供环保性能达标的产品,产品的标准分别来自美国农业部、消费品测试实验室和国际标准组织等,而产品包装均必须简化,其制作材料必须是节能和无污染的。沃尔玛一方面大量减少中间环节、降低成本、减少风险、加快产品流动;另一方面,为供应商提供包括价值知识和加工支持在内的网络合伙人支持。

沃尔玛集团还广泛地调动企业内员工的环境保护意识,让企业集团从上到下的每一个员工认识到走向"绿色"是每一个人的工作。沃尔玛通常采用的解决办法就是加强宣传,通过培训绿色供应链骨干,建立样板,在供应商、制造商和消费者中迅速推广成功,不断增加绿色供应链的认知度。

企业的成功与先进的管理手段、准确的市场定位、强大的技术力量和和睦的企业文化密不可分。以往的零售业都是由分店向各制造商订货,再由各个制造商将货发到各个分店。沃尔玛创造了零售供货的新模式,直接从工厂进货,使流通环节大为减少。高效的分销管理大大降低了沃尔玛的运输成本,也确保了沃尔玛的低价优势。

(三)绿色包装倡议

绿色包装的核心内容是降低价格、技术运用和供应链效率。目前,沃尔玛要求其全球 6 万多家供应商严格执行绿色包装倡议,坚决排除严重浪费资源和破坏环境的豪华型或者超标型包装。

根据绿色包装倡议,2007 年为磨合期,自 2008 年开始,与沃尔玛交易的制造商和供应商必须全面达到倡议中明确说明的绿色包装规范标准,凡是不听劝告和故意滥用包装材料以便达到额外利润的合作伙伴一律按照违约处理。

参 考 文 献

董长德. 2001. 企业如何实施环境管理体系——14000 环境管理标准实用指南. 北京:中国环境科学出版社

Hertwich E G.2005. Life cycle approaches to sustainable consumption: a critical review. Environmental Science & Technology, 39(13):4673~4684

Michelini R C, Razzoli R P. 2004. Product-service eco-design: Knowledge-based infrastructures. Journal of Cleaner Production, 12(4):415~428

第十章　生态工业园

　　工业在推动社会经济发展的同时，也对人类赖以生存的环境带来了巨大危害，资源能源的急剧消耗、工业废物高强度排放，人类恣意地将产品处置向下一级传递，最终将大量资源浪费在对公共污染的处理处置上，经济发展思维模式的转变迫在眉睫。生态工业发展为从根本上解决工业污染和提高资源利用效率带来了曙光，它试图以一种系统的全方位观点去审视和寻求解决现有不合理模式的可能途径。1992 年，Indigo 发展研究所首次提出"生态工业园"概念，并将其引入美国环境保护局污染防治计划，同时作为示范项目推广。到 2005 年初，美国、亚洲、欧洲、南美洲和非洲相继开始建设生态工业园和其他生态工业发展规划项目。生态工业园建设作为工业发展的新模式在全世界蓬勃发展起来，并取得了很好的成效。

　　生态工业园是一种基于社区的生态工业发展模式，它通过区域内企业之间的密切合作，尤其是环境方面的合作，以基础设施、废物交换、能源等实物资源的共享和服务、信息等非实物资源的共享实现生态工业发展。本章第一节将主要介绍生态工业园的内涵，第二节和第三节分别阐述生态工业园的分类和特征，第四节主要从生态工业园的生态系统结构、功能流和优化分析几方面介绍生态工业园生态系统，第五节阐述如何编制生态工业园规划，最后一节通过典型案例介绍生态工业园建设的应用研究。

第一节　生态工业园的内涵

　　生态工业园（eco-industrial Park，EIP）是生态工业发展（eco-industrial development，EID）理念在园区层面的实践形式。生态工业园区通过模仿自然生态系统，构建企业之间协同共生的关系，最大限度地利用资源和减少对环境的负面影响，创造了将经济发展与环境保护有机结合的新模式，旨在实现园区经济、社会、环境的协调可持续发展。

　　从本质上讲，生态工业园是以工业生产为主要职能的地域综合体，是一种基于社区的产业生态开发模式。在确定的地域范围内，社区通过重新审视或再造一个园区，寻求更有效的或更可行的商业运作模式，以经济持续增长和环境长足发展为目标，从而最终适应本地经济、社会和自然生态的协同发展。具体来说，一

个真正的生态工业园不应仅仅包括以下某一项内容(Lowe, 2001):

- 一种单一的副产品交换模式或交换网络;
- 大量从事回收利用业务的企业群体;
- 大量从事环境技术的公司的集合;
- 大量生产"绿色"产品的公司的集合;
- 围绕单一环境主题而设计的工业园(如太阳能工业园);
- 具备环境友好的基础设施和建筑物的园区;
- 一种混合发展模式(工业的、商业的和居民的)。

　　尽管以上这些内容都可能用来界定什么是生态工业园,但是,作为一个全面发展的生态工业园,其内涵应更具综合性,生态工业园更强调的是园区内成员间商业往来、社区联系与社区本身和自然环境之间的相互作用。

　　对生态工业园内涵的理解一直存有误区:生态工业园必须建立在类似于凯隆堡式产业共生关系之上。实际上,凯隆堡更像一个生态工业网络,而不是一个生态工业园。凯隆堡没有统一管理机构,企业关系是建立在双边互换基础之上,另外,凯隆堡只是将其网络延伸到区域之外而不是定位于一个具有共同产权的地域内,因此,其发展之初并不存在对园区总体网络的初始计划。受到凯隆堡的启发,Hawken1993 年在《商业生态学》一书中提出:"如果设计者在设计、选址、产业及工厂选择之初就从其潜在的协同和共生关系出发,对工业园的发展将产生决定性的影响。"长期以来,生态工业园被看做是在相毗邻的产权地之间实行废物交换的可能途径。然而,从运行风险上看,局限于"废物交换"的生态工业园设计,只可能产生一种自相矛盾的现象:如同人为地安装一部高速运转的自然循环加速器,这种运行需要大量的能源和资金,一旦某一环节发生破裂,连带效应将给整个闭路循环系统造成冲击。

　　生态工业园因此被界定为,在某一社区范围内的各企业相互协作,共同高效率地分享社区内的各种资源(信息、原料、水、能量、基础设施和自然栖息地),在经济和社区发展两方面,实现经济效益、环境质量以及人类资源合理利用的综合提高。生态工业园具有地域产权,能够独立地管理和发展园区,最终实现环境、经济和社会的均衡发展(美国总统可持续发展委员会(PCSD),1996)。生态工业园作为一个地域范围内制造业和服务业的共同体,通过管理包括能源、水和材料这些基本要素在内的环境与资源方面的合作来实现生态环境与经济的双重优化和协调发展,社区企业获得了一种"群体利益",它要高于单个企业实现最优化管理所达到的"个体利益"。

　　简言之,生态工业园的目标是:在提高园区内企业经济表现的同时,实现环境影响最小化。这种途径包括对园区基础设施和工厂(新厂或翻新)的绿色设计、清洁生产、污染防治、能源效率和企业内部合作。生态工业园同样寻求相邻社区的共同利益来确保其发展是产生积极的影响。和传统工业园相比，生态工业园是一种更具竞争力、更有效、更清洁的工业园，是未来产业发展的基础。生态工业园营造出的商业壁龛将大大强化本地经济发展，并不断注入和孵化出扎根于本地经济的绿色企业，有效破解环境、社会和经济价值之间的矛盾，促进三者实现协调可持续发展。

第二节　生态工业园的分类

生态工业园是一个由若干制造业企业和服务业企业组成的、模拟生态系统运行的共生网络。本书主要从生态工业园区的形成形态和各主体的决策权来划分生态工业园的类型。

按照生态工业园区的形成形态划分，生态工业园包括改造型、全新型和虚拟型三种类型。

改造型园区——对已存在的工业企业经过适当的技术改造，在区域内成员间建立起废物和能量的交换关系，并且，研究如何通过完善和优化企业之间的合作关系来达到整体效益最大化的目的。

全新型园区——在区域良好规划和设计的基础上，从无到有地进行开发建设，使得企业间建立起废物和能量的交换关系，这种类型的园区在构建产业共生关系时，必须首先考虑产业共生体各要素的空间布局问题。

虚拟型园区——不严格要求其成员在同一地区，它是利用现代信息技术，通过园区信息系统，首先在计算机上建立成员间的物能交换，然后再付诸实施，这样园区内企业就能与园区外企业建立联系。

按照生态工业园区中各个主体的决策权和他们之间的依赖关系，生态工业园包括企业集团主导型、核心企业主导型和虚拟主导型三种类型。

企业集团主导园区——由一个大型集团企业自主形成的生态工业园区。在这类生态工业园区中，集团内各个企业根据各自的废弃物和产品组织成工业生态链，虽然园区中形成了资源、能源重复使用的食物链网，但各个企业的最终决策权主要集中在集团上，各个企业的依赖关系由集团内部调整。

核心企业主导园区——存在一个或几个核心企业，其他企业在某种程度上依赖于核心企业，但各个企业都拥有独立的决策权，整个生态工业园的食物链是按照核心企业的指导方针运作。

虚拟主导型园区——园区内企业间组成了动态联盟，决策权完全分布，各个主体之间是一种完全平等的关系，而且在地域分布上也不一定在同一个区域内。

第三节 生态工业园的特征

生态工业园区作为一种新型复杂人工生态系统，具有一般人工生态系统没有的特点，主要表现在以下几个方面。

一、人类活动异常激烈

人类活动对最初的自然生态系统的干扰远远超过一般人工生态系统中的人类活动，甚至是人工生态系统完全的取代了先前的自然生态系统。这种特点为这类生态系统的优化调控提供了依据：优化系统自组织机制，强化系统调控能力。

二、工业生产是其核心职能

在这类生态系统中，工业活动占绝对优势，其他经济活动尤其是农业经济活动大大减弱，某些活动甚至完全绝迹，这种特点决定了技术和人才在该类生态系统中的作用异常强大。因此，知识流和技术流的分析及优化对生态工业园建设的成败起重要作用。

三、技术、知识和人才高度密集

生态工业园区需要大量的人才和技术，高素质人才的引进和国际大企业先进管理经验、文化的积聚传播，必然形成该类生态系统发达的文化知识氛围，从某种程度上可以认为，人才和技术的集聚量大小和引进速度快慢决定了该类生态系统能否良性运转。

四、系统功能异常强大

强大的工业生产活动导致这类生态系统中物质、能源、信息、知识、技术和价值的流动异常强烈(主要表现为流量和流速)，其外在表现为系统效益提升和产值增值速度远远超过一般的人工生态系统。

五、系统具有高度的开放性

生态系统耗散结构理论要求系统具有开放性,而由于生态工业园生态系统结构和功能的特殊性,导致其高度的开放性。在以工业活动为主的生态系统中,大量的资源能源消耗和人才需求必然导致其与外界频繁的物质、能量、信息交换,加上系统某些自然生态系统功能的缺失,致使系统需通过与外界的物质、能量及信息交换来实现功能替代。

第四节 生态工业园生态系统

一、生态系统结构

生态工业园区生态系统作为一种新型的复杂人工生态系统,具有复杂的结构与功能,只有当生态工业园区生态系统结构完整、合理且功能完备时,这个系统才能够良性运转。结合上一节对生态工业园区特征的分析,本部分主要介绍生态工业园区生态系统的六大功能流和四个子系统,它们彼此联系、相互作用共同构成了生态工业园区复合生态系统结构框架。生态工业园生态系统结构与功能如图10-1所示。

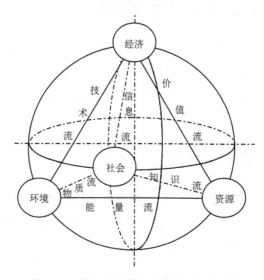

图 10-1 生态工业园生态系统结构与功能

（一）生态工业园生态系统结构

生态工业园生态系统包括四个相互作用且缺一不可的子系统：经济子系统、环境子系统、社会子系统和资源子系统，分别用图 10-1 中正四棱锥的四个顶点表示。这里的资源指的是广义的资源，即除了自然资源外，还包括支持系统良性运转所需要的其他一切社会资源，如人才、技术、信息、文化等。而社会子系统主要是偏重于人的生产、培养以及与此相关的企业一切活动所组成的功能体系。生态工业园区生态系统的四个子系统不是孤立的，每个子系统都与其他子系统相互交错，共成一体，如社会子系统中对人的培育。生活消费相关的一切活动无不与人的文化素质有关，同时也与系统教育资源及消费资源的可获得性密切相关。

四个子系统构成了整个生态系统的空间结构框架，也决定了功能流的路径和状态。因此，四个子系统的状态对整个生态系统的稳定性起着举足轻重的作用，在很大程度上也决定了功能流的流速和流量。一旦四个子系统中任何一个受损，导致该子系统的结构发生变化，则必然改变整个生态系统的结构，进而引起各功能流的变动，使其突然进入暂时的混乱状态，然后，系统在其"自组织"规律的作用下，依靠自身的调节机制，逐步使系统恢复到稳定状态，这个状态可能是原先的稳定态，也可能是某些结构和功能得到优化后的稳定态。但生态系统的这种自然调节能力是非常微弱的，尤其是在人类活动异常频繁的生态系统中。人类可以按照系统调节规律，通过强化系统的某些功能要素，增强系统的调节能力，这就是系统的优化机制和依据。

（二）生态系统功能流

传统生态系统，主要是通过对物质流、能量流、价值流和信息流的分析来剖析系统结构与功能，通过对物质流、能量流、价值流和信息流的优化分析和调节控制，实现生态系统功能。研究生态工业园生态系统结构与功能的调节机制还必须结合生态系统中的知识流和技术流的全面分析。生态工业园最大的特点是需要以人才流和技术流为支撑，人才流和技术流的流动成为生态工业园实现合理运转的核心要素。

生态工业园区生态系统中知识流和技术流的流动速度快，大大驱动了系统物质流、能量流、信息流和价值流的流动速度，强化了系统的生态功能。因此，在剖析生态工业园区生态系统功能时，必须引入知识流和技术流分析，并结合物质流、能量流、价值流和信息流分析实现生态系统的优化调控。

在图 10-1 中，正三棱锥的六条棱代表生态工业园区生态系统的物质流、信息流、能量流、价值流、技术流和知识流，这六种"流"互为一体，相互交错，形成系统的功能集合体，这里将其称为"功能流"。各功能流在四个子系统内及子系统间快速高效流动，完成系统各项职能。

需要注意的是，这里的某一种"流"并不表示三棱锥的这一条边上只有该种"流"存在，而是任何一边都代表着各种"流"均存在。一旦其中一种"流"受到阻碍导致流通不畅，则该功能流所执行的系统功能难以完成，必然影响整个系统的效率和效益。各功能流之间的关系是相互作用，互相影响，当各种功能流协调作用时，形成"共振"效应，即各种功能流协同作用，系统流发挥最大功能，此时，各种功能流产生的协同效应不是各自的简单叠加，而要比这个叠加值大。相反，当各功能流不能协调时，则各种功能流相互干扰，互相削弱，甚至出现"零效应"。

系统各功能流协调度、人为调节费用及系统效益变化之间的关系见图 10-2。其中，P 点为曲线①和曲线②的公共拐点，F、M、N 分别为系统处于 P 点时的功能协调度、系统效益和系统调节费用。曲线①为系统功能流协调度和系统效益曲线，表示随着系统功能流协调度的增加，系统效益不断增大，在功能流协调度达到 F 点之前，系统效益随着功能流协调度的增加而不断增大，过了 F 点之后，系统效益逐渐趋于平衡，即系统效益随着系统功能流协调度的增加而变化不大；D 点代表系统效益理论最大值所在处，它是一个理想值，是该类生态系统优化调控的理想目标值；曲线②为系统功能流协调度调节费用（人为）与系统功能流协调度（人为调节导致系统协调度变化部分）变化曲线，从图 10-2 可以看出，随着系统功能流协调度的增加，系统功能流调节费用不断增加，在功能流协调度达到 F 点之前，随着功能流协调度的增加，系统功能流协调度调节费用缓慢增加，过了 F 点之后，随着系统功能流协调度的增加，功能流协调度调节费用成指数增加，也就

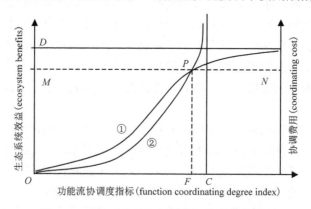

图 10-2　系统功能流协调费用与效益变化曲线

是说，过了 F 点之后，如果想要获得一点点的协调度增长，就必须花费大量的系统调节费用；C 点为人为所能调节的协调度增加的最大值，它也是一个理想值。因为不管人们怎么努力，都是永远不可能实现一个生态系统的最优化，而只可能无限地接近该值。

从图 10-2 还可以看出，当系统功能流协调度达到 F 点时，功能流协调费用(也即系统人为的优化调控成本)与系统协调度之比达到最佳值，此时，刚好系统效益与系统优化调控成本之比也达到最佳点，因为过了 F 点之后，随着系统协调度的增加，系统效益的变化非常缓慢，而此时的系统调节费用却是呈指数增加。此时，人工调节所取得的系统效益增加与费用投入比例达到最大。这是系统调控所要追求的理想最佳点。

二、生态工业园生态系统功能流

当体系内物质流、信息流、能量流、价值流、知识流和技术流合理流动，彼此影响并发挥最大效用时，共生体才能稳定、有序、协调发展。在这里，各个功能流具有不同的属性表征。

(一)物质流

对于生态工业园区生态系统来说，投入的物质主要是原材料，产出部分主要是工业产品、副产品和废物等，单位时间的投入产出可以衡量系统内物质流动的利用效率。一般，在实际表征物质流时，主要对象是具体的一个工艺、产品、产业或企业等。

(二)信息流

信息作为现代社会的一个典型特征，具有数量大、更新速度快等特点，因此，在给定的时间内获得足够数量的有用信息就显得尤为重要。尤其是在技术含量高、知识和人才流动快的生态工业园区生态系统更是如此。理论上，可以用统计信息量和信息流流速来表征和衡量信息流。从系统优化调控的角度来说，疏通信息流通过程、提高系统信息流的流速、扩大信息流量可以提高系统效益，这也是该类生态系统优化调控的依据。

(三)价值流

价值流流动的过程也就是劳动力创造价值的过程，因此，价值流的流动是一个增值过程。在生态工业园区生态系统中，不能简单地用经济总产值来衡量，而应该在总产值中扣除环境成本,包括内部环境成本和外部环境成本。在实际中,往往用货币来表征各种价值形态。

(四)能量流

能量流可以用能源效率和能源结构合理性等指标衡量。能源效率用单位能源消耗所产生的经济总量来表示,能源结构合理性主要是指清洁能源(如天然气、太阳能、风能等)使用比重。

(五)技术流

技术流是指技术能力的流动过程,涵盖并超越了技术创新、技术扩散、技术转移、技术转让等含义。具体而言,技术流有如下特点:①技术流由技术、发送者、渠道、接收者四部分构成;②技术流是指技术能力的流动,而不是技术的流动,技术能力包括生产能力和创新能力;③与技术扩散、转移等概念不同,技术流不是从技术供应方到需求方的单向流动,而是含有反馈、输出等过程的复杂的双向过程;④在技术流过程中,技术源有可能成为技术接受方,技术接受方也有可能成为技术源,因此没有绝对的接受方和供应方;⑤技术流是一个无止境的动态过程。技术接受方在接受技术后向外传播,形成一种无终点的螺旋型上升动态过程。由于技术主要依赖于技术的载体——人和表征对象(如机器、设备、工艺等),因此,对技术流的表征,可以用新产品、新材料及新工艺开发周期、技术装备更新换代速度、掌握技术的人才培养、引进数量、质量及速度、研发人员比重、研发投入比例等指标来衡量。另外,也应该包括实现技术流转而配套的政策、法制体系以及管理措施等。

(六)知识流

所谓知识流,是指知识传递过程中从知识源到知识接受者之间发生的知识转移。与技术不同的是知识偏重于文化、道德、修养,它有三个组成要素:知识源、知识接受者和知识通道。知识流动的形成和扩散总是伴随着不同创新主体之间的互动而进行。知识作为生产函数的内生变量,服务于其他变量(资本、土地、劳动力),优化其他变量,从而使生产函数的整体目标值最优——系统效益最大化。对生态工业园区这样的特殊生态系统来说,系统或系统内各个组织的创新绩效越来越取决于能否吸收和利用在其他地方发展起来的知识或知识载体——人才。由于知识的形成和传播都必须依赖其主体——人,因此,可以用人的培养指标以及为人的培养提供必要支撑的其他指标来表征知识流。具体来说,可以选择以下指标来表征知识流:①人才指标。如全民文化程度,工人受教育水平及其变化情况,人才培养、引进数量、质量、速度等；②为吸引人才而搭建的基础平台。如学校数量、规模、专职教师人数，图书馆数量、图书存储量等。

三、生态工业园生态系统的优化分析

结合生态工业园复合生态系统结构与功能的分析，本书从系统优化调控的角度，提出基于绿色招商和绿色供应链管理的生态工业园区生态系统控制管理体系。

由于园区生态系统的主体是企业，对企业的内部控制为过程控制，对其控制即从物料进厂到产品出厂的全流程控制；而对企业与企业之间的控制称为节点控制。在这个控制过程中，将循环经济的理念贯彻到企业内部及企业与企业之间的交易过程中，就形成了绿色供应链。对该供应链的控制管理正是将循环经济理念和生态设计、清洁生产等技术应用到实践过程。再考虑到对入园企业的环保要求及约束条件，即绿色招商，绿色招商就是从招商引资起严格把好环保关，明确对入园企业的产业技术、装备、污染排放水平、资源能源利用效率等方面的要求，限制高能耗、高水耗、重污染企业进入园区，尽可能从源头上将污染消灭于无形。

按照物质、能量流动顺序可以将园区生态系统主体大致分为供应商、生产商、销售商及消费者。假设园区生态系统具备完善的市场机制，此时，生态系统中各主体之间的活动都有第三方完成，称为"第三方物流主体"，它不仅包括企业与企业之间的货物运输、存储，还包括为企业提供的除商品生产之外的其他一切服务活动。这样，对该供应链的管理控制就包括了整个生态系统的主体及其各主体之间的一切活动。生态工业园区生态系统控制管理系统如图 10-3 所示。

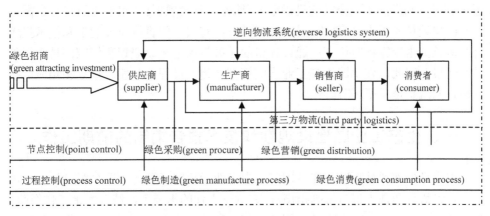

图 10-3 生态工业园区生态系统控制管理系统

生态工业园区生态系统控制管理系统中的过程控制对象主要包括供应商、生产商和消费者。对供应商和生产商的控制主要是要求他们实行绿色制造，包括进行生态设计、使用绿色原料、采用绿色工艺及提供绿色生态服务等；对消费者的控制主要是倡导和督促他们养成绿色消费意识。节点控制途径包括两类：绿色采购和绿色营销。其实现途径主要有选择供应商时考虑供应商的环境行为和加强对供应商的绿色化管理，而这些措施能够顺利实施主要是靠合同条款约束，因此，要求各主体之间的合同条款中增加环保要求条款。

图 10-3 中的逆向物流系统是今后企业环境管理发展的趋势，即要求企业回收处理其生产产品经过消费者消费后形成的废旧产品。在完善的市场机制下，通过市场机制的作用，出现专职的第三方逆向物流企业来帮助相关企业完成其延伸生产责任。这样就可以通过节点控制手段在生产企业与第三方逆向物流企业合同中增加环保约束就可以实现对系统的优化控制。在目前市场机制并不十分完善的情况下，要依靠法律强制性和调动企业主动性来实现。一方面，通过宣传教育，提高企业和公众的环保意识；另一方面，通过立法，规定企业的延伸生产责任，强制其履行该项义务。

第五节　生态工业园规划编制的程序和内容

在我国，国家环保部科技标准司负责生态工业示范园区的创建和管理，并出台了一系列政策文件来规范管理这一工作。一般来说，经自我评估后认为有必要、有条件创建生态工业园区的园区先向有关主管部门提出创建申请，经审查同意后园区编制《××生态工业园区建设规划》（简称《建设规划》）和相应的《××生态工业园区建设技术报告》（简称《技术报告》）；有关部门将对建设规划和技术报告进行审核，由专家评审论证；通过评审的园区将依据建设规划和相应的技术报告进行建设。因此，在我国生态工业园的规划和建设过程中，建设规划和相应的技术报告的编制是重要环节。

一、生态工业园建设规划和技术报告编制的前期工作

国家环保部科技标准司在《国家生态工业示范园区管理办法(试行)》中给出了《建设规划和技术报告编制指南》，在这一文件的指导下，结合实地工作经验，为一个工业园区编制《生态工业园建设规划》和《生态工业园建设技术报告》的前期工作主要包括两项。

1)队伍建立：确定建设规划和技术报告编制的队伍，包括领导机构和技术机

构。其中领导机构一般为园区管委会，而技术机构一般由园区管委会所委托的高校或其他科研单位承担。

2) 现状调研：承担规划编制任务后，规划编制小组要对园区以及周围区域展开实地调研。调研的主要内容包括：

① 园区层面：向园区管委会各部门了解园区当前的自然条件、社会经济发展状况、产业发展定位和现状、资源和能源的供给和利用状况、三废的产生和处置状况、环境容量和环境标准等，已有的生态产业雏形等。

② 企业层面：根据园区产业发展情况，在各支柱产业中筛选部分企业（行业龙头企业、重点污染企业、主要能耗和水耗量大的企业等）进行实地调研，调查企业经济发展和产业技术装备水平、主要三废产生和处理情况、资源能源消耗状况、企业与区内、区外企业的产业关联等。

③ 园区周边区域的生态敏感区分布（如水源地、生态保护湿地等）。

二、生态工业园建设规划和技术报告的主要内容

在建设规划和技术报告的编制中，主要用到的规划技术和方法包括：①传统的城市和区域规划、园区规划和环境规划方法，如系统规划法、空间规划技术、产业发展规划；②与生态工业相关的思想和相应的技术、方法，如清洁生产、生态效率、工业代谢、副产品交换、生态设计、生命周期分析、联合培训计划、公众参与等思想和相应的方法。在这些思想和方法的指导下，所编制的建设规划和技术报告的主要内容如下。

（一）生态工业园建设技术报告文本的主要内容

1) 园区进行生态工业园建设的背景和意义。

2) 园区基础现状的回顾与分析。主要包括自然条件和生态环境现状、经济发展现状、社会发展现状。

3) 园区产业发展现状分析。主要包括各支柱产业的经济规模与结构、产业组织与布局、产业发展水平与效率、产业关联等。本节应识别出园区在生态产业发展方面存在的问题。

4) 园区资源利用和环境污染状况的系统分析。前者一般包括水资源利用状况、能源利用状况和土地利用状况，以水资源为例，具体可以采用水资源代谢方法来分析园区内供水和耗水形势、水资源利用效率等；后者一般包括水、大气、固废和声环境的污染形势分析。以水环境为例，具体可以分析水环境质量现状、水环境污染源分析、污水治理设施的建设运作状况等。本节的分析应以识别出园区在

资源利用和环境排放上存在的问题为主要目的。

5)园区生态工业园建设的形势分析。本节首先要对园区进行环境影响回顾性分析(原则上对建设10年以上的园区,要进行过去5~10年的分析;建设不足5年的园区,回顾性分析按实际建设年进行),然后对园区创建的基本条件进行分析,最后对以上3)和4)的分析所得出的结论进行概括总结,从而为下一步园区生态工业园建设的总体框架设计提供依据。

6)园区生态工业园建设的总体框架设计。包括指导思想和规划原则、规划范围和依据、规划的总体目标和分时段目标、指标体系、总体方案和战略。其中,规划目标应尽可能量化和易于考核;指标体系的设置应依据环保部所发布的生态工业园标准来进行,即《行业类生态工业园区标准》(HJ/T273-2006)、《综合类生态工业园区标准》(HJ/T274-2006)、《静脉产业类生态工业园区标准》(HJ/T275-2006),并进行指标可达性分析;总体框架设计应包括主要的专项规划、园区空间布局和功能分区的设计等。

7)各专项规划和方案。主要应包括生态产业发展规划、资源高效利用方案、环境保护与污染控制方案、环境风险管理方案等。在各专项规划中,都应包括发展目标、指标以及具体的方案设计。如生态产业发展规划应分行业阐释,每一行业的分析中应包括行业发展目标和定位、行业的工业生态系统设计方案、废物链构建与完善方案和污染物减量方案。

8)重点工程。包括重点支撑项目的清单及说明、实施的效益分析、资金预算及来源、实施进度安排和责任部门等。

9)生态工业园建设的保障体系建设。包括组织机构和管理保障体系、宣传教育和公众参与等。

(二)生态工业园建设规划文本的编制

规划文本的编制其基本内容与技术报告相同,但在对园区现状的分析和阐释上更加概括,内容偏重于专项规划。

第六节　生态工业园规划案例

苏州工业园区(简称"园区")于1994年2月开始建设,是中国和新加坡两国政府之间的最大合作项目,开创了我国中外经济技术互利合作的新形式。苏州工业园作为我国发展最快的工业园区之一,创造了我国区域经济飞速发展的神话。然而,随着我国改革开放的进一步深化,园区快速发展的传统优势不断受到挑战。为了提高园区发展位势,探索和实现科技含量高、资源能源高效利用及环境影响最小的新型经济发展模式，2004年苏州工业园开始建设国家生态工业示范园区。

园区从生态化建设的有利条件和制约因素出发，积极探索和实现一个包括自然、工业和社会在内的地域综合体的生态工业发展模式。它以建设循环型生态工业园为目标，结合园区人力资源、区位、管理模式及经济环境基础四大优势条件，贯彻提升核心技术、能源可持续利用、绿色供应链管理、清洁生产及污染预防、安全与健康及生态服务六大战略，构建了柔性的生态工业网络和结构，避免了刚性的、缺乏适配性的、机械的循环链，规避由于技术、管理、国际形势等多种因素可能带来的风险。园区追求物质的多级循环使用和经济社会活动对环境的有害因子零(最小)排放或零(最小)干扰，以实现园区由传统的工业发展模式向新型工业化道路转变和由传统的消费模式向绿色消费转变。

一、苏州工业园生态化面临的挑战

苏州工业园区行政区划260km²。其中，中新合作区70km²(分三区建设)，下辖四个镇。八年来，园区开发建设保持持续快速健康发展态势，园区GDP年均增长48%，2002年园区国内生产总值达251.7亿元，完成财政收入32.6亿元，截至2002年底，园区金融机构存余额达到92.99亿元，共批准外资项目993个，累计实现合同外资131.1亿美元，实际利用外资54.3亿美元，入园内资企业5185家，注册资本207.6亿元。并且，在"建成与国际经济发展相适应的高水准工业园区和国际化、现代化、园林化的新城区"的目标指导下，园区已建成高标准环保基础设施(包括拥有中国最好设备的污水处理厂、环境污染控制五道防线等)，基本形成以微电子及通信、精密机械、生物制药和名牌轻工为主导的高新技术产业体系。目前，园区绿化率高达45%，并通过了中国和英国UKAS的双重ISO 14001环境管理体系认证。此外，园区还在国内率先建成了核心区的"九通一平"的现代化基础设施和绿色物流通道。

园区经济能够持续快速增长，在很大程度上得益于其高起点，高目标的规划、高效的政府服务、优惠的政策措施、先进的管理模式及完善的基础设施，为园区开展生态工业园建设打下良好基础。然而，随着全球经济环境一体化步伐的加快以及我国改革开放程度的不断加深，支撑园区经济快速增长的传统优势不断减弱(劳动力价格不断上升、可利用的土地资源不断减少以及区域内周边竞争压力日益增强等)，园区经济快速、高效、稳定发展日益面临严峻挑战。

(一)产业核心技术少、附加值低

2002年园区三产比例为1.3∶67.1∶31.6，电子信息、精密机械等新型支柱产业占全区工业经济总量比重已达 75%。然而，园区电子信息业主要集中在用水量较大的电子元器件生产，而资源能源消耗量小、污染排放少、技术含量和附加值高的 IC 设计、软件等行业比重较小。2002 年年底，园区内资企业中科学研究和综合技术服务业只有 17 家企业，其注册资金仅占园区内资企业总注册资金的 3.76%；园区外资企业虽然占投资企业总数的 95% 以上，但其产品研发环节基本上都不在园区。园区企业基本上为纯粹订单加工企业，没有研发能力和独立的销售网络。

(二)能源利用效率与国外先进水平差距甚远

尽管园区能源效率较全国平均水平高，但与国外发达国家相比，差距甚远，还达不到发达国家 20 世纪 90 年代初期的水平。同时，园区工业能源使用效率较总能源效率低，这可能与园区工业多为能耗高的纯粹加工制造业，而产值高、能耗低的前端开发设计及后端服务比重较低有关。

(三)污染控制成效显著，但清洁生产工作亟待加强

2002 年，园区工业废水达标排放率为 99.95%；工业废气中 SO_2 去除率 74.95%，烟尘去除率为 95.4%；工业固体废物综合利用率为 92.26%。这说明园区污染控制工作做得很好。然而，污染控制手段主要集中在末端治理方面。清洁生产进展缓慢。据调查，2002 年园区进行清洁生产审计的企业只占 24.0%；一部分企业领导还不知清洁生产审计的含义，说明园区企业清洁生产工作还很薄弱。

(四)水环境容量面临不足，潜在的高新技术污染严重

园区主要纳污水体——吴淞江园区段的全部环境容量仅能接纳 5475t/aCOD (100mg/L)，只能勉强接纳园区污水处理厂一、二期工程的废水排放(20 万 m^3/d)，到 2005 年污水处理厂上三期工程时，吴淞江已没有纳污容量。此外，园区电子信息产业的发展也带来潜在的高新技术污染(如电子垃圾、电磁辐射、重金属废水等)。另外，由于园区污水处理厂采用 A_2/O 工艺，且实际处理污水量(3 万 m^3/d)低于设计处理能力(10 万 m^3/d)，处理过程中产生污泥量较少。因此，二沉池污泥循环回流而不外排，从而形成重金属富集，导致微生物中毒，影响出水水质。

(五)园区安全与健康培训缺乏系统性

相对来说，园区企业规模大，档次高，比较重视企业员工的安全与健康。但在调查过程中发现，尽管园区 90.9% 的企业对员工进行过安全知识培训(不定期进行的占 67.8%；定期进行的占 23.1%)，但 91% 的企业培训都集中在生产安全方面，

关于职业卫生与健康等方面的培训却很少，并且培训多是随机的，缺乏系统性。

(六)园区城镇化进程迅速，但周边城镇农民安置问题值得关注

苏州工业园区周边城镇工业化进程中的失业农民安置问题相当严重，这部分农民收入低、生活难以保障，存在潜在的社会不安定因素，势必影响生态工业园建设的进程。

在全球经济环境一体化和走新型工业化道路的历史背景下，园区生态化面临的挑战制约了园区经济的快速、高效、稳定发展。因此，园区立足于其社会、经济和环境发展现状，提出建设生态工业园的六大战略：核心关键技术提升战略，能源可持续利用战略，企业绿色供应链管理战略，清洁生产及污染预防战略，安全与健康战略，全方位服务战略。在六大战略和循环型工业的指导下，园区以建设"现代化、国际化、园林化的新城区"为目标，从生态工业园的建设体系和保障体系两方面积极推进园区生态化建设。

二、苏州生态工业园建设体系

苏州生态工业园建设主要以园区加工制造业为主体，从工业园区物质流动、能量流动的特征出发，以企业供应链绿色化为核心，整合、补充和延伸现有的产业链条，以基础设施绿色化为依托，通过建立园区循环型服务、管理体系，大力推进企业清洁生产，提高科技含量和资源能源利用效率、增加产品附加值，创造良性循环的园区绿色人居环境，建设国际化的生态工业园和国家级生态工业园的典范。园区生态工业园建设不是简单的废物循环利用，而是通过绿色招商来扩大招商引资；通过核心技术提升、提高园区企业研发能力来解放和发展生产力；将清洁生产、环境设计、绿色供应链管理以及废物资源化等技术和管理模式贯穿到园区生产和消费的各个环节，从而最大限度地提高生产和消费过程中的资源能源利用效率，减少废物的产生，将园区建成区域可持续发展的典范。园区工业园生态化建设分为生态系统、生态工业、生态三产、生态社区和风险管理5个方面来建设。5个方面之间彼此联系，互为支撑，共同构成园区生态工业园建设体系。

(一)园区生态系统流

生态工业园区建设的重要一环就是综合资源管理和能源持续利用。通过优化园区复合生态系统，疏通关键物流、能流环节，促进园区复合生态系统物流能流的快速高效运转。

1. 可持续利用的能源流系统

根据园区能源消耗及能源供需预测状况，结合国家"西气东输"计划，以可持续发展战略和循环经济理念为指导，通过园区能源结构优化、实施节能战略，提高工业生产过程中的能源利用效率，建立园区能源安全保障体系，逐步降低煤炭消费比重，积极推广和使用洁净、高效、优质能源，开发利用新能源和可再生能源，不断提高园区工业能源利用效率，努力实现经济—能源—环境的协调发展。园区能源流系统建设的重点领域涉及以下几个方面。

1) 积极推广天然气的使用：实现能源结构的战略性调整，率先实现产能清洁化、用能高效化、产污最小化。

2) 发展清洁能源：普及太阳能热水器，鼓励周边城镇居民使用太阳能热水器。鼓励周边乡镇的农村地区可以适当发展沼气等生物能。

3) 不断提高工业能源利用效率：对入园企业技术装备水平，进行严格把关，对园区行业技术装备水平进行客观评价；同时，增强园区企业的科技含量，提高附加值。

4) 提倡节能：将节能意识贯穿到企业层次、社区居民层次和事业单位。

2. 可持续利用的水资源流系统

通过水资源节约、高效利用、中水尾水综合利用、强化废水处理等手段以及水资源保育、水景观设计等措施，同时，针对区域大尺度内的水资源管理及综合调配方案、水环境综合整治以及水资源消费方式，培养、带动和建立园区完善的水资源管理系统、水资源安全保障系统，形成园区水资源利用、消费方式、实现园区水资源的永久性供应。通过采取适当措施，有效解决园区水资源开发利用过程中存在的突出问题，减少或避免对水资源的无节制开发利用，唤醒人们的水忧患意识，引导园区企业和居民加大对水资源的节约和保护，强化对水污染的治理，有序、合理、科学地开发利用；力求开发与保护、开源与节流、供水与治污、需要与可能之间有机地结合，确保生活用水，基本满足生产用水，减轻园区水体环境的污染状况，逐步实现良好的生态环境对水资源的要求，实现园区水资源的可持续利用。园区水资源流系统建设的重点领域涉及以下几个方面。

1) 开展工业节水工作：加强园区用水管理，鼓励企业工艺改革，加大节水宣传力度，强化政府调控。

2) 不断提高中水回用率：在节水的基础上，尽可能地提高中水回用率，减少废水排放量是根治水环境污染的最有效途径。选择适宜的中水原水收集，制定合理的中水回用对策，选择投资小、能耗低的中水供水系统，建立合理的价格体系，提供中水回用的政策支持。

3) 水环境综合整治：制定水环境的综合整治规划，逐步改善园区水体质量，同时注重美化园区环境。以金鸡湖综合整治工程为重点，治污工程包括上游截污、污水处理、污染源整治、控制养殖污染、控制交通污染等部分。

4) 水资源管理政策体系构建：加强大河治水工作，同时综合考虑园区居住区、企业周边水体的保护，同时进行水体富营养化及微污染水体净化技术的科研攻关，建立水体预警及应急系统。

3. 固体废物流系统

园区废物交换系统旨在提高人们的认识，健全法规体系，完善固体废物管理制度，在园区企业之间或园区企业与区外企业之间开展废物交换，不仅可以使废物资源化，减少环境压力，而且可以降低产品成本，增加企业竞争力。园区固体废物采用的处理处置方式如图10-4所示，从图中可以看出交换环节在综合利用途径中起着非常重要的作用。园区通过建立以信息交换为主的废物交换系统，拓宽废物交换的种类，构建废物交换市场的框架，使废物交换逐步市场化。从长远来看，不应只局限于建立园区内部的废物交换，更要建立起完善的废物交换系统，加大回用技术的研究力度，并与苏州、上海等周边地区进行密切的合作和交流，完善废物交换的管理体系，提高废物的综合利用率，真正实现废物处理的市场化、资源化。园区固体废物流系统建设的重点领域涉及以下几个方面。

(1) 建立废物交换中心

根据交换对象的不同及交换中心在交换中所起的作用不同，园区建立信息交换和实物交换两种类型的交换中心。废物交换信息中心，通过收集、整理、发布、匹配信息(包括园区和区外)，并在现有的园区网站上建立企业废物信息网站，负责园区企业及区外企业废物的产生和需求信息，在产废者和使用者之间架起一座桥梁，搭建网络信息平台，使废物产生企业和废物潜在使用企业找到合适的交换对象。实物交换模式是以现有的废物处置企业为主，延伸区外的废物资源化处理链。在现有处理处置技术的条件下，注重以科技为指导，开发废物预处理、提取废弃物中有用物质的技术，把处理后可用的物质卖给废物需求企业，使废物作为一种商品在产废者、废物处置中心和需求者之间直接交易，从而发挥处理和交换双重功能。

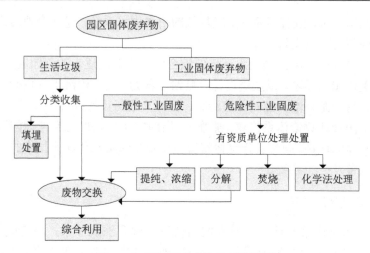

图 10-4　园区固体废物处理处置图

(2)管理机构

成立园区管委会环保局负责园区企业的废物交换管理以及废物的产生、运输、处理、交换等一系列过程的监督管理，该管理机构的主要功能包括：负责每年园区产废企业的申报登记；废物处理及交换中心的审批和管理，严格废物处理及交换中心资格的认证，必须达到国家有关危险废物处理及经营危险废物交换的相应要求；负责废物交换、处理处置的审批，尤其是对危险废物的交换；相关法律、政策的执行和完善，严格执行《危险废物交换和转移管理办法》等现有废弃物交换和处置的各种法律法规，并根据园区的实际情况进行完善。

(3)管理制度

园区通过制定一系列相应的政策、法规，主要包括废物申报登记制度，危险废物交换、转移申请、审批制度，危险废物交换责任转移制度，废物交换经营许可证制度等，保证固体废物交换市场有序规范地运行。

(4)政策支持

园区管委会在政策上鼓励园区企业进行废物交换和技术开发，拓宽废物的利用途径，使废物交换能很好地发展。

(二)园区生态工业建设

园区生态工业建设通过构建开放的柔性生态网络来实现，通过生态产业链完善该生态网络，而生态产业链通过构建产业链、绿色招商及绿色供应链方案来实现，如图 10-5 所示。

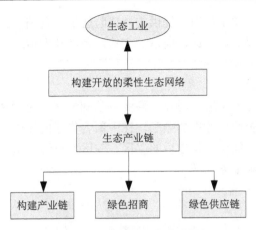

图 10-5　园区生态工业建设框架

1. 构建产业链

园区产业链的构建以聚集产业链上下游配套企业，完善现有产业链为主。电子信息产业是园区支柱产业，占园区经济 43%以上；精密机械是园区第二大产业，占园区经济的 27%。产业链的构建以园区目前已经形成的 IT 产业链和机电一体化产业链为主体。通过构造产业链，可以减少园区物料使用，提高物料和能源的利用效率，减少污染物的排放，增强集聚效应，提高园区产业竞争力。

2. 绿色招商

根据产业链的构建，明确优先招商产业，实施相应优惠政策，同时在基础设施、人力资源等方面为投资商提供一流的投资环境、一流的服务，同时通过宣传和亲商政策扩大园区知名度，让更多的投资商了解园区，增加潜在投资机会。另外，通过对入园企业的工艺技术水平、污染排放水平以及装备水平等的限制，提高园区绿色化水平，实现产业链绿色化。绿色招商的目标就是要创造一流的投资环境，吸引档次高、规模大、技术新、附加值高的企业进入园区，提升园区整体水平，促进园区的快速发展；同时，明确产业政策，限制资源能源消耗大、污染程度大、环境表现不好的企业进入园区，创建绿色工业园形象，提高整个园区的生态化水平，实现园区的可持续发展。园区绿色招商模式如图 10-6 所示。

（1）完善招商环境

● 政府服务。

园区管委会和企业之间密切联系和合作，为其提供更多技术、金融、法律等信息支持，提高政府服务质量。具体内容包括：提供共享的环境保护相关法规及循环经济、清洁生产技术培训，提供支持风险融资、营销、组织设计及其他商务能力，提供法律、秘书、会计、电信等支持，帮助获取市场信息和最新技术，进行企业建设的指导。

● 基础设施建设。

园区通过不断完善金融、医疗、商业等基础设施，使园区工作人员的生活工作更加舒适方便，企业运行更加顺利。在中新合作区的核心区内"九通一平"已基本完成的基础上，加快向扩建后的二区、三区及周边乡镇全面推进的步伐，提高整个园区基础设施服务水平。

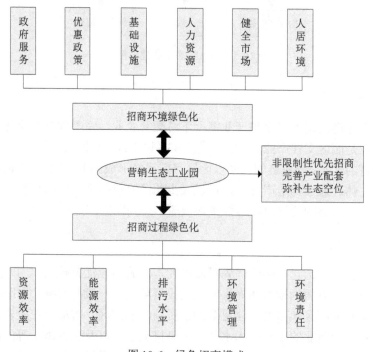

图 10-6　绿色招商模式

● 推广园区绿色招商政策。

一方面，为环境表现好的企业提供更加优惠的政策，如对废物交换企业提供一定的税收和贷款优惠、扶持废物交换中介等；另一方面，对内资企业实行同等的优惠政策，从而吸引国内的大型企业入驻园区。同时，通过产业政策调整，鼓励资源能源消耗少、技术含量高、附加值高的研发型企业进入园区。园区在具体引资中继续坚持三个不要、三个同时。三个不要：污染的项目不要，别人废弃的项目不要，国家淘汰的项目不要。三个同时：项目建设与环保设施同时设计，同时施工，同时投产。

- 吸引人才及管理措施。

建立人力资源市场化体系，其主要职能包括人事代理、劳务中介、毕业生就业指导、技术职称初审、档案代管、广告审批、人才素质测评等，并提供人力资源咨询、人才集市、协助在媒体刊登招聘广告、建立人才数据库、赴外招聘等服务，建立劳动预备培训、特殊工种培训、企业职工再培训等全方位的培训体系。

- 非限制性优先招商，产业配套支持。

通过产业发展规划，引进具有国际先进水平的生产企业进驻园区，以优化产业结构，明确限制性产业。根据产业链结构，贯彻绿色供应链管理战略，有选择地集中引进相关配套企业，并通过市场途径推动企业自发地配套、联合，完善主导产业链，降低企业运行成本，形成"集群效应"，增加园区发展的稳定性及高效性。同时，明确生态园区发展的生态空位行业，由招商局、经济贸易发展局和环保局协作，制定园区产业发展政策，全力引进高科技、高成长潜力、高附加值项目，引进规模大、效益好、带动能力强的项目。

- 良好的人居环境氛围。

遵循"以人为本"的原则，充分考虑居民休闲娱乐的需要，建设融商业、文化、教育于一体的高标准生活配套设施，创造良好的人居环境，完善各种生活、服务设施、建设生态社区。

(2)营销生态工业园

营销生态工业园就是建立及不断拓展园区与遍布全球的投资商之间的沟通网络，在该过程中强调宣传苏州生态工业园区的投资优势，将生态工业园作为营销的卖点之一，同时对投资上提出相应的环保要求。营销生态工业园包括两方面内容：一方面是向投资商推销自己，通过网络、广告以及园区现有的投资商等扩大园区知名度，将园区的投资优势和赢利水平外传，以增加潜在的投资商；另一方面是通过网络和与已有投资商的联系，扩大园区与投资商的接触范围，主动联络客户。

(3)招商过程绿色化

招商过程绿色化就是在招商引资过程中明确对入园企业的规模、信誉、资源能源消耗水平等方面的要求，要求其符合园区的定位，进行绿色融资。

3. 绿色供应链管理

作为产业链的核心部分——供应链，在系统目标上与产业链相一致。企业绿色供应链管理的核心在于引入全新的设计思想，对产品从原材料购买和供应、生产、最终消费直到废弃物回收再利用的整个供应链进行生态设计，通过链中各企业内部部门和各企业之间的紧密合作，使整条供应链在环境管理方面协调统一，达到系统环境最优化。

　　绿色供应链管理包括过程控制(绿色制造和绿色消费)和节点控制(采购、物流和营销)两个方面。其中，过程控制的方法包括生态设计、绿色原料、绿色工艺、社会环境责任等；节点控制的方法包括供应商选择、供应商管理、合同中的环保条款等。企业绿色供应链管理是实现企业资源能源投入及污染产出最小化和实现社会、经济、环境效益最大化的最佳选择，也是清洁生产理念的具体落实。它是市场化、全球经济一体化的必然选择，优化供应链，提高企业综合效益的需要，是企业延伸生产责任的需要，也是源头削减污染、减少污染产生的需要。园区绿色供应链构建主要从电子信息产业和汽车产业入手。

　　(1)电子信息产业绿色供应链管理

　　电子信息产业是园区绝对的支柱产业，将绿色招商、绿色采购、生态设计、清洁生产、绿色营销及绿色第三方物流等的生态化思想贯穿到电子信息产业链中，通过绿色招商完善园区现有的电子信息产业链，通过对行业典型大型组装企业及大型零部件加工企业的环保约束(供需双方合同、契约增加环保内容等)，督促和约束供应链上的企业进行绿色制造(生态设计、清洁生产工艺、生态化管理等)，同时，由于园区很多企业的销售端都在国外，因此，只能通过宣传教育来提高其社会环境责任，倡导其实施绿色供应链管理，同时，对于相关物流企业也予以考虑。

- 完善园区现有工业链条。

　　通过绿色招商进一步补充和完善园区电子信息产业链条，具体来说就是在招商引资过程中有针对性地吸引链条上缺少的环节的大企业，对园区电子信息产业来说，主要是通过提高精密机械设计、制造能力来提升区域加工制造水平，提升产业链条的广度和深度，同时，将园区的工业链条向周边区域拓展，视为区域工业长链条的一部分。另外，注重提升园区产业链条上的服务环节，尤其是"软"支撑，一方面有助于促进产业链的非物质化；另一方面，增加链条的附加值和科技含量。

- 绿色采购。

　　绿色供应链管理模式强调的是供应链节点企业在环境问题上的合作，供应商在优化供应链环境业绩方面具有举足轻重的作用,同时也是绿色采购控制的对象，因此，绿色供应链控制的起点是供应商的选择。

　　通过大力推行企业环境信息公开化制度，通过电视、报纸、公共电子屏幕等形式将企业环境表现按月或按季度公布于众，以便企业更好地选择自己的供应商，另外，为了使企业更好地了解自己的产品或原料可能给环境带来的危害，园区管委会将协同企业环保官员加强该方面知识的培训。为了更详细地了解供应商的环境行为，园区定期对企业进行调查(问卷或者实地考察)，以便发现供应商存在的环境问题以及对合同中的环境承诺或要求的执行情况，及时提出建议或限定整改时间表。

● 清洁生产和绿色制造。

绿色制造作为企业绿色供应链管理的一部分，是针对企业外部(销售商、顾客、公众、政府环保部门等)的要求，从本企业内部条件出发，综合运用产品结构调整、生态设计、绿色工艺开发、技术装备更新等手段，提高企业产品附加值，降低物质能源投入和污染排放。具体措施包括：①产品结构调整：进一步完善园区现有的 IC 产业链条，重点发展科技含量高的前端产品、非物质化程度高的 IC 服务，坚持引进与自主开发并举，同时，强化自身基础设施建设和政策环境的聚集效应，为创办中和成长中的软件企业提供优质、高效服务。②生态设计和装备更新：通过对后段组装企业实施绿色供应链管理来对前段设计企业形成市场压力，通过政府宣传、培训和政策扶持推动企业主动将生态设计的思想贯穿到产品设计的全过程，在后端施压的基础上，加大对园区典型 IC 设计企业的环保宣传、培训力度。另外，制定入园企业技术装备要求指南，规定入园企业必须达到的技术和装备水平，禁止落后的技术和装备入园，杜绝污染产生的根源。③产业信息化和数字化：促进园区产业非物质化程度的提升，推进园区企业管理信息化工程，鼓励企业建立企业资源计划(ERP)、绿色供应链管理(ESCM)、客户关系管理(CRM)、业务流程再造(BPR)以及产品研发管理(PDM)为一体的现代企业管理系统；建立园区统一的信息化标准体系，逐步建立健全的园区信息化安全保障体系，积极开展信息安全和信息法制教育与培训，普及信息安全与保密知识，增强信息化安全意识，重点要害部门实施必要的安全认证制度。

● 绿色包装。

大力推行包装减量化工程以节约资源、减少污染。包装减量化应从包装设计和包装材料选用着手，开发和推行适度包装；通过有效利用包装尺寸，尽量提高包装商品的容纳量；通过改进结构使设计合理化，减少材料用量；通过选用新材料或材料的改进，使产品轻量化、薄型化；推行简易包装或无包装；对一次性包装袋要慎用、限用等。企业尽可能使用可重复使用的包装材料，选择不含铅、汞、锡等有毒成分的包装材料和可降解的包装材料，尽可能采用"零度包装"。

● 生态服务。

影响供应链绿色化的另外一个重要环节是服务过程，生态服务包括绿色仓储、绿色运输和绿色产品服务三部分。①绿色仓储：从第三方物流企业与委托企业及其供应链上相关商效益最大化的角度来说，主要是通过企业综合资源计划(ERP)优化整个供应链的仓储管理，在满足企业正常运作的前提下，将供应链上的仓储尽可能向"零仓储"靠近，同时建立完善的环境风险防范系统。②绿色运输：建设现代物流园，巩固和壮大第三方运输业，培育和形成具有区域竞争力的集仓储、运输及服务于一体的大型物流企业。然后，通过对这些典型规模物流企业的环保规范约束，带动和督促中小物流企业的绿色化，促进园区整个物流行业的绿色化进程。③绿色产品服务：包括为生产型企业提供完善的产品售后服务业务以及废旧产品回收处理和资源化服务。废旧产品回收处理及资源化服务是绿色供应链管理的重要组成部分，也是企业延伸生产责任的主要内容。

(2)汽车产业绿色供应链管理

将绿色招商、绿色采购、生态设计、清洁生产、绿色营销及绿色第三方物流等生态化思想贯穿到电子信息产业链管理中，主要围绕汽车的生产，从采购、制造、服务等环节，构建该产业的绿色供应链模式：建立汽车零部件生产—汽车整车生产—汽车销售—汽车维修保养—汽车报废回收—零部件循环利用的一整套体系，实现资源的综合利用和废弃物的无害化管理。

(三)园区生态三产建设

1. 绿色建筑及房地产开发

绿色建筑及房地产开发，是利用生态思维创造人们的生活及工作空间，在不增加投资的基础上，使得创造过程中以及创造出来的生活和工作空间更加节能、运行费用更少，并有效改善空间用户的生产效率。园区首先通过试点建设，对房地产开发商、建筑商、装潢公司等提出环保要求，使其逐渐改善环境管理，减少对环境负面影响；同时，通过对绿色建筑的宣传，提倡消费者对建筑的绿色消费，拓宽绿色建筑的市场，最终目标是全面推广绿色建筑及房地产开发，从立项到使用都有严格的环保要求，提高基础设施和服务档次，符合国际化、现代化和园林化的定位，创造一流的人居环境。

2. 绿色交通

绿色交通是强化园区绿化形象的重要方面，工业园内完善的智能化道路交通系统和公交优先系统等交通基础设施，为园区企业的交通运输和居民出行营造出良好的运行环境，同时，也能进一步减少汽车燃料的消耗和废气排放，改善城市环境。园区通过制定和完善现有交通产业政策，保证交通发展与城市发展基本协调，实现园区交通的通达有序、安全舒适及低能耗、低污染三个方面的完美结合；同时，确保园区交通系统的高效性和持久性，最终在园区范围内形成良好的绿色交通意识，实现交通网络形态与生态城市形态之间的协调发展。

3. 现代绿色物流

园区大力引进和采用先进的物流组织、物流技术和物流管理经验，努力构建社会化、专业化、现代化、规模化、生态化的包括交通运输、仓储配送、包装加工、信息网络等功能的现代循环型物流服务体系，将所有企业与供应链上的其他关联者协同起来，在整个园区经济活动范围内建立起包括生产商、批发商、零售商和消费者在内的循环物流系统，全面实现物流信息化，建成与经济发展相适应的现代绿色物流体系。

绿色物流作为"清洁生产－绿色流通－合理消费"的可持续发展模式的组成部分，既包括企业的绿色物流活动，又包括对绿色物流活动的管理、规范和控制。从企业物流活动的范围来看，它既包括单项的绿色物流作业(如绿色运输、包装、物流加工等)，又包括为实现资源再利用而进行的废弃物循环物流。因此，园区现代绿色物流建设是从政府政策的角度和企业经营管理战略的角度来探讨园区现代物流的发展对策。

(1)政府规制策略

绿色物流的实施必须从政府规制的角度，对现有的物流体制强化管理，并构筑绿色物流发展的框架。政府对物流体制的规制集中在运输环节，具体体现在发生源、交通量和交通流规制 3 个方面，如表 10-1 所示。

表 10-1 政府主导的现代物流管理策略

规制类型	策略措施
发生源规制	根据大气污染防治法对废气排放进行规制
	根据对车辆排放 NO_X 的限制来对车种规制
	促进使用符合规制条件的车辆
	低公害车的普及
	推进对车辆噪声进行规制
	货车使用合理化指导
交通量规制	促进企业选择合适的运输方式
	以推进共同事业来提高中小企业流通的效率化
	统筹物流中心的建设
	环状道路的建设
交通流规制	道路与铁路的立体交叉发展
	交通管制系统的现代化
	道路停车规制

(2) 企业自律策略

● 绿色正向供应物流。

① 选择绿色供应商。

园区企业对原料供应商的环境绩效进行考察，这包括：供应商是否存在因违反环境规章而被关闭的危险，零部件是否采用了绿色包装，是否通过了 ISO 14000 论证。

② 倡导绿色运输。

发展第三方物流(TPL)，包括对企业高层管理者进行第三方物流的知识培训。建立专业化的物流企业，使物流企业的服务更加市场化，物流过程一体化。提供增值服务，为了更好地服务于顾客、满足顾客的不同需求，就需要对原来物品进行拆分和重新包装或进行适当的加工。建立客户的服务窗口，优化管理模式。合理配置配送中心，制定配送计划，提高运输效率以降低货损量和货运量。合理采用不同运输方式，不同运输方式对环境的影响不同，尽量选择铁路、海运等环保运输方式。合理规划物流设备，采用清洁运输工具，通过对车辆的有效利用，降低车辆运行里程，提高配送效率。例如，合理规划网点及配送中心，优化配送路线，提倡共同配送，提高往返载货率等；改变运输方式，由公路运输转向铁路运输或海上运输；使用绿色运输工具，降低废气排放量等。

③ 保证绿色仓储。

采用先进的保质保鲜技术，在储存和保管过程中应制定相关的绿色环保制度。例如，提高保养技术，尽量采取行之有效而又不给环境造成污染的技术手段。规范值班人员的工作制度，严格按照符合安全与环保的工作守则操作，减少工作中人为造成的污染。

④ 绿色生产物流。

设计绿色生产工艺，根据制造系统的实际，尽量规划和采用物料和能源消耗少、废弃物少、对环境污染小的工艺方案和工艺路线；设计绿色产品，合理利用资源，降低能耗，减少污染的产生。

⑤ 绿色销售物流。

产品包装符合 4R 要求(少耗材、可再用、可回收、可再循环)，采用可降解的包装材料；设计简易包装，减少一次性包装，提高包装废弃物的回收再生利用率，并标明产品的化学组成，加强对绿色包装的宣传；树立企业的绿色形象，建立绿色零售专柜或公司，以回归自然装饰为标志，对零售柜台进行绿色包装，以吸引消费者。

● 绿色逆向物流。

大量生产、大量流通、大量消费的结果必然导致大量废弃物的产生，废弃物处理困难会引发社会资源的枯竭及自然环境的恶化，尤其在园区主要以电子行业为主，生产废弃物的再循环使用可使企业降低成本，减少污染。园区物流的发展必须从系统构筑的角度，建立废弃物的回收再利用系统。园区企业不仅仅要考虑自身的物流效率，还必须与供应链上的其他关联者协同起来，从整个供应链的视野来组织物流，最终建立起包括生产商、批发商、零售商和消费者在内的生产—流通—消费—再利用的循环物流系统。绿色物流再循环系统如图 10-7 所示。

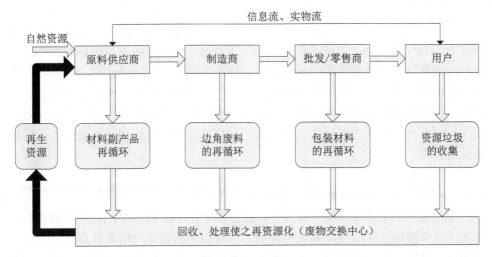

图 10-7　绿色物流再循环系统

(3)消费者督导策略

消费者有绿色的需要，绿色需要是指由于人类生理机制中内在的一种对自然环境和生态的依赖性、不可分割性而产生的需要。在现实市场中，有支付能力的绿色需要转化成为绿色需求。消费者的绿色需求是其督导绿色物流的动力，必须大力倡导绿色消费，园区环保局通过举办企业管理者生态教育短期培训班，提高领导决策层的绿色消费意识，然后，灌输给企业内部组织和全部员工，逐步形成绿色消费的氛围，有力地促进绿色物流业的发展。

(4)物流园和出口加工区指导策略

随着经济的发展，苏州现代物流园成为物流信息中心、货物集散中心和物流人才培训中心，并对进一步改善园区投资软环境、发展现代物流业产生深远的影响。

(5)专业物流信息平台规划

信息化与网络化是现代物流与传统物流最重要的区别之一。发展现代物流服务离不开信息技术与网络技术的支持。尤其在工业开发区，外资企业对现代物流技术的应用特别强烈，希望通过与固定物流服务商之间的信息共享，物流服务商为企业提供零库存等现代物流服务。物流企业通过信息系统可以及时了解客户的库存情况，及时安排车辆，为企业输送原材料、半成品等。物流园区为企业提供信息平台，不仅可整合企业资源，提高资源配置的合理化水平，而且可有力促进物流与信息流的结合，提高整个园区信息化、网络化应用水平。

(四)园区生态社区建设

生态社区建设就是在园区的各个社区里，通过园区管委会、各乡镇政府与民间组织、公众的合作，把环境管理纳入社区管理，加强社区的自组织、自我调控能力，合理高效地利用物质能源与信息，提高生活质量的环境水准，加强居民的环境意识和文明素质，推动大众对环保的参与，最终创造出一种环境友好、邻里亲密、和睦相处的社区氛围，兼顾系统性、整体性、可持续性、生态流的高效畅通性，创造出与园区"国际化、现代化、园林化"建设目标相符的最优人居环境和投资环境。

1. 绿色建筑

绿色建筑是生态社区的重要部分，社区各居民小区规划时，首先考虑其形态外观，结合园区社区的经济和文化类型，形成住宅的建筑风格和特点，具有自己的特色和个性，并应考虑园区建设发展的整体性，与园区整体风格相协调，充满现代气息，适应时代和人们生活发展的需要，具有超前意识；利用高科技含量的新型建材或天然建材，推广示范方便、舒适、健康、经济且节能、节地、节水、绿化、美化、自净、自生的绿色建筑。

2. 综合配套设施

生态社区要建设成为具有现代化环境水准和生活水准，且持续发展的人类居住地，必须运用智能化技术提供高质量的配套设施、完善的服务系统、综合的市政设施，使居民在拥有高质量生活的同时，养成良好的生态行为，提高自我调控能力，合理高效地利用物质能源与信息，提高生活质量的环境水准，最终从自然生态和社会心理两方面去创造一种能充分融合技术和自然的人类生活最优环境，为创建生态园区提供最有力的支持。

(1)智能化系统

综合利用计算机技术、通信技术、控制技术和图形图像技术，依靠社区宽带网络，实现家庭智能化、物业管理现代化和社区服务信息化，提高服务档次和质量、构架良好社区平台。智能化小区建设模式将从安全、管理、通信进行建设。

利用通信自动化，建立网上社区：开展论坛、医疗保健、心理健康、健康误区、健美健身、饮食天地等内容，丰富人们的生活，实现社区建设信息化。

(2)服务系统

园区在对居住小区规划设计时，主要根据社区规模和人口结构，设置组织与管理服务设施、医疗卫生服务设施、体育娱乐服务设施、文化生活服务设施和社区教育机构，并依托邻里中心，贯彻循环经济理念，完善社区档次更高、功能更全的服务和文化娱乐活动，为居民提供高质量的生活保障，满足居民精神及交往的需求。

(3)市政设施

完善的基础生活服务设施，是满足居民基本物质生活需求的必要条件。除园区配套相应的市政污水管网、燃气等，各小区还应从以下几方面，建设与循环经济相适应的基础设施。

● 垃圾分类收集。

在各居民小区各住宅单元合理放置分类垃圾桶，提高居民环保意识，各家庭分类彻底，同时园区建立社区垃圾分类回收清运系统、处理系统。

● 污水处理。

提高居民节水意识，倡导选用节水型器具，减少生活污水产生量。对于水的供给方面可将饮用水与生活用水分管道供应，并在社区的建筑群内实现生活用水的循环再利用，减少浪费，尽可能提高水资源的再利用率，如配置生活污水处理再利用系统，居民家的卫生用水可以使用二次水；设立雨水收集利用系统，将雨水收集处理后重复使用可以作为景观用水、绿化用水和道路喷洒用水，社区绿地浇水可用收集的雨水，采用喷灌方式。

● 节能。

居民小区、邻里中心中公用供电设施采用节电设施。新建小区建筑设计，对住宅的朝向、通风、采光的设计符合节能的要求，并充分利用太阳能资源，合理选用太阳能中央热水系统或制冷、生活热水三联供技术。

● 绿色停车场。

将社区中的室外停车场改造成绿色停车场，用草坪格代替传统的绿化率较少的植草砖，提高园区的绿化率，解决停车场抢夺绿地的矛盾。

● 环保生态型公共厕所。

园区公厕建设管理的核心——文明卫生、方便适用、节能环保，宗旨是以人为本，选择适用合理的环保生态型厕所类型(目前主要有节水型、无水型)。

(4) 绿色人居

生态社区的人居环境设计要符合"生态平衡"的自然梯度关系，建立阳光—空气—植被的自然梯度，建立开放空间—过度空间—私密空间的自然梯度。根据居民的需要和行为特点，建立适宜的公共活动空间和满足居民游憩的、适应自然环境的公共绿地，将绿地建设与公共活动空间很好地结合起来。具体来说，完善的绿地系统不仅需要提高社区绿化覆盖率，还应注重绿化质量的提高，通过采用"乔、灌、花、草"相结合的多层次复合绿地系统，充分发挥生态功能，同时在空间布局上采用"点、线、面"相结合，道路绿化、宅间绿化、中心绿化、组团绿化、垂直绿化等多种类型，发挥绿地系统的散步、休闲、运动等实用功能，创造出有生态社区特色的"绿色"文化。

3. 社区生态文化

生态社区精神层面的建设主要集中于社区生态文化的培养。社区生态文化是判断社区成熟度的一个重要标志，生态社区是以上述社区硬件和软件设施为依托，通过全体成员的共同努力，创造和形成具有特色的社区生态文化和生活方式，确立人与自然的和谐共存、互惠互利的价值取向，树立科学的发展观、辩证的资源、理性的消费观；倡导自然、俭朴的生活方式以及环境友好型消费行为，注意节约并选择消费可循环使用的产品和对环境无害的产品；形成物质文明和精神文明协同共进的局面。社区生态文化的形成主要表现在以下几个方面：

1) 普遍形成抑恶扬善的道德观念、规范和行为；

2) 普遍形成维护生态、保护社区内外环境的生态意识；

3) 普遍形成人与自然和谐共处、人与人和谐共处的生态行为；

4) 普遍形成保护环境、节约资源的消费行为；

5) 普遍形成活泼、健康、向上的文化追求；

6) 大多数社区居民对本社区有强烈的认同感和归属感，愿意为树立和维护社区形象做出不懈努力。

园区内社区依托现有的邻里中心、小区居委会等，建立若干个长久性环保标识和宣传阵地，文化场所配备一定数量的环保书籍、报刊、音像制品，引导社区居民绿色文明的生活及消费方式；此外，以社区环保志愿者队伍为核心，带动周边乡镇，逐渐增加该队伍的人数，充分吸收居民参与，开展持之以恒、内容丰富多彩的环境保护宣传教育活动，以此推动社区内居民环境意识的提高和环保工作的顺利开展。

(五)园区风险管理

园区环境风险管理系统主要针对园区风险源及周围环境敏感受体特征,依据区域环境风险场等区域环境风险分析与管理理论,建立园区环境风险管理系统,将园区发展过程可能存在的环境风险影响降到最低。

1. 园区工业安全

(1)园区工业安全保障

以《安全生产法》和《劳动法》中有关安全生产的规定为基本依据,制定适合于园区的相关规章、条例,提高全体员工对安全生产的思想认识,及时消除安全隐患,尽一切力量杜绝重特大安全事故的发生,减少事故率及人身伤亡率。安全生产主要从政策、组织、管理、宣教和技术五个方面入手,建立完整的安全生产保障体系。

● 政策保障。

园区管理机构通过制定相应政策体系,保障安全生产工作协调、有序进行,并从资金、技术等方面帮助企业解决安全生产工作中的困难,保证相关政策的严格执行。

● 组织保障。

建立安全生产工作组,对企业安全生产工作情况的检查、督促,事故的调查、处理及上报。

● 管理保障。

①注入循环经济理念,实行文明生产。对企业内物品(各种设备、用品、设施)的管理要借鉴以"定置、整齐、清洁"为要素的管理方法,管理方法的作用是:维持正常生产、延长设备使用寿命、有效利用资源能源、减少工伤事故的发生和确保员工的安全。

②建立健全安全生产目标责任制。园区内的每个企业都实行安全生产目标责任制,以班组为单位,将责任细化到人和设备。

③建立安全生产审计制度。定期对企业的安全生产情况进行检查,并且将各项安全指标及各项安全管理办法的执行情况作记录,及时发现问题、解决问题。

④紧急事故的处理。紧急事故主要包括火灾、水灾、地震、污染事故、危险化学品泄漏等,园区要依据安全事故风险评价的成果,针对紧急情况制订处理预案。

⑤严格事故追究。对各类事故(包括重大未遂事故)严肃查处,并认真处理,追究到人。

- 宣教保障。

①加强安全教育，提高员工素质。做好企业安全生产的宣传工作，提高广大员工的自我保护意识，并且对广大员工进行必要的培训，以提高其自我保护能力和对突发危险事件的应急能力。

②进行广泛的安全生产普法教育。园区内企业要根据自身的行业特点适时组织培训。

③建立网络信息平台。开辟安全生产专栏，介绍有关安全生产的专业知识，安全生产工作组的工作内容和成果以及动态报道企业安全事故的调查、分析、相关统计资料和经验总结。

- 技术保障。

①进行安全生产风险评估。园区内的每个企业每隔两年由本企业委托有资质的单位进行安全生产风险评估并上报园区管理机构备案。风险评估主要基于本企业的实际，切实查清本企业易发生事故的岗位和事故类型，并且指出潜在的安全隐患及防治方法。风险评估可以指导企业进行日常安全生产工作的重点；指导企业采取有效措施有针对性地部署事故预防和应急工作；指出企业发展、引进安全生产的新方法、新技术的方向；便于在事故发生时能较快掌握事故的危害程度、范围，采取正确有效的措施降低危害程度。

②给与资金支持，研发新技术。园区内的企业都要提取一部分资金，结合安全生产风险评估的成果，对易引发重大安全事故的工作环节或事故多发点、事故危险点投入资金，研发新方法、新技术。

(2) 工人健康保障

对于国际化、现代化的生态工业园区，园区已经远远不能仅限于保证工业安全这一较低层次的管理目标，保证员工的身心健康应该作为适应园区发展目标的新要求、新举措，园区主要从职业卫生角度建立园区员工健康体系。

- 政策保障。

园区管理机构建立、健全职业卫生管理制度，鼓励并保证有利于员工健康的政策制定及实施。

- 法律保障。

园区管理机构要求园区企业建立职业病危害因素监测、评价制度，制定职业病危害事故应急救援预案，定期检查执行力度。

- 组织保障。

园区管理机构负责员工健康建设的日常工作，并形成系统性的实施考核方案和监督体系，提供组织保障，确保园区健康水平不断提高。

- 管理保障。

①提高员工素质，保持环境卫生。

②做好电磁辐射的污染防治工作。

③重视高温中的人体防护。

④提高医疗普及水平。

● 宣教保障。

①采纳多种形式，加强宣传。园区内的企业要以板报、内部报刊等形式做好有关员工职业卫生的宣传工作，也可将该部分宣教内容加入园区网站的安全生产专栏上。

②大力开展全民健身活动。园区内的企业，要以企业为单位，依据企业自身的实际，定期组织健身方面的讲座及其他活动，丰富员工的业余生活，提高员工的身心健康。

2. 园区环境风险管理

区域环境风险管理是区域可持续发展的保证因素之一，通过建立园区环境风险管理系统，从风险源、初级控制、二级控制、风险受体等方面，确保园区安全和稳定发展。

以园区的集中仓储、交通运输、重点企业等存在风险的环节为研究对象，以"优先管理、全过程管理"为策略，建立起一套完整的园区环境风险管理系统，实现区域环境风险最小化，确保园区的经济社会发展过程对环境以及人体健康产生的风险最小化。

(1)环境风险区划

环境风险区划是区域之间及区域内各亚区之间环境风险相对大小的排序过程，是区域环境风险管理的主要手段之一，风险分布的区域分异是风险区划的依据。通过环境风险区划，为园区风险管理策略的制定提供科学的依据，为区域内的生产和生活活动的抉择提供充分的环境风险信息。

(2)环境风险管理

环境风险管理内容包括：制定毒物的环境管理条例和标准、拟定园区特定区域或工业的综合环境管理规划确保无误、加强对风险源的控制、加强对敏感风险受体的保护、风险的应急管理及其恢复技术。通过管理的手段，以最小的代价减少风险和提升安全性是风险管理的中心任务。园区环境风险管理主要针对集中仓储和运输过程。

● 集中仓储环境风险管理。

集中仓储危险是指在园区危险化学品的集中储备过程中和固体废物交换中心的危险废物贮存期间，当贮存装置出现故障时，危险物质对风险受体产生的危害。

对于危险品仓库可能发生的事故有：储罐或外包装因腐蚀或其他原因而破裂产生化学品泄漏；因包装或储存的条件如气温、湿度变化使储存物品起反应而导致爆炸或泄漏；因某物品的爆炸或燃烧引起多米诺骨牌的连续反应。其中，最大的危险是火灾爆炸产生的风险，最直接的危害是大气环境破坏，间接有水环境等其他危害。对于这类环境风险可从危险物质清查、环境风险评价、建立企业应急系统等建立集中仓储环境风险管理系统。

① 危险物质清查。

对园区现代物流园的集中仓库和出口加工区的危险品仓库进行危险物质的清查，内容包括危险物质的种类、数量、浓度，对每一个存储危险物质的仓库按危险物质的种类划分，建立动态管理档案。

② 进行环境风险评价，建立企业应急系统。

通过对集中仓储的环境风险评价，确定其风险度，明确事故发生可能影响的最大距离范围，划分合适范围的缓冲区，建设相应的绿化隔离带，从区域、企业内部建立应急系统，做好突发事故的应急准备工作。对危险品专用堆场实行温度、湿度等项日常例行监控，设置事故报警系统及撤离通道。物流园配备齐全的消防器材和事故危险品处理材料，操作人员进行严格培训，专人负责；危险品堆场应按公安、消防等部门指定的行车路线和时间集疏，杜绝一切人为事故隐患。

③ 管理系统。

园区相关机构加强集中仓储的环境风险监督工作，进一步对具有贮存风险的危险物质和涉及的企业制定相应的管理方法。

● 运输过程环境风险管理。

危险物质运输风险是指在运输的过程中由于泄漏、交通事故等引发的突发性污染事件。在运输前后，环境风险源、风险因子转运机制和风险受体在时间、空间及性质等多方面都将发生一定的变化。这些变化将导致完全不同的风险分析管理方法。

① 环境风险评价。

通过对有害危险物质运输环境风险评价，根据运输费用、社会总体风险、公平性三个决策目标，确定出口加工区和物流园的最优运输路线。

② 管理系统。

管理系统主要包含以下几方面：制定企业最优(准优)运输方案，制定运输管理办法，建立区域环境风险协调机构，建立区域风险信息系统，确定危险品的运输时间。

三、苏州生态工业园保障体系

生态工业园建设保障体系包括：从立法角度，研究促进循环经济的立法依据；从体制和机制角度，研究促进循环经济建设的机构保障以及促进循环经济发展的经济激励措施(包括从产权、市场、财政、金融、税收、投资等各种调控手段考虑，制定激励政府、企业和全社会推进循环经济建设的政策体系)。同时，注意循环经济建设规划中的信息公开和公众参与等。由于该方案强调市场机制在基础设施建设、公益事业及废物资源化方面的作用，因此，保障体系中特提出支持市场机制正常运行所必需的基础设施——信息系统及废物交换中心，如图10-8所示。

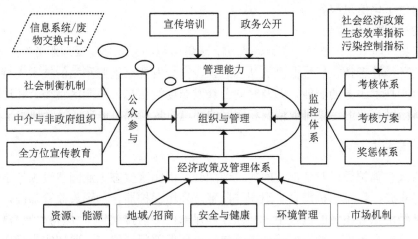

图 10-8　生态工业园保障体系

(一)机构功能调整及能力建设

1. 园区建设领导与实施

建立由园区管委会主要负责的"园区生态工业园建设领导小组"，全权负责建设的落实工作。为了与园区精简的机构设置和高效的办事效率原则相一致，园区生态工业各领导、组织机构通过对现有机构的功能调整，形成虚拟的生态工业园建设领导及组织机构体系。

2. 管理能力建设

(1)人员素质培训

对园区各部门开展循环经济基本内涵、生态工业园区建设的主要内容、方法的学习。管委会工委办公室与环保局组织小组成员，协调制定园区各部门生态工业园建设知识培训计划，对园区管委会各部门领导进行生态工业园建设相关知识培训，并组织负责规划实施过程中各部门之间的组织与协调，每季度就工作中遇到的难题进行集中讨论，相互学习并借鉴他人成功之处。每半年提交一份书面的分管规划领域的规划实施状况报告给组织人事局汇总备案。

(2)政务公开

建立信息公开制度，明确政府信息公开的内容、形式，积极构建"电子政府"，主动进行政府信息公开。让政府的政策、决策更加透明，让老百姓更多地了解政策，监督政府，更多地参与管理。园区管委会运用网络技术移植政府职能，使政府与社会公众之间、政府部门之间通过网络相互沟通，面向社会公众开展高质量的政府电子化信息服务。

(3)加强环境监测

坚持"环境管理必须依靠环境监测，环境监测必须为环境管理服务"的方针，要强化环境管理依靠环境监测的法制意识，充分发挥园区监测站的技术支持、技术监督和技术服务的职能，并及时向公众发布监测信息。使园区管委会和居民及时了解园区企业的污染排放情况和园区的环境质量情况，提高环境管理水平。

3. 组织与协调

注重加强领导以及各部门间的密切配合。由园区生态工业园建设领导小组直接领导实施，环境保护局负责组织与监督。环境保护局作为牵头监管部门，在加强循环经济综合决策的过程中，必须让环保部门"前排就坐"，赢得"发言权"。对园区管委会各部门领导的奖惩考核要征求环保部门的建议，要切实贯彻环保局一票否决制。另外，需要社会各部门的协作，通过建立合作式伙伴关系，提高领导组织机构的综合决策支持能力，如改善与地方政府关系、与企业关系、与社区关系、与社会服务公司(如能源效率咨询公司)、与竞争单位关系、与非政府机构和组织的关系以及园区内部的关系。各部门需制定与生态工业园建设总方案相协调的具体实施方案，并逐步落实到日常工作中。

4. 经济政策及管理体系

建立支撑园区生态工业园建设必需的政策保障措施、管理体系及运行机制，以确保工业园生态化建设的顺利实施。园区生态工业园建设的经济政策促进体系主要是为了从经济上刺激企业主动采取清洁生产措施，推动园区生态工业园区建设工作。

(二)公众参与

公众参与机制推动政府和企业信息公开化、透明化,鼓励社会公众参与生态工业园建设,鼓励公众参与企业生产监督、产品监督、服务监督,是推进生态工业园建设的重要措施。

1. 促进政府、企业、社区信息公开

园区应在企业环境行为信息公开化和环保部门政务公开的基础上,进一步实施循环经济行为信息公开化制度,积极引导广大公众对企业循环经济行为进行评判和监督,定期在社会上公开,把建设项目审批程序、排污收费规章和来信来访处理等全部向社会亮相公示,主动接受广大公众和社会各界监督,并定期邀请公众代表对政务公开提建议。

2. 建立社会制衡机制,鼓励公众参与

通过新的机制、政策和行动方案促使各种社会团体、媒体、研究机构、社区和居民参与到决策、管理和监督工作之中。让公众直接参与政府决策,在做出决定之前充分听取公众的意见,同时还要对政府即将做出的决定进行公开讨论,探讨其环境、经济和社会影响。

3. 鼓励中介与非政府组织的参与

鼓励和扶持非营利性社会中介组织和民间环境保护团体(NGO)。NGO在社会管理中所起的功能是"管制",这与"统治"是相对的,"统治"强调的是自上而下的管理,而"管制"则侧重于公民自下而上的参与和监督。NGO代表的是弱势群体的利益,它能够自下而上传输弱势群体的声音,同时可以监督地方政府机构切实履行自己的职责,这些都有助于保证实现弱势群体的公民权利。

4. 公众宣传

加强社会宣传,以提高市民对实现零排放或低排放社会的意识,鼓励市民积极参与废旧资源回收和垃圾减量工作。园区应在开展企业和社区层面循环型生态工业培训的同时,开展面向社会公众的生态理念宣传,开展中小学生态环境教育。

(三)监控体系

园区生态工业园建设方案的实施离不开完善的监控体系,考虑到生态工业园建设的特殊性,实施监控部门主要由经济建设规划局和环境保护局主管领导组成,

监督部门定期对各部门的实施情况进行检查考核，对没有在规定时间内完成建设要求任务的部门要给予批评和必要的惩罚。考核时，按照代表性与可行性将考核指标分类，将指标落实到管委会各部门，并制定具体的考核方案和指标定期考核值，园区生态工业园区建设要按照规划、设计、研究、子系统实现、总体组装、系统研究、系统更新七个阶段分步骤进行，要定期检查、严格考核。

　　生态工业园区建设作为正在发展中的新生事物，其理论体系还不完善，很多方面都还处于探索和形成期。生态工业园建设是一项期限长、工程大、任务艰巨的系统工程，需要方方面面的协同作战。随着生态工业园理论和实践的进一步完善，将不断推动我国工业园建设和改造走向生态化的可持续发展道路。

参 考 文 献

Chertow MR. 1999. The eco-industrial park model reconsidered. Journal of Industrial Ecology, II（3）：8~10

Cohen-Rosenthal E. 1999. Handbook on Codes, Covenants, Conditions and Restrictions for Eco-industrial Parks.

Cote R P, Cohen-Rosenthal E. 1998. Designing eco-industrial parks: a synthesis of some experiences. J Cleaner Production, 6: 181~188

Lowe E A. 2001. Eco-Industrial Park Handbook for Asian Developing Countries. A report for the Environment Department, Asian Development Bank. Emeryville, California: RPP International

United Nations Environment Programme. 1997. Environmental Management of Industrial Estates. Technical Report No. 39. Paris, France

第十一章　GaBi 4 数据库平台

第一节　GaBi 4 简介

一、GaBi 的特色

GaBi 软件由德国斯图加特大学 IKP 研究所与 PE Europe 公司联合研究开发的一个主要用于生命周期评价的软件系统，于 1992 年开发出第一个版本，目前最新的版本是 GaBi 4 系列，其演示版本可在网站 (www.gabi-software.com) 上免费下载。

该软件除可提供企业组织对其产品的材料、支撑、生产制造甚或整个生命周期作分析评估外，亦可协助企业从成本、技术和环保（如二氧化碳的排放）等方面做出适合企业需求的决策。

该软件的主要特色包括：

1) 涉及领域广泛的最新综合数据库，尤其是率先在世界上发布了电子产品的环境负荷数据集。主要的数据集有：94 个有机物中间产物、48 个无机物中间产物、148 个能源类、30 个钢铁类、40 个铝、17 个有色金属类、8 个稀贵金属类、43 个塑料类、48 个煤类、10 个可回收废弃物、32 个制造工艺类、92 个电子类。对环境影响方面的数据，如全球变暖潜力 (GWP)、臭氧损耗潜力 (ODP) 等影响效果分类问题，采用了 ISO、SETAC、WMO、IPCC 等倡议的最新解析方法。数据库管理软件采用了用户最熟悉的 MS-Explorer 方式。

2) 软件支持决策的综合性工具，通过对技术、经济和环境等方面的综合评价，以支持企业的决策。GaBi 主要用于产业界、研究领域和环境咨询领域。GaBi 可以对各产品和生产过程中相关阶段的成本要素进行分析计算。提供各种成本类型以支持用户。根据用户输入的数据自动计算各生产过程、材料、能源相关的成本。GaBi 在生命周期成本方面有三个辅助功能，即成本计算辅助功能、机械运转成本计算辅助功能、劳动成本计算辅助功能。

3) GaBi 提供了根据生命周期评价和生命周期工程的各项目阶段来进行系统评价或分步评价的手法。支持软件中包括如何设定整个项目分析过程，根据 ISO 14000 的准则输入所需评估项目的目的和范围，用户可以来定义所评估项目、采集数据和解析结果，引入成本要素或最终进行灵敏度分析等。所使用的评价方法有：CML、ECO-INDICATOR 95 和 ECO-INDICATOR 99。

4) 图形界面的透明性与灵活性，采用以线的粗细来表示质量、能量或成本大小的 Sankey 图来表示生产过程数据流量图。用户可以自己来设定质量、能量或成本中的某一个变量来表示流量图。另外一个十分有用的功能是采用模型化，较好地解决了生命周期循环中的"分配"问题，以通过生产过程的网络简单地自动进行不同分配方法的敏感度计算。

5) 解释与劣势分析，用户可以选择任何 GaBi 系统中的量或流量类型，如材料、能量、市场价格或地球变暖等指标，GaBi 将自动变换成相应的质量、能量平衡和环境影响结果。同时，可以计算各种单位种类的量，如可以用不同国家的货币来计算成本，用某国家货币对其项目进行成本比较。在生命周期评价中浏览 GaBi 的平衡结果也起着重要的作用，用户在决定原材料，生产过程，使用或废弃等阶段时，可以从图示概况取得有意义的解析结果。

6) 灵敏度分析，中间生产物的平均运送距离发生的变化将对平衡结果有何影响？不同的分配方法将对结果产生什么影响？通过改变决定性的过程计划参数，这些问题可以容易地得以解决。通过编辑生命周期模型的参数，根据参数的变化 GaBi 自动进行评价。通过对模型化的生命周期数据的品质进行统计，以考察 LCA 软件的应用完善性。

新一代的 GaBi 软件，以其强大的功能、人性化的界面和模拟分析等优点，已广泛应用于国外许多大型企业(如通用、丰田、宝钢及所属工业技术研究院等)、政府机构或研究单位，成为一个通用的工具，用于维持数据管理的需要，评估组织，处理和产生生命周期标准。

GaBi 4 广泛应用于物质流分析、生命周期影响评价、清洁生产、能源审计、环境管理等领域。GaBi 4 中有很多数据库，里面存有大量的标准化数据。我们在使用的过程中，只要把研究的过程分拆成一个个小的工艺,在数据库中选择已有的工艺(如果没有，可以自己创建新的工艺)。再把这些进程通过输入输出的"流"联系起来(在数据库中选择已有的流并改变其流值，如果没有，可以自己创建新的流)，就完成了一个方案。方案之间还可以相互嵌套，最终形成产品或服务的整个生命周期。利用 GaBi 4 的自动平衡功能，就可以进行物质的平衡。最后软件会把成果通过图片的形式展示出来，非常直观。

GaBi 4 软件是一个国际上都认可的研究 LCA 与物质流的规范工具。而且它是一款不需要编程的"傻瓜"式数据库平台，具有简单易学等优点。

与 GaBi 3 相比，Gabi 4 有以下新的特点：

1) 用户界面得到提高。

2)模型的弹性与图形界面得到扩展。

3)分析系统再完善。

4)进行平衡时评价选项得到扩展。

5)增加了 LCC(生命周期成本)与 LCWT(生命周期工作时间)功能。

二、GaBi 4 的功能

GaBi 4 是建立生命循环平衡的软件体系，能够处理大量的数据和模拟产品生命循环，可以计算不同类型平衡，还能对结果进行分析。

Gabi 4 可以进行综合平衡。作为对产品、服务、系统的技术、经济与环境影响进行评价的方法，综合平衡可以实现生态平衡(或者生命周期评价)。由于分析系统的不同，GaBi 4 不但包括技术与环境方面，还涉及社会经济方面。

除了进行综合平衡外，系统还可以用做与进程链相关的建模与分析。

GaBi 4 是个模块化系统。也就是说，方案、进程、流以及它们的作用形成了模块单元。因此，Gabi 4 有清晰且透明的框架，易于操作。生命周期清单分析、生命周期影响评价等模块是分开的，因此，单个模块便于管理。

GaBi 4 还可以把产品的生命周期模块化展示。单个的生命周期阶段(生产、使用和废弃阶段)可以按照类别进行分组，而且可以单独进行加工处理。模块化结构的另一个特点就是软件和数据库是相互独立的。数据库是用来存放各种与项目相关的信息(如产品模型、生态影响、原材料信息等)。而软件则提供了用户界面以及建立和分析数据库的能力。

系统提供的数据库是在斯图加特大学 IKP 研究所和 PE Europe 公司调查结果基础上得来的。除了现有的数据库，还有另外近 10 个数据库可以使用。通过官网，数据库还可以进行更新。

GaBi 4 的开放结构使得系统灵活且框架清晰。这些有助于生态平衡这一新兴学科适应改革与新技术，因为在软件中与新技术相关的都可以进行升级。新系统的生命周期的数据，最新的生命周期影响评价模型及权重因子等都可以很容易扩展到 GaBi 4 中。GaBi 4 软件的灵活性可以使用户便于工艺分析及解决问题。

GaBi 4 可以帮助你实现以下目标：

● 温室效应的清算；

● 生命周期的评估；

● 生命周期的工程；

● 环境应用功能设计；

● 能量效率的研究；

- 物质流动分析；
- 公司经济合作组织的平衡；
- 支撑能力报告；
- 战略风险管理；
- 生命周期成本研究；
- 环境管理系统支持。

第二节　GaBi 4 的框架

一、数据库的启动与登陆

在图 11-1 窗口中列出了 GaBi 4 软件中现有的数据库，选择你所需要的数据库并启动。弹出对话框要求输入名称、密码和项目。默认名称为 System，密码和项目为空。确定后即可登陆到启动的数据库中。

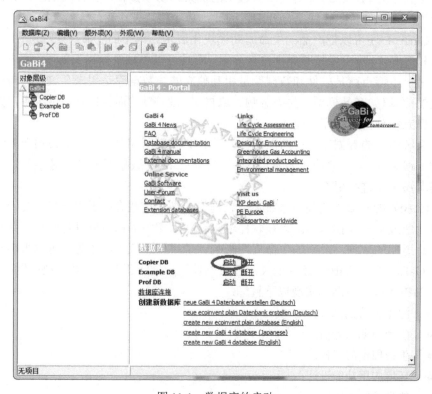

图 11-1　数据库的启动

二、GaBi 4 数据库的框架

Gabi 4 是模块化软件，其主要的模块如图 11-2 和表 11-1 所示，包括平衡表（Balances）、方案（Plans）、工艺（Processes）、流（Flows）、量化范围（Quantities）、单位（Units）、用户（User）、项目（Projects）、质量指示器（Quality indicators）、权重（Weighting）以及全球参数（Global Parameter）。

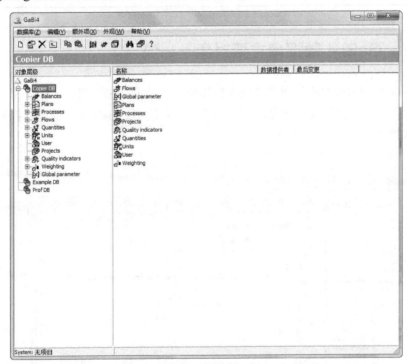

图 11-2　GaBi 4 框架图

表 11-1　GaBi 4 主要对象表

Balances	平衡表是用来观察 GaBi 模型的结果的。平衡可以通过多种方式实现
Plans	方案是相互关联的 process 的集合
Processes	GaBi 进程代表实际的进程、技术流程等（例如，泥制成砖可以作为一个 process）
Flows	在 GaBi 4 中，流代表实际的物质和能量流动，流是 GaBi 软件的基本模块之一，是联系各个 process 的桥梁
Quantities	GaBi 系统中与自己行为相符的流的性能。既可以对技术、材料进行模型化（如根据热值），也可以对影响进行模型化（如全球变暖潜质）

293

Units	GaBi 系统提供多种单位，而且单位之间的转换因子也储存在不同的单元里
User	用来管理和记录用户相关信息
Projects	Projects 是用来记录操作信息的，是数据库管理的重要工具
Quality indicators	数据质量指示器（data quality indicators，DQI）用来记录数据质量
Weighting	GaBi 4 软件提供两种权重类型：标准化和评价化
Global parameter	全球参数是整个数据库都可以使用的参数，可以在数据库的各个部分被引用

三、GaBi 4 数据库主要对象——流

在 GaBi 4 中，"流"通常被用来描述质量、能源、成本等。流并不提供任何环境上游信息，他们只是量化地表示工艺的输入输出。GaBi 4 中流的详细属性如图 11-3 所示。

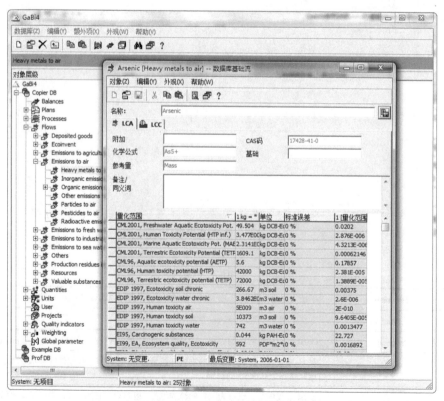

图 11-3　GaBi 4 中流的详细属性

量化范围定义了流的主要属性，其值受到特征因数、市场价值、技术性能等多方面因素的影响。拥有越多的量化范围，则该流就在最终的结果中拥有越多的灵活性和选择性。每个流至少有一个量化范围，多则不限。数据库中的流都已具有标准的量化范围。用户可以根据自身需要给流增加新的量化范围，只需在量化范围的最后一条之后添加即可。

在 GaBi 4 中，流是以层级结构被组织起来的，如图 11-4 所示。

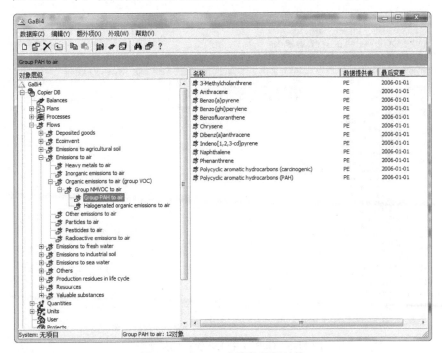

图 11-4　GaBi 4 中流的层级结构

凡是图标左下角有文件夹符号的都代表它含有子文件夹或子文件。数据提供者表示该条基础流的数据来源，最后变更表示该条基础流的数据最后一次的改动时间。

在新版本的 GaBi 4 中，每个流都可以限定为输入流或者是输出流，默认的话则即可作为输入流，也可作为输出流。

四、GaBi 4 数据库主要对象——工艺

工艺是 GaBi 4 软件的基础，Pro 版本的 GaBi 4 软件中拥有接近 1000 个涉及各个行业的工艺。工艺是通过输入流和输出流描述的，每个工艺可以含有若干输

入流和输出流。

在 GaBi 4 中，工艺也是以层级结构组织起来的（图 11-5）。每个工艺的国家属性是以该国英文两个字母的缩写表示的，如中国表示为 CN，德国表示为 DE，澳大利亚表示为 AU。在工艺类型中，"b"表示基础工艺，"pl"表示部分回收工艺。来源和数据提供者表示数据的出处，最后变更提供了数据最后一次修改的时间。

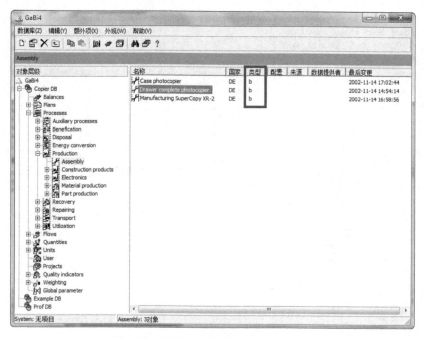

图 11-5　GaBi 4 中工艺流程的层级结构

在数据库工艺的详细窗口中（图 11-6），点击右上角的"＋"可以对该工艺的参数进行调整，在运输类型的工艺中较多的用到。量化范围表示每个流在此工艺中的量化方式。在每个工艺流程中，都要遵循质量守恒定律和能量守恒定律。质量守恒直观体现在输入和输出的质量总和应该相等。而能量守恒定义则由于输出流中的产品包含有能量无法直观地在表中体现出来。流的标记属性有三种：默认状态、"×"以及"*"。其中，默认状态表示在空白时可以任意连接，"×"表示该基础流必须是和系统内的其他工艺流程连接的，"*"表示该基础流是连接到系统之外的。如果标记为"×"，但无连接，就会提示出错；而在默认时则不会有警报。

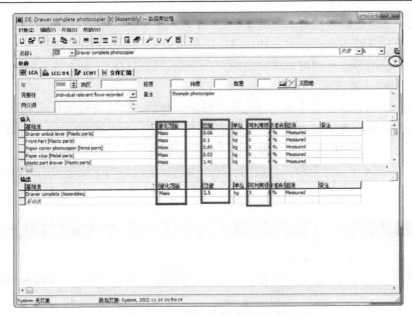

图 11-6　GaBi 4 中工艺流程的详细属性

五、GaBi 4 数据库主要对象——方案

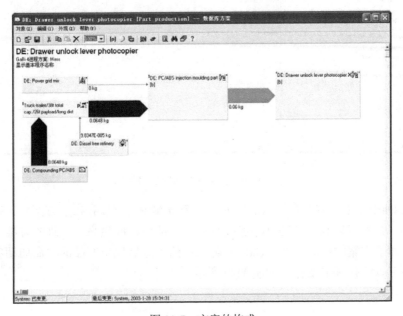

图 11-7　方案的构成

数个工艺进程连接起来就组成了 GaBi 4 中的方案,如图 11-7 所示。在 GaBi 4 中,一个产品的生产、使用、处理等阶段便可成为一个个 Plan,甚至一个零配件的生产、使用等过程都可以单独成为一个 Plan。确定目标,划定界限之后,就确定了一个 Plan 的范围。

Plan 中的各个工艺之间是通过流连接在一起的。当且仅当所有流采用同一量化范围的时候,图中流的粗细代表其值的比例大小。如果不同的流由不同的量化范围定义,那么图中就无法根据数据大小自动调整流的粗细程度。

在 GaBi 4 中,方案和流、工艺一样,也是以层级结构组织起来的,如图 11-8 所示。

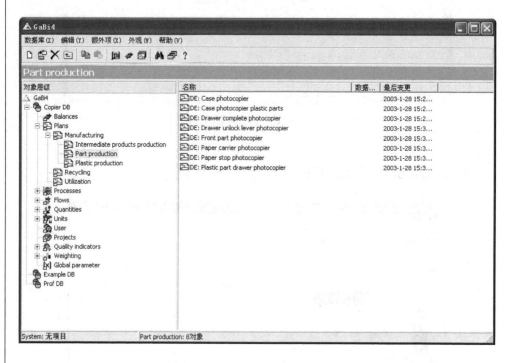

图 11-8　GaBi 4 中方案的层级结构

在 GaBi 4 中,方案是可以嵌套的。一个方案中,可以存在子方案和工艺。也就是说,方案可以与工艺通过流连接在一起,从而构成更高一阶级的方案。通过主方案和子方案的嵌套模式,GaBi 4 可以更清晰地展现出产品的生命周期各个阶段,并可以简化许多操作,如图 11-9 所示。

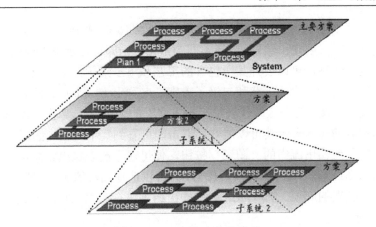

图 11-9　GaBi 中方案的嵌套

六、GaBi 4 数据库主要对象——平衡表

在方案中点击"平衡表计算"按钮，即可自动出现该方案的平衡表，如图 11-10 所示。

平衡表是产品生命周期影响评价中所有数据的所在，它包含了所有累计的输入流和输出流清单。在 GaBi 中，流是根据量化范围来决定的。根据研究目的的不同可以选择不同的量化范围(比如对煤这一物质流，可以选择资源消耗这一量化范围，也可以选择全球变暖潜质)。单位可以根据需要进行选择，软件会自动转换数量。

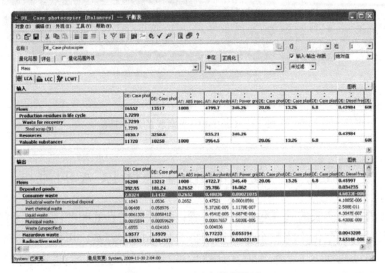

图 11-10　GaBi 中的平衡表

平衡表可以提供产品生命周期清单和生命周期影响评价结果，同时可以方便地通过图表的方式展现出结果。选择不同的量化范围即可显示出不同的评价结果。双击主方案的名称，可以展开其所包含的工艺和下一级子方案；双击子方案的名称，亦可展开其所包含的工艺和二级子方案。名称上方一个点即代表主方案下的工艺或1级子方案，两个点即代表1级子方案下的工艺或2级子方案，以此类推。黑体显示的流的名称表示其可以展开，双击即可看到其中所包含的流。

点击输入或输出流中的"图表"按钮，便可对平衡表输出结果进行图表化，其中可以选择柱形图、饼状图、线形图等，并可以选择图形的颜色，省去了在 Excel 中重新制作图表的麻烦。对 GaBi 4 中输出结果进行图表化时，形成的饼状图如图11-11 所示。

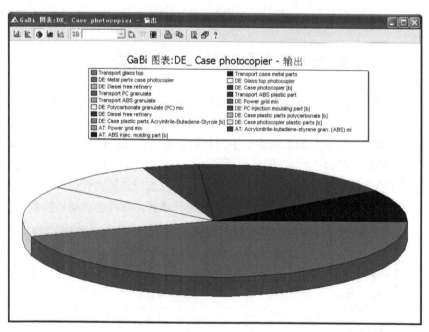

图 11-11　GaBi 4 中平衡表的制图功能

第三节　使用 GaBi 4 进行 LCA 的流程

生命周期平衡表的建立包括以下步骤：根据研究目的和范围确定系统边界，再将研究对象模型化，将整个生命周期拆分成不同的方案，再把方案拆分成不同的工艺。通过拖拽将工艺插入方案，然后进行进程的连接。当进程连接形成计划以后，就会导致进程输入或者输出的重定义，但是进程数据库的数据集对象仍然不变。将流连接到进程会自动地调整连接的流的流量，这意味着源进程只是供给着汇点进程所需要的量，在这种调整中，方案中进程的比例因子会被修改，以便于补偿差异。

通过软件的一些自带检查功能，连接好的进程会进行自动检查，如果连接错误会进行提示。设定好参数，检查完毕连接，就可以利用 GaBi 4 提供的平衡功能进行数据平衡。切换到平衡表窗口，可以查看各种平衡信息，并可根据要自己的需要，将输入输出的流做各种分析，最后通过图表等直观方式得以展现示意图，见图 11-12。

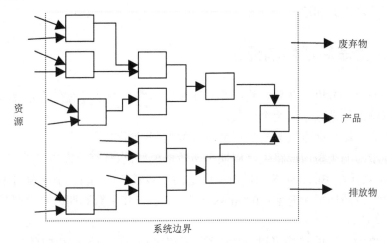

图 11-12　产品的生产流程示意图

一、目的与范围确定

项目的定义取决于目标跟范围，而且应该在平衡建立之初。这些都保证了平衡结果的有效性、可交流性及可比较性。只要单独结果跟中间结果允许，项目定义可以在整个执行过程的任何时间使用。特别是生产功能，功能单位以及参考流必须作为项目定义的一部分。

Gabi 4 将 ISO 14041 的要求整合入软件的项目定义（project defination）。因此整个系统的功能就是建立在 ISO 14041 的基础之上。

通过定义一个项目，你可以把目标与范围以书面形式存储其中。在任务执行过程中创建的流、进程、方案以及平衡，都会自动分配到激活的项目中。

二、清单分析

GaBi 4 软件具有许多特点，这些特点在生命周期影响评价中发挥重要作用。主要有以下三点：

1)为生命周期评价数据输入、管理及使用提供了清晰的框架。
2)使得基础数据的使用更加广泛跟频繁，并且扩展到了用户定制数据库。
3)结果自动计算功能减少了很多人工工作量。使用 GaBi 系统，数据输入与管理会大大加速。

三、生命周期影响评价

根据 ISO 14040 的规定，进行系统平衡的最终目的是对潜在的环境影响进行评价。影响评价被划分为两个步骤：

把生命周期平衡数据分配到环境影响类型(分类化)。

在环境影响类型内部将生命周期平衡数据模型化(特征化)。

GaBi 软件在 Balance 窗口同时执行这两个步骤。在 GaBi 平衡窗口中，可以很容易将生命周期平衡变量(如"mass"与"energy")和生命周期影响类型(如 GWP 或 ODP)关联。

以对象为导向的结构可以方便看到分类(将物质流分配到相应的环境影响类型)以及等价转化因子(对物质流以及与之相关的环境影响的量化)，通过数据库管理器你可以根据新的科学发现对转化因子进行改变。GaBi 数据库提供的分类及特征化的数据是由 ISO、SETAC、WMO 和 PICC 发布的。最后的结果是由 CML、EDIP、Eco-indicator 或者 UBP 提供的。

为了对平衡进行总结，以对决策提供支持，在平衡窗口可以进行权重设定。这一程序在 ISO 14040 中并没有要求。使用 GaBi，可以进行单独的得分计算。

四、生命周期解释

在这个阶段，要对生命周期平衡和生命周期影响评价结果进行总结以及分析，并为决策提供支持。

这一阶段包括严格的数据测试。GaBi 4 确保各种因素都可以被正确归档记录。包括：研究目的、参考量、系统边界以及数据收集的原理。

除此之外，GaBi 提供了对数据质量进行解释的方法。GaBi 还有灵敏度分析、情景分析、使用蒙特卡洛仿真进行随机错误检验等功能。

第四节　以瓶为例介绍 GaBi 4 的常规使用

本节以 0.5L 玻璃瓶为例，简单介绍 GaBi 4 的一些常规使用。

首先，我们确定分析的目标：分析一个 0.5L 玻璃瓶制作过程中的总体环境负荷。

其次，定义研究的范围：我们假设玻璃瓶有两部分构成——瓶体和瓶盖。瓶体以玻璃为材料，瓶盖以铝为材料。确定系统包括：原料的生产、原料的运输、瓶体的生产、瓶盖的生产、组装等。

使用 GaBi 4 做 LCA 分析，我们需提前做好两样工作：产品的材料表和工艺流程。假设该瓶子由 1.2kg 玻璃瓶身和 0.004kg 次级铝构成。

图 11-13 为该瓶简单的生产流程图。

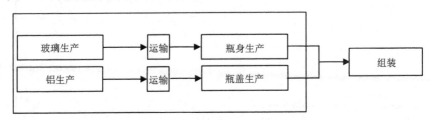

图 11-13　瓶子生产的简单流程

我们首先要新建三个方案：玻璃瓶生产方案、瓶体生产方案和瓶盖生产方案（图 11-14）。其中，玻璃瓶生产方案是主方案，是由瓶体生产、瓶盖生产两个子方案和"组装"这个工艺进程所组成的。

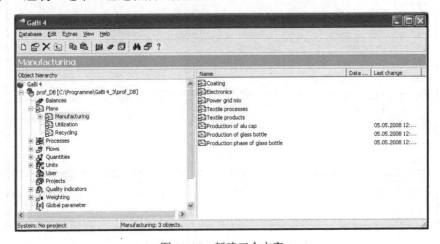

图 11-14　新建三个方案

　　然后，打开刚才所新建的瓶体生产方案，在空白处右键选择"新增进程"（图11-15），定义工艺进程的名称（Glass forming）、范围、类型、量化范围等属性。在输入输出流中输入相关名字，搜索基础流并添加（图11-16）。

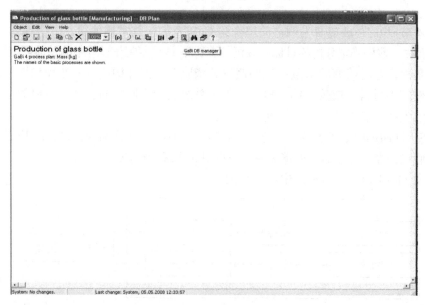

图 11-15　新方案名字的更改

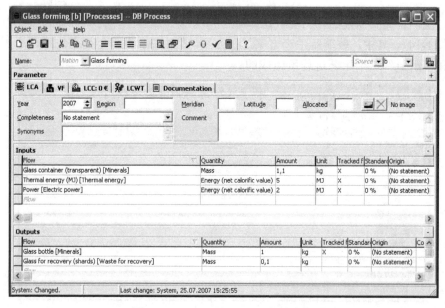

图 11-16　Glass forming 工艺的建立

新建"吹塑法"工艺流程，添加相关基础流(图 11-17)。

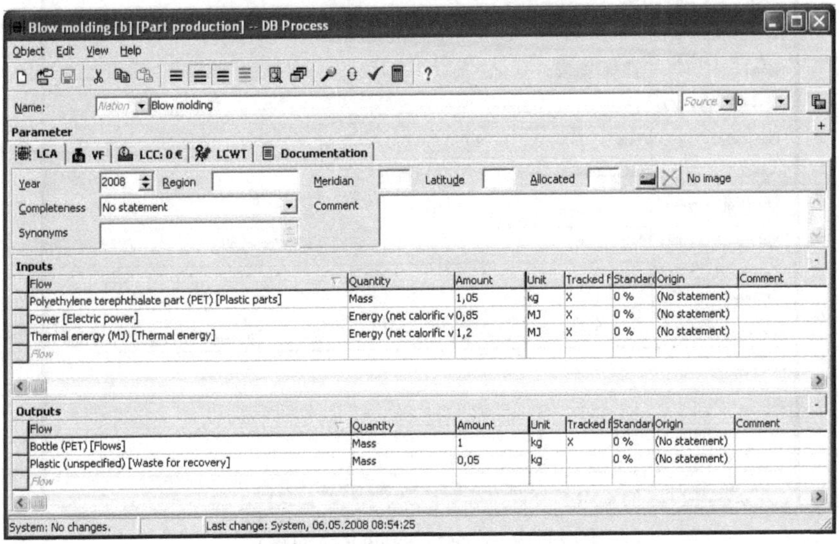

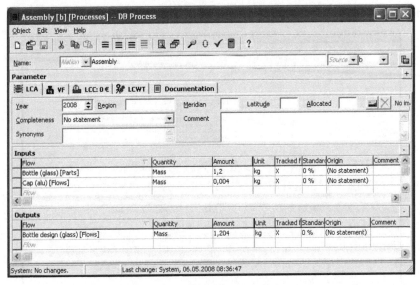

图 11-17　Blow molding 工艺的建立

新建"瓶子组装"的工艺进程，添加相关基础流(图 11-18)。

图 11-18　Assembly 工艺的建立

在建立工艺流程的过程中，如果搜不到相关流，便可自己建立，如图 11-19 中的输入流 Glass container。

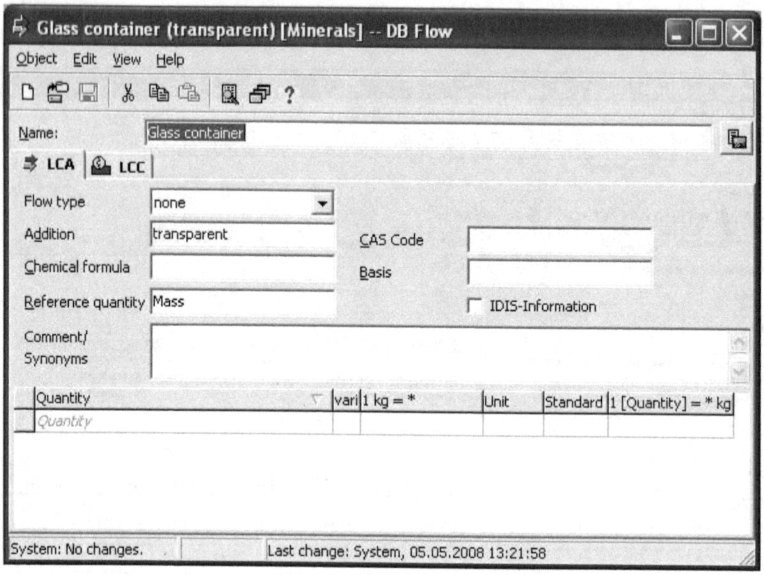

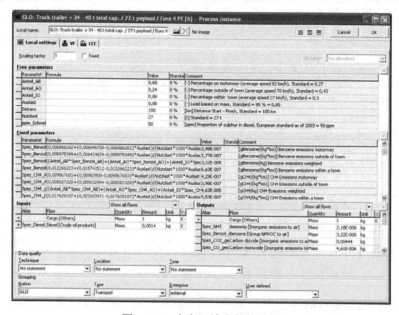

图 11-19　Glass container 流的建立

假设通过卡车进行相关产品及材料的运输，我们可以再进程的 transport 里面找到卡车的进程，在进程的参数中可以设置运输距离等。我们距离设定为 250 千米（图 11-20）。

图 11-20　卡车运输参数的设置

在瓶体生产的方案中添加完相关进程，便可连接相关进程，瓶盖生产方案亦是如此，如图 11-21 和图 11-22 所示。

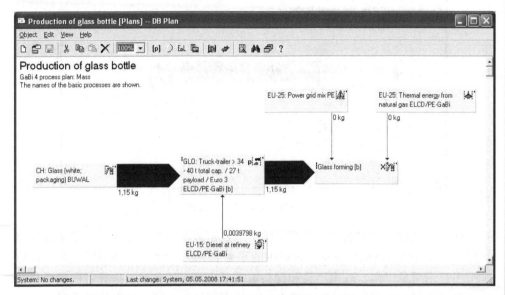

图 11-21　连接好的瓶体生产方案

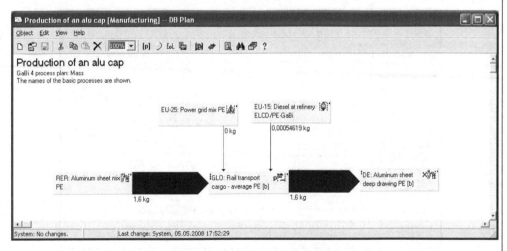

图 11-22　连接好的瓶盖生产方案

在玻璃瓶生产的主方案中，添加瓶体生产和瓶盖生产的子方案和组装工艺并连接，如图 11-23 所示。

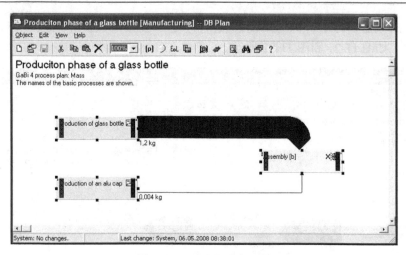

图 11-23　玻璃瓶生产方案

　　现在便完成了方案的建立过程,接下来点击玻璃瓶生产方案中的平衡表计算按钮,便可出现该玻璃瓶在生产过程中的平衡表(图 11-24)。平衡表默认是在总体水平上显示质量平衡。双击栏头和行头可显示出更多的信息。选择不同的量化范围便可得出其对温室效应的影响等多方面的不同量化,以供我们分析使用。

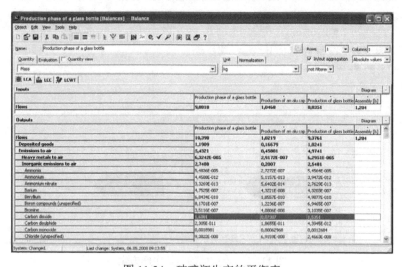

图 11-24　玻璃瓶生产的平衡表

参 考 文 献

GaBi 4. Manual. http://www.greenclean86.com/index.php